新工科建设之路·计算机类精品系列教材

U0192655

C语言程序设计
——面向新工科

李 俊 主 编

张 欣 侯顺艳 副主编

电子工业出版社
Publishing House of Electronics Industry
北京·BEIJING

内 容 简 介

本书由浅入深、循序渐进地介绍了 C 语言程序设计的思路和方法，并通过富有趣味性的精彩案例讲解将每章中的知识点融会贯通，同时给出了案例思路分析，提出了案例思考问题，从而提高读者的学习兴趣，培养读者的自主学习能力、独立思考能力和计算思维能力。本书共 13 章，系统地介绍了基于 Visual Studio 的 C 语言程序的开发环境、数据类型、运算符与表达式、基本输入与输出语句、流程控制、模块化程序设计方法、位运算符和位运算、标准文件的输入与输出操作、EasyX 图形库和 C++语言面向对象基础。

本书内容翔实、案例新颖、结构清晰、重点明确，以丰富有趣的案例驱动知识点教学。本书既可以作为高等院校计算机程序设计课程的教材，也可以作为计算机程序设计培训教材和各种计算机等级考试的参考教材。

图书在版编目（CIP）数据

C 语言程序设计：面向新工科 / 李俊主编. —北京：电子工业出版社，2023.3

ISBN 978-7-121-45121-8

Ⅰ. ①C… Ⅱ. ①李… Ⅲ. ①C 语言－程序设计－高等学校－教材 Ⅳ. ①TP312.8

中国国家版本馆 CIP 数据核字（2023）第 033171 号

责任编辑：孟　宇　　　　　　特约编辑：田学清
印　　刷：三河市鑫金马印装有限公司
装　　订：三河市鑫金马印装有限公司
出版发行：电子工业出版社
　　　　　北京市海淀区万寿路 173 信箱　　　邮编：100036
开　　本：787×1092　　1/16　　印张：20.5　　字数：512 千字
版　　次：2023 年 3 月第 1 版
印　　次：2023 年 3 月第 1 次印刷
定　　价：69.80 元

前　言

C 语言是目前国际上广泛流行的一种结构化程序设计语言，它兼具高级语言和低级语言的功能，提供类型丰富、使用灵活的基本运算和数据类型，具有较高的可移植性。C语言不仅适用于开发系统软件，也是开发应用软件和进行大规模科学计算的常用程序设计语言。

本书内容翔实、语言简明扼要、重点突出、案例新颖、趣味性强、结构清晰、可操作性强，适合新工科背景下的 C 语言教学。

本书具有如下主要特点。

1．知识点精炼，适合短学时教学

现在，各高校都在对各个课程进行学时压缩，而 C 语言程序设计课程的知识点又很繁多，那么应该如何让读者在短时间内掌握 C 语言程序设计的精髓呢？为了解决这个问题，作者对各个章节中的知识点进行了提炼，把一些不常用甚至几乎从来不用的知识点进行了删减。因此，本书能够满足短学时教学的需要。

2．案例新颖、趣味性强

本书中的每个案例都由作者精心设计，趣味性较强，通过这些案例，不仅可以提高读者的学习兴趣，还可以使读者对所学知识点举一反三，从而使读者能够更深刻地理解所学知识点。

3．通过精彩案例融合知识点

很多 C 语言书籍都是独立地介绍 C 语言的知识点，这样就会造成读者无法将 C 语言的知识点融为一个整体。为了解决这个问题，本书不仅对各个知识点配有案例及分析，除了第 1 章，每章还有精彩案例分析，这些精彩案例将本章及前面各章的知识点综合起来，使读者能够直观地将这些知识点融为一体。

4．提高读者分析问题和独立思考问题的能力

在读者学习的过程中，经常会遇到这样的问题：书中的例子能看懂，教师讲的内容也能听明白，但是在遇到问题时，自己却无从下手。为了解决这个问题，作者在编写每个案例时，都先对案例进行分析，以提高读者分析问题的能力；然后编写代码，并在代码中给出大量的注释；最后在案例的后面会有一些思考问题，以提高读者独立思考问题的能力。

5．内容安排循序渐进、由易到难

本书内容安排循序渐进、由易到难，全书共 13 章。第 1 章介绍 C 语言的发展及特点，C 语言程序的基本结构，C 语言中的字符集、标识符与关键字，以及 C 语言程序的开发环境；第 2 章介绍 C 语言中的数据类型、常量与变量、运算符与表达式；第 3 章介绍算法、C 语言基本语句、常用的输入与输出函数；第 4 章介绍 if 语句和 switch 语句的用法；第 5 章介绍 C 语言中常用的循环结构算法，while 语句、do…while 语句和 for 语句的用法，以及循环嵌套的用法；第 6 章介绍模块化设计的编程思想、函数、变量的作用域与存储类型，以及宏替换；第 7 章介绍数值数组与字符数组的应用；第 8 章介绍指针与指针变量的应用；第 9 章介绍用户自定义的 3 种数据类型（结构体类型、共用体类型和枚举类型）的应用；第 10 章介绍位运算符、位运算及位段；第 11 章介绍标准文件的输入与输出操作；第 12 章介绍 EasyX 图形库的相关内容；第 13 章介绍 C++语言面向对象基础。

本书的作者具有多年的 C 语言程序设计和相关专业课程教学经验。本书由李俊担任主编并进行总体设计，张欣负责编写第 1 章～第 4 章，侯顺艳负责编写第 5 章～第 7 章，李俊负责编写第 8 章～第 13 章并负责全书的统稿。

由于作者的水平有限，书中难免存在错误和不妥之处，敬请读者给予批评指正。

李　俊

2022 年 9 月

目　　录

说明：目录中章节前面的"*"表示本章节内容为选讲内容。

第 1 章

C 语言程序设计概述

在众多的程序设计语言中，C 语言作为一种高级程序设计语言，具备方便性、灵活性和通用性等特点。同时，它还向程序员提供了直接操作硬件的功能，具备低级语言的特点，适合各种类型软件的开发。因此，C 语言是深受程序员欢迎的编程语言。

本章主要介绍 C 语言的发展及特点，C 语言程序的基本结构，C 语言中的字符集、标识符与关键字，以及 C 语言程序的开发环境等内容。

本章重点：

☑ C 语言程序的基本结构

☑ Visual Studio 2010 集成开发环境的使用

1.1 C 语言的发展及特点

1.1.1 C 语言的发展

C 语言是国际上广泛流行的、很有发展前途的计算机高级语言，它是一种编译型语言，它的发展是一个充实和完善的过程。

C 语言是在 B 语言的基础上发展起来的，它的根源可以追溯到 ALGOL 60 语言。1960 年出现的 ALGOL 是一种面向问题的高级语言，它离硬件比较远，不宜用来编写系统程序。1963 年，英国剑桥大学推出了 CPL（Combined Programming Language）语言。虽然 CPL 语言在 ALGOL 60 语言的基础上与硬件接近了一些，但开发规模比较大，硬件开发难以实现。1967 年，英国剑桥大学的 Martin Richards 对 CPL 语言做了简化，推出了 BCPL（Basic Combined Programming Language）语言。1970 年，美国贝尔实验室的 Ken Thompson 以 BCPL 语言为基础，又做了进一步的简化，设计出了很简单且很接近硬件的 B 语言（取 BCPL 的第一个字母），并用 B 语言写了第一个 UNIX 操作系统，在 PDP-7 上实现。但是 B 语言过于简单，功能有限。1972 年至 1973 年间，贝尔实验室的 Dennis M. Ritchie 在 B 语言的基础上设计出了 C 语言（取 BCPL 的第二个字母）。C 语言既保持了 BCPL 和 B 语言的优点（精练、接近硬件），又克服了它们的缺点（过于简单、数据无类型等）。最初的 C 语言只是为描述和实现 UNIX 操作系统并为其提供一种工作语言而设计的。1973 年，Ken Thompson 和 Dennis M. Ritchie 两人合作把 UNIX 操作系统的 90%以上用 C 语言改写，即 UNIX 第 5 版。原来的 UNIX 操作系统是 1969 年由美国贝尔实验室的 Ken Thompson 和 Dennis M. Ritchie 开发成功的，是用汇编语言编写的。

随着 UNIX 操作系统的日益广泛使用，C 语言也迅速得到了推广。1978 年以后，C 语言被先后移植到大、中、小、微型机上。而且此时的 C 语言出现了不同的版本，并将 Brian W. Kernighan 和 Dennis M. Ritchie 合著的《C 程序设计语言》作为 C 语言的标准。1983 年，美国国家标准协会（ANSI）又制定了新的标准，称为 ANSI C（也称 C89），目前最新的 ANSI C 标准为 2011 年 12 月定义的 ANSI C 标准（也称 C11）。现在，C 语言已经风靡全世界，成为世界上使用最广泛的几种计算机语言之一。

1.1.2 C 语言的特点

C 语言之所以能被推广并被广泛使用，概括地说主要有如下特点。

1．简洁紧凑、灵活方便

C 语言一共只有 32 个关键字和 9 种控制语句，程序书写自由，主要用小写字母表示。它把高级语言的基本结构和语句与低级语言的实用性结合起来。

2．运算符丰富

C 语言的运算符包含的范围很广泛，共有 34 种运算符。C 语言把括号、赋值、强制类型转换等都作为运算符处理，从而使 C 语言的运算类型极其丰富，表达式类型多样化，灵活使用各种运算符可以实现在其他高级语言中难以实现的运算。

3．数据结构丰富

C 语言的数据类型有整型、实型、字符型、数组类型、指针类型、结构体类型、共用体类型等，能够用来实现各种复杂的数据类型的运算。并且 C 语言引入了指针概念，使程序效率更高。另外，C 语言具有强大的图形功能，支持多种显示器和驱动器，并且计算功能、逻辑判断功能强大。

4．C 语言是结构化语言

结构化语言的显著特点是代码及数据的分隔化，即程序的各个部分除必要的信息交流以外彼此独立。这种结构化方式可以使程序层次清晰，便于使用、维护及调试。C 语言程序主要由函数组成，这些函数可以很方便地被调用，并具有多种循环、条件语句控制程序流向，从而使程序完全结构化。

5．C 语言语法限制不太严格，程序设计自由度大

虽然 C 语言也是强类型语言，但是它的语法比较灵活，允许程序编写者有较大的自由度。

6．C 语言允许直接访问物理地址，可以直接对硬件进行操作

C 语言既具有高级语言的功能，又具有低级语言的许多功能，能够像汇编语言一样对位、字节和地址进行操作，而这三者是计算机最基本的工作单元。

7．C 语言程序生成代码质量高，程序执行效率高

C 语言程序的执行效率一般只比汇编语言程序生成的目标代码的执行效率低 10%~20%。

8．C 语言适用范围大，可移植性强

可移植性指的是可以把为某种计算机编写的软件运行在另一种机器或操作系统上，如在 DOS 系统下编写的程序，如果能够方便地在 Windows 系统下运行，那么这个程序就是一个可移植的程序。C 语言程序具有较强的可移植性。C 语言不包含依赖硬件的输入/输出机制，其输入/输出功能是由独立于 C 语言的库函数来实现的。这样就使 C 语言程序本身不依赖于硬件系统，也便于在不同的机器系统之间移植。

1.2　C 语言程序的基本结构

任何一种程序设计语言都具有特定的语法规则和规定的表达方法。程序员只有严格按照程序设计语言规定的语法和表达方式编写程序，才能保证编写的程序在计算机中可以被正确地执行，同时便于阅读和理解。为了了解 C 语言程序的基本结构，我们先介绍一个简单的 C 程序。

【例 1-1】已知两个整数 5 和 7，求这两个数的乘积，并将结果显示出来。

```
#include <stdio.h>          //标准输入输出头文件
main()                      //主函数
{
    void outStar();         //声明函数
    int a,b,c;              //定义 3 个整型变量
    a=5;b=7;                //变量赋值
    c=a*b;                  //算术运算并赋值
    outStar();             //调用 outStar 函数
    printf("c=%d\n",c);     //输出结果
    outStar();             //调用 outStar 函数
}
void outStar()              //定义 outStar 函数，void 指定该函数不返回值
{
    printf("\n***************************\n");
}
```

通过上面的例子可以看出以下几点。

1．C 语言程序由函数组成

C 语言程序为函数模块结构，所有的 C 语言程序都是由一个或多个函数组成的，其中必须且只能有一个主函数——main 函数。程序从主函数开始执行，当执行到调用函数的语句时，程序将转入被调用的函数中执行，执行结束后，再返回主函数中继续执行，直至程序执行结束。C 语言程序的函数是由编译系统提供的标准库函数（如 printf、scanf 等函数）和由用户自定义的函数（如 outStar 函数）组成的。

函数的基本形式如下：

```
返回值类型　函数名(形式参数)
{
```

```
            数据说明部分;
            语句部分;
    }
```

其中，函数头包括函数返回值类型、函数名和圆括号中的形式参数，如果函数没有形式参数，则圆括号中的形式参数为空（如 void outStar()函数）。函数体包括函数体内使用的数据说明和执行函数功能的语句，花括号"{"和"}"表示函数体的开始和结束。

2．C 语言注释方法

在 Visual Studio 2010 中，语句的注释内容可以写在"//"后面，实现单行注释，也可以写在"/*"和"*/"中间，实现多行注释。

注释语句不参与程序的编译和运行，只是起到说明的作用，提高程序的可读性。

3．C 语言的基本语法规则

- 在 C 语言中，语句的结束标志为分号，每条语句都必须以分号结束。
- 在 C 语言中，严格区分大小写字母，如 outStar 和 outstar 将被 C 语言视为不同的函数名称。

4．用预处理命令#include 可以包含有关的文件信息

C 语言中提供了多个头文件，这些头文件分类包含了各类标准库函数的原型说明，当需要用到某些标准库函数时，只需将对应的头文件用#include 语句包含在程序的首部就可以直接使用了。头文件的扩展名一般为".h"，头文件名称可以用"<>"括起来，也可以使用双引号（""）引起来。

1.3　C 语言中的字符集、标识符与关键字

任何一门程序设计语言所使用的字符都是固定的、有限的。要使用一种程序设计语言编写程序，必须使用符合该语言规定的，能被计算机系统识别的字符。本节主要介绍 C 语言中的字符集、标识符的定义规则和系统关键字列表 3 部分内容。

1.3.1　C 语言中的字符集

在 C 语言中，规定的字符集包括英文字母、阿拉伯数字及其他一些符号，具体归纳如下。

（1）英文字母：大写英文字母和小写英文字母各 26 个，共 52 个。

（2）阿拉伯数字：0~9 共 10 个。

（3）下画线：_。

（4）其他特殊符号：主要指运算符和其他符号。

- 括号（6 个）：( ) [ ] { }
- 算术运算符（7 个）：+ - * / % ++ --
- 关系运算符（6 个）：> < == != >= <=

- 逻辑运算符（3 个）：&&　‖　!
- 位操作运算符（6 个）：&　|　~　^　<<　>>
- 赋值运算符（11 个）：=　+=　−=　*=　/=　%=　&=　|=　^=　>>=　<<=
- 条件运算符：?:
- 逗号运算符：,
- 指针运算符（2 个）：*　&
- 求字节数运算符：sizeof
- 特殊运算符：->　.

1.3.2　C 语言中的标识符与关键字

1．标识符

所谓标识符是指常量、变量及用户自定义函数等的名称。在 C 语言中，标识符的定义必须满足以下规则：

（1）所有标识符必须由一个字母（a~z，A~Z）或下画线（_）开头。

（2）标识符的其他部分可以由字母、下画线或数字（0~9）组成。

（3）大小写字母表示不同意义，即代表不同的标识符。

（4）标识符只有前 32 个字符有效。

（5）标识符不能使用 C 语言的关键字。

下面列举几个合法和不合法的标识符：

- 合法的标识符：t1、_t1、t_1、day、IF。
- 不合法的标识符：M.1、1k、m?1、5*a、if。

2．关键字

所谓关键字就是已经被 C 语言本身使用，不能用作其他用途的词。例如，关键字不能用作变量名、函数名等。C 语言包含以下关键字：

auto	break	case	char	const	continue
default	do	double	else	enum	extern
float	for	goto	if	int	long
register	return	short	signed	sizeof	static
struct	switch	typedef	union	unsigned	void
volatile	while				

1.4　C 语言程序的开发环境

C 语言程序的开发环境有很多种，如 Visual C++、Borland C++、Visual Studio 2010 等。本节将以 Visual Studio 2010 为例介绍 C 语言程序的开发步骤及开发环境的使用。

1.4.1　C 语言程序的开发过程

开发一个 C 语言程序，要经过编辑（程序录入）、编译和连接后才能生成可执行程序，运行可执行程序后输出结果。

1．编辑

程序员用任意编辑软件（编辑器）将编写好的 C 语言程序输入计算机，并以扩展名为".c"或".cpp"的文本文件的形式保存在计算机的磁盘上，生成 C 语言源文件。

2．编译

程序编译是指将编辑好的源文件翻译成二进制目标代码的过程。编译过程是使用 C 语言提供的编译程序（编译器）完成的。不同操作系统下的各种编译器的使用命令不完全相同，使用时应注意计算机环境。在编译时，编译器首先要对源程序中的每一个语句检查语法错误，当发现错误时，就在屏幕上显示错误的位置和错误类型的信息。此时，要再次调用编辑器进行查错修改。然后进行编译，直至排除所有语法和语义错误。正确的源程序文件经过编译后会在磁盘上生成目标文件。

3．连接

程序编译后生成的目标文件是可重定位的程序模块，不能直接运行。连接就是把目标文件和其他分别进行编译生成的目标程序模块（如果有的话）及系统提供的标准库函数连接在一起，生成可以运行的可执行文件的过程。连接过程使用 C 语言提供的连接程序（连接器）完成，生成的可执行文件存在磁盘中。

4．运行

生成可执行文件后，就可以在操作系统控制下运行。如果执行程序后达到预期目的，则 C 语言程序的开发工作到此完成。否则，要进一步检查修改源程序，重复编辑—编译—连接—运行的过程，直到取得预期结果为止。

大部分 C 语言都提供一个独立的集成开发环境，它可以将上述 4 步连贯起来。下面主要介绍 Visual Studio 2010 集成开发环境的使用，本书中所有的案例均在 Visual Studio 2010 集成开发环境下进行开发、调试。

1.4.2　Microsoft Visual Studio 2010 集成开发环境

Visual Studio 2010 是微软公司推出的开发环境，于 2010 年 4 月 12 日上市，其集成开发环境（IDE）的界面被重新设计和组织，变得更加简单明了。它集成了各种开发工具和 C++ 编译器，使得程序员可以在该环境下很方便地编辑、编译、调试和运行一个 C 语言程序。

1．新建一个解决方案

1）启动 Microsoft Visual Studio 2010

可以通过"开始"菜单、桌面快捷方式或快速启动工具栏等方式启动 Microsoft Visual Studio 2010，Visual Studio 2010 的启动界面如图 1-1 所示。

图 1-1　Visual Studio 2010 的启动界面

2）新建项目

单击"起始页"窗口中的"新建项目…"按钮，或者选择"文件"→"新建"→"项目"命令，将会弹出"新建项目"对话框，如图 1-2 所示。

图 1-2　"新建项目"对话框

在"新建项目"对话框左侧的"最近的模板"区域中选择"Visual C++"→"Win32"选项,然后在右侧选择"Win32 控制台应用程序"选项,同时在"名称"文本框中输入项目名称,在"位置"下拉列表中选择项目所在的文件夹,单击"确定"按钮,将会弹出新建项目向导对话框,如图 1-3 所示,单击"下一步"按钮,转到向导第二步,如图 1-4 所示,在"附加选项"选区中勾选"空项目"复选框,单击"完成"按钮即可完成 C++项目的新建。新建的空项目的窗口如图 1-5 所示。

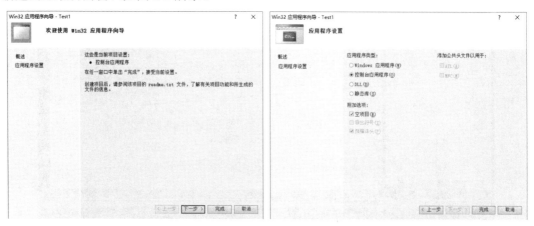

图 1-3　新建项目向导对话框　　　　　　　　图 1-4　新建项目向导第二步

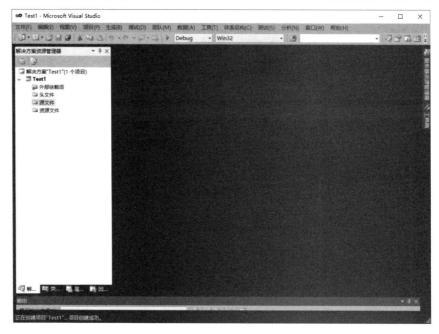

图 1-5　新建的空项目的窗口

2. 在项目中添加一个新的 C 语言源代码文件

右击"解决方案资源管理器"窗口中的"源文件"文件夹,在弹出的快捷菜单中选择"添加"→"新建项..."命令,或者选择"文件"→"新建"→"文件"命令,将会弹出"添加新项"对话框,如图 1-6 所示。

图 1-6　"添加新项"对话框

在"添加新项"对话框左侧的"已安装的模板"区域中选择"Visual C++"→"C++文件(.cpp)"选项，在"名称"文本框中输入文件名称，单击"添加"按钮即可完成 C++文件的添加。

> **注意：**
>
> 文件的扩展名可以输入".c"或".cpp"，默认为".cpp"。

3．编写 C 语言源程序

在添加 C++文件后，可以在 Visual Studio 2010 代码编辑窗口中编写 C 语言源程序，如图 1-7 所示。

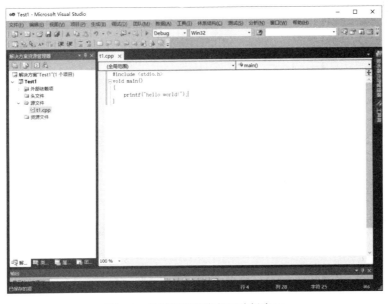

图 1-7　C 语言源程序代码编辑窗口

4．运行程序

在编写好 C 语言源程序后，可以单击"标准"工具栏中的"启动调试"按钮运行程序，如图 1-8 所示。

图 1-8　"标准"工具栏

如果程序没有错误，则程序输出窗口会一闪而过，可以通过按"Ctrl+F5"组合键显示程序输出窗口，如图 1-9 所示。

图 1-9　程序输出窗口

如果代码有语法错误，则在输出窗口中将显示出错信息，同时弹出出错对话框，如图 1-10 所示。用户可以单击"否"按钮，并双击出错信息定位出错的语句，如图 1-11 所示。

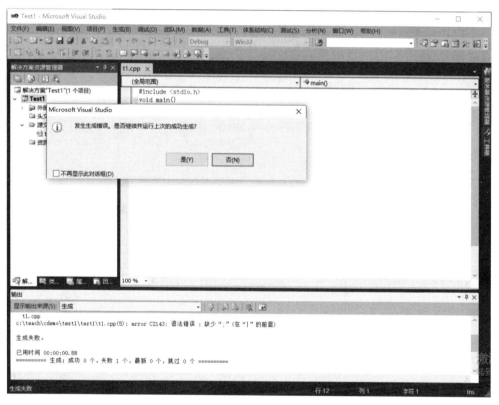

图 1-10　代码语法错误输出窗口和出错对话框

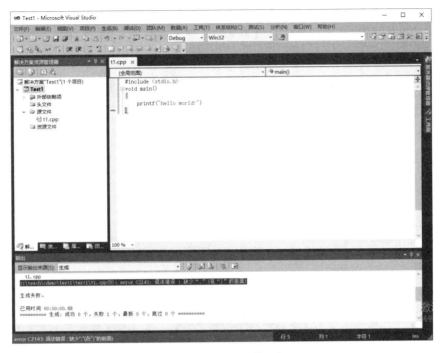

图 1-11　定位出错的语句

5．关闭解决方案

在 Visual Studio 2010 中，调试运行完一个应用程序后，用户需要通过"文件"菜单中的"关闭解决方案"命令关闭当前解决方案，然后才能再次新建或打开 C++解决方案。

注意：

> 不关闭解决方案，直接添加包含另一个 main 函数的新文件，将会在运行程序时报错。一个 C++项目的文件里只能有一个 main 函数。

6．打开 C++解决方案

双击扩展名为".sln"的解决方案文件，可以打开 C++解决方案，如图 1-12 所示。

图 1-12　C++解决方案文件

7．调试 C 语言程序

用户在代码行前单击可以为该行代码添加断点，如图 1-13 所示。用户将光标指向任意变量即可显示当前变量的值，同时，在"自动窗口"窗口中也可以看见相关变量的当前值。按 F11 键或单击"调试"工具栏中的按钮，可以逐条执行 C 语言源代码，也可以按 F5 键或单击"继续"按钮，直接跳转到下一个断点。

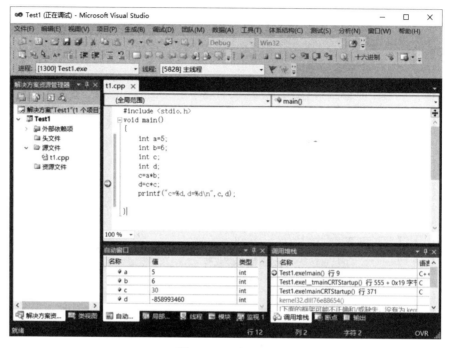

图 1-13　断点调试

本 章 小 结

本章介绍了 C 语言的发展及特点，通过一个简单的 C 语言程序案例介绍了 C 语言程序的组成和基本结构，同时介绍了 C 语言中的字符集、标识符和关键字，以及 C 语言程序的开发步骤和开发环境的使用。

通过对本章内容的学习，读者应该掌握 C 语言中标识符的命名规则、C 语言程序的基本结构和一些约定，同时掌握 Visual Studio 2010 集成开发环境的应用。

习 题

1．C 语言程序是由什么组成的？

2．C 语言程序中的字符是否区分大小写？如何为 C 语言程序语句添加注释？C 语言程序语句的结束标志是什么字符？

3．下列标识符中哪些是 C 语言中的合法标识符？

| A123 | 123A | _A123 | _123 | #A_123 |
| If | c.d | for | FOR | a*b |

4．在一个 C 语言程序中，有且只有一个_____函数。

5．在 Visual C++ 6.0 集成开发环境下，分别输入下列程序并查看运行结果。

（1）程序 1：

```
void main()
{
    printf("\n----------------------------------------\n");
    printf("\n        欢迎进入 C 语言世界!\n");
    printf("\n        C 语言世界很精彩\n");
    printf("\n----------------------------------------\n");
}
```

（2）程序 2：

```
void main()
{
    int a;
    printf("\n 输入一个整数: ");
    scanf("%d",&a);
    printf("\n 您输入的整数是%d",a);
}
```

第 2 章

数据类型、运算符与表达式

计算机程序的主要任务是对数据进行处理、加工，如果没有数据，那么计算机程序将无法完成指定的功能，因此，数据在计算机程序中占有重要地位。

本章主要介绍 C 语言中的基本数据类型、运算符与表达式，以及运算符的优先级和数据类型转换方法。

本章重点：

☑ C 语言中常见的数据类型
☑ C 语言中常见的各种运算符的运算规则

2.1 C 语言中的数据类型

计算机中的数据根据数据性质的不同分为不同类型，本节主要介绍 C 语言中的基本数据类型。

2.1.1 数据类型概述

在程序设计中，无论是常量数据还是变量数据，都是有类型的。在运算时，运算符必须和数据的类型匹配。在计算机程序中，为什么要将数据分为不同类型呢？

首先，在计算机存储器中，不同类型的数据所占用的存储空间的大小不同，同一类型的数据也会因为计算机字长的不同而占用不同的存储空间。例如，整数类型数据存储在 16 位计算机中一般占用 2 字节的存储空间，而在 32 位计算机中则要占用 4 字节的存储空间；字符类型数据在计算机中占用 1 字节的存储空间。

其次，不同类型的数据的处理方法也不相同。例如，数值类型数据可以进行算术运算，而字符串则只能进行连接、复制、比较等操作。

最后，不同类型的数据所表示的数据的范围不同。例如，整数类型数据的取值范围为 $-2147483648 \sim 2147483647$，单精度类型数据的取值范围为 $-3.4 \times 10^{38} \sim 3.4 \times 10^{38}$。

在 C 语言中，数据类型十分丰富，具有强大的数据处理能力。C 语言中的数据类型包括 4 种基本数据类型和 4 种扩展数据类型，如图 2-1 所示。

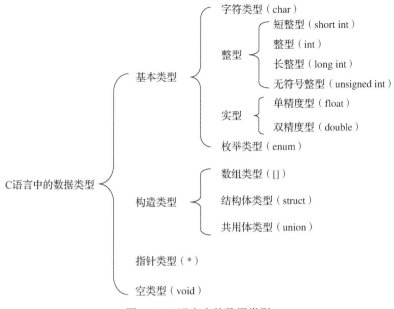

图 2-1　C 语言中的数据类型

2.1.2　整数类型

整数类型数据简称整型数据，整型数据没有小数部分的数值。

整型可以分为一般整型、短整型、长整型和无符号整型 4 种。

- 一般整型：用 int 表示。
- 短整型：用 short int 或 short 表示。
- 长整型：用 long int 或 long 表示。
- 无符号整型：存储的所有二进制位均表示数据，不包含符号位。unsigned int、unsigned short、unsigned long 分别表示无符号整型、无符号短整型和无符号长整型。

在 C 语言标准中没有具体规定以上各类型数据所占内存的字节数，各类型数据所占内存的字节数随计算机硬件的不同而不同。以 32 位计算机为例，整型数据所占内存的字节数和取值范围如表 2-1 所示。

表 2-1　整型数据所占内存的字节数和取值范围

类型关键字	字　节　数	取　值　范　围
short	2	$-2^{15} \sim 2^{15}-1$
unsigned short	2	$0 \sim 2^{16}-1$
int	4	$-2^{31} \sim 2^{31}-1$
unsigned int	4	$0 \sim 2^{32}-1$
long	4	$-2^{31} \sim 2^{31}-1$
unsigned long	4	$0 \sim 2^{32}-1$

2.1.3　实数类型

实数类型的数据简称实型数据，也称浮点类型数据。实型数据用来描述带有小数的数值。实型分为单精度型和双精度型两种。

- 单精度型：用 float 表示。
- 双精度型：用 double 表示。

同整型数据一样，实型数据在计算机中所占内存的字节数也会随着计算机硬件的改变而改变。在 32 位计算机中，实型数据所占内存的字节数、取值范围和精度如表 2-2 所示。

表 2-2　实型数据所占内存的字节数、取值范围和精度

类型关键字	字　节　数	取　值　范　围	精度（位）
float	4	$-3.4\times10^{38}\sim3.4\times10^{38}$	7
double	8	$-1.7\times10^{308}\sim1.7\times10^{308}$	15

2.1.4　字符类型

字符类型用 char 表示，字符类型数据在内存中占用 1 字节的存储空间。字符对应的 ASCII 码值为 0~127，其中，32~126 是可打印字符。例如，字符'A'对应的 ASCII 码值为 65，字符'a'对应的 ASCII 码值为 97，字符'0'对应的 ASCII 码值为 48。

2.2　常量与变量

2.2.1　常量

所谓常量是指在程序运行中值不能被改变的量，其数据类型可为任意数据类型。常量分为直接常量和符号常量。直接常量就是我们平时所说的常数，包括数值型常量和字符型常量。数值型常量又包括整型常量和实型常量；字符型常量包括字符常量和字符串常量。符号常量则是指用一个标识符代表一个常量，从而避免程序中多次出现相同的常量而引起的修改麻烦。C 语言中的常量如图 2-2 所示。

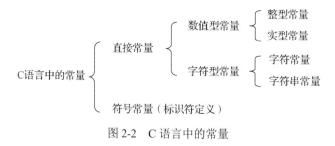

图 2-2　C 语言中的常量

1. 整型常量

在 C 语言中，整型常量有八进制、十进制和十六进制 3 种表示形式。

1）八进制整型常量

八进制整型常量以数字 0 开头，由 0~7 的 8 个数码组成。

以下是合法的八进制整型常量：

020（对应十进制的 16）、061（对应十进制的 49）、0123（对应十进制的 83）。

以下是非法的八进制整型常量：

123（不是 0 开头）、081（包含了非法数码 8）。

2）十进制整型常量

十进制整型常量和数学中的整数相同，十进制整型常量没有任何前缀，由 0~9 的 10 个数码组成。

以下是合法的十进制整型常量：

200、88、0、-55。

以下是非法的十进制整型常量：

A20（包含了非法数码 A）、0x123（不能包含 0x 前缀）。

3）十六进制整型常量

十六进制整型常量以 0x 或 0X 开头，由 0~9、A~F 或 a~f 的 16 个数码组成。

以下是合法的十六进制整型常量：

0X20（对应十进制的 32）、0XA5（对应十进制的 165）、0XFF（对应十进制的 255）。

以下是非法的十六进制整型常量：

A20（无前缀 0X）、0X4H（包含了非法数码）。

2．实型常量

在 C 语言中，实型常量只有十进制形式，可以用两种方式表示：一般形式和指数形式。

1）一般形式

一般形式的实型常量由 0~9 的 10 个数码和小数点组成，其中小数点不能单独出现。

以下均为合法的实型常量：

0.5、76.89、5.0、321.、.567、-123.456。

2）指数形式

指数形式的实型常量由十进制数加上阶码标志"E"或"e"及阶码组成，如 1E5。在指数形式中，要求 E 或 e 前必须有数字，并且 E 或 e 后面的阶码必须为整数。

以下是合法的实型常量：

1E5、1.34E5、134.56E5、0.001234E6、3.7E-2。

以下是非法的实型常量：

3E0.5（阶码为小数）、2.5E（无阶码）、E-2（E 之前无数字）。

3．字符常量

字符常量是用一组单引号引起来的一个字符。例如，'A'、'a'、'0'、'+'、'#'和' '（空格）等都是合法的字符常量。

在 C 语言中，除了以上形式的字符常量，还有一种特殊形式的字符常量，就是以"\"开头的字符序列，这类字符也被称为转义字符。C 语言中常见的转义字符及其功能如表 2-3 所示。

表 2-3　C 语言中常见的转义字符及其功能

字 符 形 式	功　　能
\n	换行
\t	横向跳格
\b	退格
\r	回车
\\	反斜杠字符
\'	单引号字符
\"	双引号字符
\a	计算机蜂鸣器振铃
\ddd	八进制数表示的 ASCII 码对应的字符
\xhh	十六进制数表示的 ASCII 码对应的字符

 注意：

（1）字符常量只能用单引号括起来，不能使用其他符号，如"A"是非法的字符常量。

（2）字符常量只能由单个字符组成，不能包含多个字符，如'ab'是非法的字符常量。

（3）转义字符表示一个字符常量。例如，'\n'表示换行；\101 表示八进制的 ASCII 码为 101（对应十进制的 65）的字符，即字符'A'；\x42 表示十六进制的 ASCII 码为 42（对应十进制的 66）的字符，即字符'B'。

4．字符串常量

在 C 语言中，字符串常量是由一组双引号括起来的字符序列。以下都是合法的字符串常量：

```
"China"
"Welcome"
"123abc"
"5+6=?\n"
```

 注意：

在存储字符串常量时，系统会自动为字符串添加一个字符串结束符'\0'，因此在计算机中存储字符串常量时，将增加 1 字节的存储空间。例如，"China"在计算机中存储时将占用 6 字节的存储空间。因此，'A'和"A"在 C 语言中是不同的，前者表示一个字符常量，占用 1 字节的存储空间；后者表示一个字符串常量，占用 2 字节的存储空间。

5．符号常量

在 C 语言中，可以用一个标识符来表示一个直接常量，这个标识符称为符号常量。符号常量的定义格式如下：

```
#define 自定义标识符 直接常量
```

示例如下：

```
#define MAX 100
#define MIN 0
#define PI 3.1415926
```

一旦某个标识符被定义为一个符号常量，那么在以后程序处理时，所有的该标识符都将被替换为对应的常量。

 注意：
（1）符号常量在使用之前必须定义。
（2）习惯上符号常量的标识符通常用大写字母表示。

2.2.2 变量

1. 变量及其命名规则

变量代表计算机内存中的某一存储空间，该存储空间中存放的数据就是变量的值。变量的值在程序运行中可以随时改变，数据类型可为任意数据类型。每个变量都有一个名字，这个名字被称为变量名。在命名变量时必须遵循下面的命名规则：

（1）标识符只能由英文字母、下画线（_）及阿拉伯数字组成。
（2）标识符的第一个字符必须是英文字母或下画线，而不能是数字。
（3）变量名不能与 C 语言中的关键字相同。

2. 变量的声明

在 C 语言中，使用变量时必须遵循"先声明，后使用"的原则。变量的声明格式如下：
<类型说明符> 变量名 1[,变量名 2,变量名 3,…];

其中，"<类型说明符>"为 int、short、long、unsigned int、unsigned short、unsigned long、float、double、char 等。示例如下：

```
int x,y,z;
char c1,c2;
float a;
```

 注意：
（1）大写字母和小写字母被认为是两个不同的字符，如 A 和 a 是两个不同的标识符。
（2）变量的声明必须在变量的使用之前，一般放在函数体的开头部分。
（3）在同一程序块中，变量不能被重复定义。
（4）类型说明符和变量名之间至少要用一个空格字符隔开。
（5）同一类型说明符后面可以同时声明多个变量，变量名之间用英文的逗号（,）隔开，最后一个变量名后面需要使用英文的分号（;）结尾。

3. 变量的初始化

在声明变量时可以直接对其进行赋值，称为变量的初始化。示例如下：

```
int x=5,y,z=6;
char c1='A',c2='B';
float a=67.5;
```

 注意：
在变量初始化时，不允许对多个未定义的同类型变量连续初始化，如"int x=y=z=5;"是不合法的。

4．变量的赋值

在 C 语言中，可以用赋值运算符"="将一个表达式的值赋给一个变量。

【例 2-1】变量赋值。

```
#include <stdio.h>
void main()
{
    int x,y,z;              //声明整型变量 x、y、z
    char c1='A',c2;         //声明字符型变量 c1 且赋初值为字符'A'
    x=5;y=6;z=x+y;
    c2=c1+32;               //将变量 c1 的值的 ASCII 码加上 32 赋值给变量 c2
    printf("x+y=%d\n",z);
    printf("c1=%c,c2=%c",c1,c2);
}
```

上述代码的运行结果如下：

```
x+y=11
c1=A,c2=a
```

注意：

> 在 C 语言中，当字符型数据参与数学运算时，字符型数据将使用其对应的 ASCII 码值进行运算。

2.3　运算符与表达式

运算符是一种向编译程序说明一个特定的数学运算或逻辑运算的符号。C 语言具有丰富的运算符，按照操作功能大致可以分为算术运算符、关系运算符、逻辑运算符、位运算符、赋值运算符、条件运算符、逗号运算符及指针运算符等。C 语言中的运算符归纳如下。

（1）算术运算符，包括加（+）、减（-）、乘（*）、除（/）、求余（或称模运算，%）、自增（++）、自减（--）7 种。

（2）关系运算符，包括大于（>）、小于（<）、等于（==）、大于或等于（>=）、小于或等于（<=）、不等于（!=）6 种。

（3）逻辑运算符，包括与（&&）、或（||）、非（!）3 种。

（4）位运算符，包括位与（&）、位或（|）、位非（~）、位异或（^）、左移（<<）、右移（>>）6 种。

（5）赋值运算符，包括简单赋值运算符（=）、复合算术赋值运算符（+=、-=、*=、/=、%=）和复合位运算赋值运算符（&=、|=、^=、>>=、<<=）3 类共 11 种。

（6）条件运算符（?:）。

（7）逗号运算符（,）。

（8）指针运算符，包括取内容（*）和取地址（&）2 种。

（9）求字节数运算符（sizeof）。

（10）特殊运算符，包括括号（()）、下标（[]）、成员（->和.）等。

2.3.1　算术运算符与算术表达式

1．算术运算符

算术运算符用于各类数值运算，包括基本运算符加（+）、减（-）、乘（*）、除（/）、求余（或称模运算，%）共 5 种和自增（++）、自减（--）运算符共 2 种。

1）基本算术运算符

基本算术运算符都是双目运算符，即运算符要求两个操作对象，如 a+b、c*d 等。

在基本算术运算符中，"*"、"/"和"%"的优先级高于"+"和"-"的优先级。算术运算符的结合方向为"自左向右"。

基本算术运算符的运算规则如下：

- "+"、"-"和"*"与数学中一样，直接运算。
- "/"运算符在运算时，如果两个操作对象的数据类型都是整型，则为整型除法，即运算结果为整数；如果有一个操作对象的数据类型为实型，则为实型除法。例如，5/2=2，5.0/2=2.5。
- "%"运算符要求两个操作对象的数据类型必须为整型数据，否则会报错。运算的结果为两个操作对象相除的余数，其中，运算结果的符号和"%"前面的操作对象的符号一致。例如，5%2=1，-5%3=-2，3%-5=2，3%5=3。
- 当字符型数据参与数学运算时，字符型数据将使用其对应的 ASCII 码值进行运算。例如，'A'+1=66。

2）自增和自减运算符

C 语言中的自增运算符为"++"，自减运算符为"--"，自增和自减运算符为单目运算符，即运算符要求有一个操作对象，并且操作对象必须为变量。自增和自减运算符的功能分别是实现变量的值自动加 1 和减 1。自增和自减运算符有以下两种形式：

- 前置：++j，--j，功能是 j 的值先加（减）1，再进行其他运算。
- 后置：j++，j--，功能是 j 先进行其他运算，然后 j 的值再加（减）1。

示例如下：

```
j=4;k=++j;      //赋值时，j 先加 1，再将 j 的值赋给变量 k，结果为 k=5,j=5
j=4;k=j++;      //赋值时，先将 j 的值赋给变量 k，然后 j 再加 1，结果为 k=4,j=5
j=4;k=--j;      //赋值时，j 先减 1，再将 j 的值赋给变量 k，结果为 k=3,j=3
j=4;k=j--;      //赋值时，先将 j 的值赋给变量 k，然后 j 再减 1，结果为 k=4,j=3
j=4;k=-j++;     //赋值时，先将-j 的值赋给变量 k，然后 j 再加 1，结果为 k=-4,j=5
```

在使用自增或自减运算符时，如果容易产生歧义，则可以通过添加括号来消除歧义。例如，c=a+++b 是表示 c=(a++)+b 还是表示 c=a+(++b)呢？在 C 语言中将会理解为 c=(a++)+b。希望读者在编写程序时，尽量利用括号消除这种歧义性的表达式，这样表示出来的含义更明确。

2．算术表达式

用算术运算符和括号将操作对象连接起来的、符合 C 语言语法规则的式子，称为 C 语言算术表达式。操作对象包括常量、变量、函数等。

例如，下面就是一个合法的算术表达式：

```
a*b+c/5%3+10-'a'
```

在算术表达式中，整型（int、short、long）、单精度型（float）、双精度型（double）和字符型（char）数据可以进行混合运算。在进行混合运算时，不同类型的数据要先进行自动类型转换，再运算。自动类型转换的方法将在 2.5.1 节中进行介绍。

2.3.2 赋值运算符与赋值表达式

赋值运算符用于赋值运算，包括简单赋值运算符（=）、复合算术赋值运算符（+=、-=、*=、/=、%=）和复合位运算赋值运算符（&=、|=、^=、>>=、<<=）3 类共 11 种。本节将介绍前两类赋值运算符的功能和用法。

1. 简单赋值运算符

简单赋值运算符记为“=”，它的作用是将一个常量、变量或表达式的值赋给一个变量。示例如下：

```
a=3;       //表示将 3 赋给变量 a
a=b;       //表示将变量 b 的值赋给变量 a
a=b*2;     //表示将变量 b*2 的值赋给变量 a
```

注意：

（1）赋值运算符（=）的左侧只能是变量，绝对不能是常数或表达式。这是因为常数和表达式没有内存单元。

（2）赋值运算符右侧表达式的类型要与左侧变量的类型保持一致。如果不一致，则先将右侧表达式计算后的结果的类型转换为与左侧变量相同的类型，再进行赋值。示例如下：

```
int a;
float b=2.56;
a=b;
```

变量 a 的值为 2。

```
float c=2;
```

变量 c 的值为 2.0。

```
int a;
char c='A';
a=c;
```

变量 a 的值为变量 c 所表示字符对应的 ASCII 码值，即 65。

（3）赋值运算符的结合方向为“自右向左”。例如，“float x=3.1;int y; y=x+2;”这个赋值运算的处理过程是：先将 2 转换为 2.0，再计算 3.1+2.0，结果为 5.1，最后将 float 类型的结果 5.1 转换为 int 类型整数 5 并赋给变量 y。

（4）多个变量可以连续赋值。示例如下：

```
int a,b,c;
a=b=c=5;
```

上述语句的赋值顺序为：将 5 赋值给变量 c，将变量 c 的值赋给变量 b，将变量 b 的值赋给变量 a，最后变量 a、b、c 的值都为 5。

（5）赋值运算符的右侧可以继续包含赋值表达式。示例如下：

```
int x,y;
x=10+(y=5);
```

变量 y 的值为 5，变量 x 的值为 15。

2．复合赋值运算符

为了简化程序并提高编译效率，C 语言允许在赋值运算符"="之前加上其他运算符，这样就构成了复合赋值运算符。复合赋值运算符包括复合算术赋值运算符（+=、-=、*=、/=、%=）和复合位运算赋值运算符（&=、|=、^=、>>=、<<=），本节只介绍复合算术赋值运算符。

复合算术赋值运算符的功能是对赋值运算符左、右两侧的操作对象进行相应的运算，再将运算结果赋给左侧的变量。示例如下：

```
a+=b;      //等价于"a=a+b;"
a-=b;      //等价于"a=a-b;"
a*=b;      //等价于"a=a*b;"
a/=b;      //等价于"a=a/b;"
a%=b;      //等价于"a=a%b;"
a*=b+c;    //等价于"a=a*(b+c);"
```

注意：

（1）复合赋值运算符右侧的表达式是一个运算"整体"，不能把它们分开。例如，"a*=b+1"等价于"a=a*(b+1)"。

（2）复合赋值运算符的结合方向为"自右向左"。示例如下：

```
int a=2;
a+=a-=a*=2;
```

"a+=a-=a*=2;"等价于"a=a+(a=a-(a=a*2));"，所以最后变量 a 的值为 0。

3．赋值表达式

用赋值运算符将操作对象连接而成的式子称为赋值表达式。例如，赋值表达式"k=(j=1);"，由于赋值运算符的结合方向为"自右向左"，因此该赋值表达式等价于"k=j=1"。示例如下：

```
int k,a=1,j=5;
a+=j++;        //变量 a 被赋值为 6，变量 j 的值变为 6
a=20+(j=7);    //变量 a 被赋值为 27
a=(j=9)+(k=7); //变量 a 被赋值为 16
```

2.3.3　关系运算符与关系表达式

1．关系运算符

关系运算符用于比较两个操作对象的大小关系。C 语言提供的关系运算符包括小于（<）、大于（>）、小于或等于（<=）、大于或等于（>=）、等于（==）、不等于（!=）6 种。

关系运算符都是双目运算符，其结合方向为"自左向右"。关系运算的结果为 1 或 0，如果关系成立，则结果为 1，否则为 0。例如，9>8>6 的结果为 0，执行顺序为：先计算 9>8，结果为 1；再计算 1>6，结果为 0。

关系运算符的优先级低于算术运算符的优先级，高于赋值运算符的优先级。在 6 种关系运算符中，"<"、"<="、">"和">="的优先级相同，高于"=="和"!="的优先级，"=="和"!="的优先级相同。示例如下：

```
a+b>c+d;          //等价于"(a+b)>(c+d);"
a=b>c;            //等价于"a=(b>c);"
```

2. 关系表达式

关系表达式的一般形式如下:

```
<表达式> 关系运算符 <表达式>
```

关系表达式的值是"真"和"假",分别用 1 和 0 表示,即如果关系表达式成立,则结果为 1,否则为 0。例如,5>6 的结果为 0,9>8 的结果为 1。

以下都是合法的关系表达式:

```
a+b>c-d
x>3/2
'a'+1<c
-i-5*j==k+1
```

> **注意:**
>
> (1) 在关系表达式中,允许出现关系表达式嵌套的情况。示例如下:
>
> ```
> int a=5,b=6,c=7,d;
> d=c>b>a;
> ```
>
> 由于关系运算符的优先级高于赋值运算符的优先级,因此上述语句的执行顺序为:先计算 c>b,结果为 1;再计算 1>a,结果为 0;最后计算 d=0,所以变量 d 的值为 0。
>
> 在 C 语言中,如果确实需要表示 x>y>z 的关系,则需要使用逻辑运算符,否则将会出现逻辑错误。
>
> (2) 注意"="和"=="之间的区别。示例如下:
>
> ```
> int a=5,b=6;
> printf("%d ",a==b);
> printf("%d",a=b);
> ```
>
> 上面代码的输出结果如下:
>
> ```
> 0 6
> ```

【例 2-2】关系运算符和关系表达式。

```
#include <stdio.h>
void main()
{
    char c='k';
    int i=1,j=2,k=3;
    float x=3.5,y=0.85;
    printf("%d,%d\n",'a'+5<c,-i-2*j>=k+1);
    printf("%d,%d\n",1<j<5,x-5.25<=x+y);
    printf("%d,%d\n",i+j+k==-2*j,k==j==i+5);
}
```

上述代码的输出结果如下:

```
1,0
1,1
0,0
```

2.3.4　逻辑运算符与逻辑表达式

1. 逻辑运算符

逻辑运算符用于逻辑运算，C 语言提供的逻辑运算符包括逻辑与运算符（&&）、逻辑或运算符（||）和逻辑非运算符（!）3 种。

C 语言中没有逻辑类型，当进行逻辑判断时，如果逻辑表达式的值为"真"，则结果为 1；如果逻辑表达式的值为"假"，则结果为 0。在进行逻辑判断时，所有非 0 的数字表示"真"，0 表示"假"。

1）逻辑非运算符

逻辑非运算符（!）为单目运算符，其功能为对操作对象进行逻辑取反，即当操作对象为真时，进行逻辑非运算后，结果为假；当操作对象为假时，进行逻辑非运算后，结果为真。逻辑非运算符的优先级高于算术运算符的优先级，并且该运算符的结合方向为"自右向左"。示例如下：

```
int a=5,b=6;
```

!(a>b)的结果为 1，a>b 的结果为 0，!0 的结果为 1。

!a>b 的结果为 0，执行顺序为：先计算!a，结果为 0；再计算 0>b，结果为 0。

2）逻辑与运算符

逻辑与运算符（&&）为双目运算符，其功能为对两个操作对象进行逻辑与运算。当两个操作对象都为真时，结果才为真，其余情况结果为假。逻辑运算真值情况如表 2-4 所示。逻辑与运算符的优先级高于赋值运算符的优先级，低于关系运算符的优先级，该运算符的结合方向为"自左向右"。

表 2-4　逻辑运算真值表

a	b	!a	!b	a&&b	a||b
真	真	假	假	真	真
真	假	假	真	假	真
假	真	真	假	假	真
假	假	真	真	假	假

示例如下：

```
int a=5,b=6,c=7,d=0;
```

a>b && c>6 的结果为 0。

a && b 的结果为 1，因为 a 为非 0 数字，表示真，b 为非 0 数字，表示真，结果为真，所以结果为 1。

d++ && c>b 的结果 0，先计算 d&&c>b，然后 d 再加 1，因为 d 的初值为 0，表示假，所以结果为 0。

数学中的 c>b>a 的关系，在 C 语言中应该用逻辑与运算符连接，即表示为 c>b && b>a。

3）逻辑或运算符

逻辑或运算符（||）为双目运算符，其功能为对两个操作对象进行逻辑或运算。当两个操作对象都为假时，结果才为假，其余情况结果为真（逻辑运算真值情况见表 2-4）。逻辑

或运算符的优先级低于逻辑与运算符的优先级，同时，高于赋值运算符的优先级，低于关系运算符的优先级，该运算符的结合方向为"自左向右"。示例如下：

```
int a=5,b=6,c=7;
```

a>b || c>6 的结果为 1。

a||b 的结果为 1，因为 a 为非 0 数字，表示真，b 为非 0 数字，表示真，结果为真，所以结果为 1。

a>b || b>c 的结果为 0。

2. 逻辑表达式

用逻辑运算符将表达式连接起来就构成了逻辑表达式。逻辑表达式的一般形式如下：

```
<表达式> 逻辑运算符 <表达式>
```

其中，"<表达式>"可以是逻辑表达式，从而组成了逻辑表达式的嵌套。例如，逻辑表达式(a&&b)||c，由于逻辑运算符的结合方向为"自左向右"，并且"&&"运算符的优先级高于"||"运算符的优先级，因此该逻辑表达式也可以写为a&&b||c。示例如下：

```
!(5>3) 的结果为 0
5>4 && 4>3 的结果为 1
5>6 || 6>7 的结果为 0
```

逻辑运算符、算术运算符、关系运算符和赋值运算符的优先级顺序为：!>算术运算符>关系运算符>&&>||>赋值运算符。示例如下：

```
int a=5,b=6,c=7;
!a+6>b && c>b
```

上式的运算结果为 0，执行顺序为：首先计算!a，结果为 0；然后计算 0+6，结果 6；最后计算 6>b，结果为 0，所以整个表达式的结果为 0。

> **注意：**
>
> 在 C 语言中，逻辑表达式具有"逻辑短路"特性：当逻辑表达式求解时，如果通过前面的求解已经能够计算出整个表达式的结果，则不再求解后面的表达式。
>
> （1）在一个或多个连续的逻辑与运算中，如果前面操作对象的结果为 0，则不会继续求解后面的表达式。示例如下：
>
> ```
> int a=5,b=6,c=7;
> a>b && c++
> ```
>
> 上式的运算结果为 0，并且变量 c 的值为 7。因为 a>b 的结果为 0，而在逻辑与运算中，只要前面的结果为 0，则整个表达式的结果就已经确定为 0，c++将不会被计算，所以变量 c 的值不会改变。
>
> （2）在一个或多个连续的逻辑或运算中，如果前面操作对象的结果为 1，则不会继续求解后面的表达式。示例如下：
>
> ```
> int a=5,b=6,c=7;
> b>a && c++
> ```
>
> 上式的运算结果为 1，并且变量 c 的值为 7。因为 b>a 的结果为 1，而在逻辑或运算中，只要前面的结果为 1，则整个表达式的结果就已经确定为 1，c++将不会被计算，所以变量 c 的值不会改变。

【例 2-3】逻辑运算符和逻辑表达式。

```
main()
{
    char c='A';
    int i=1,j=2,k=3;
    float x=3.5,y=0.85;
    printf("%d,%d\n",!x*!y,!!!x);
    printf("%d,%d\n",x||i&&j-3,i<j&&x<y);
    printf("%d,%d\n",i==5&&c&&(j=8),x+y||i+j+k);
    printf("%d\n",j);
}
```

上述代码的运行结果如下：

```
0,0
1,0
0,1
2
```

2.3.5　条件运算符、逗号运算符和求字节数运算符

1. 条件运算符

条件运算符为三目运算符，即要求有 3 个操作对象。条件运算符由 "?" 和 ":" 两个符号组成，其一般形式如下：

```
<表达式1>?<表达式2>:<表达式3>
```

条件运算符的结合顺序为：先求解表达式 1 的值，如果它的值为真（非 0 值），则求解表达式 2 的值，并将结果作为整个表达式的值；如果它的值为假（0 值），则求解表达式 3 的值，并将结果作为整个表达式的值。示例如下：

```
a=10>5?10:5;        //变量a的值为10
a=6;
b=a?c:d;            //由于变量a的值为6，为非0值，因此变量b的值为变量c的值
c=a>b?a:b;          //变量c的值为变量a和变量b中的最大值
```

条件运算符的优先级高于赋值运算符的优先级，该运算符的结合方向为 "自右向左"。示例如下：

```
d=a>0?1:a==0?0:-1;
```

自右向左结合，等价于以下表达式：

```
d=a>0?1:(a==0?0:-1)
```

上式的运算结果如下：

（1）当 a>0 时，结果为 1。

（2）当 a==0 时，结果为 0。

（3）当 a<0 时，结果为-1。

2. 逗号运算符

C 语言提供一种特殊的运算符——逗号运算符 (,)。逗号运算符可以将两个表达式连接起来，其一般形式如下：

```
<表达式1>,<表达式2>
```

逗号运算符的结合顺序为：首先求解表达式 1 的值，然后求解表达式 2 的值，并将表

达式 2 的值作为整个表达式的值。示例如下：

```
x=(y=3,++y);
```

上式的结合顺序为：首先将 3 赋给 y，然后计算++y，最后将++y 的结果赋给 x，所以最后结果为 x=4，y=4。

注意：

（1）逗号运算符是 C 语言中运算优先级最低的运算符，其优先级低于赋值运算符的优先级。示例如下：

```
int a=5,b=6;
x=a+1,b+2;
```

上式运算后，变量 x 的值为 6，而不是 8，因为赋值运算符的优先级高于逗号运算符的优先级，所以，上式将先计算 x=a+1，再计算 b+2，而整个表达式没有保存 b+2 的值，因此，变量 x 的值为 6。

（2）逗号表达式可以扩展为以下形式：

```
<表达式1>,<表达式2>,<表达式3>,…,<表达式n>
```

上式的结合顺序为：首先求解表达式 1 的值，然后求解表达式 2 的值，接着求解表达式 3 的值，依次向右求解表达式的值，最后求解表达式 n 的值，整个表达式的值为表达式 n 的值。示例如下：

```
a=(b=1,c=2,d=3);
```

上式运算后，变量 a 的值为 3，变量 b 的值为 1，变量 c 的值为 2，变量 d 的值为 3。

3. 求字节数运算符 sizeof

求字节数运算符是一个单目运算符，用于计算某种数据类型或变量在内存中所占的字节数，其一般形式如下：

```
sizeof(变量名)
```

或

```
sizeof(类型名)
```

示例如下：

```
float a;
printf("%d,",sizeof(a));
printf("%d",sizeof(double));
```

上述代码的运行结果如下：

```
4,8
```

2.4 运算符的优先级

在对一个表达式进行混合运算时，每一步运算都要按照一定的先后顺序进行，这个顺序被称为运算符的优先级。

在 C 语言中，运算符优先级的规则如下：

（1）各类运算符的优先级顺序为：括号运算符>算术运算符>关系运算符>逻辑运算符>赋值运算符>逗号运算符。详细运算符的优先级顺序见附录 C。

（2）运算优先级相同的运算符，按照"自左至右"的顺序进行运算。

（3）算术运算符的优先级顺序为：自增（减）运算符>乘、除、求余运算符>加、减运算符。示例如下：

```
int i=5,j;
j=-i++*5;
```

上述代码运行后，变量 i 的值为 6，变量 j 的值为-25。

（4）对关系运算符而言，">"、"<"、">="和"<="运算符的优先级高于"=="和"!="运算符的优先级。例如，表达式 5>6==7>8 的结果为 1，计算顺序为：先计算 5>6，结果为 0；再计算 7>8，结果也为 0；最后计算 0==0，结果为 1。

（5）对逻辑运算符而言，运算顺序为：逻辑非运算>算术运算>逻辑与运算>逻辑或运算。

（6）对于多种运算符并存的表达式，可以用圆括号改变运算优先级。

2.5　数据类型转换

在 C 语言中进行混合运算时，不同类型的数据需要先转换成同一类型，再进行运算。例如，表达式 10+'b'*2+5*4+99.5-'c'就需要先进行类型转换，然后才能运算。

在 C 语言中，进行类型转换的方法有两种，一种是自动类型转换，另一种是强制类型转换。

2.5.1　自动类型转换

自动类型转换发生在不同数据类型的操作对象进行混合运算时，由编译系统自动完成。自动类型转换遵循以下规则：

（1）如果参与运算的操作对象的类型不同，则先转换成同一类型，再进行运算。

（2）转换按数据长度增加的方向进行，以保证精度不降低。例如，当 int 型数据和 long 型或 unsigned 型数据进行运算时，先把 int 型数据转成 long 型或 unsigned 型数据，再进行运算；当 int 型数据和 char 型数据进行运算时，先把 char 型数据转成 int 型数据，再进行运算。

（3）所有的浮点运算都是以双精度进行的，即使仅含 float 单精度操作对象运算的表达式，也要先转换成 double 型，再进行运算。

（4）当 char 型数据和 short 型数据参与运算时，必须先转换成 int 型数据。

（5）在赋值运算中，当赋值号两侧操作对象的数据类型不同时，赋值号右侧操作对象的类型将转换为左侧操作对象的类型。如果右侧操作对象的数据类型长度比左侧操作对象的数据类型长度长，则将丢失一部分数据，这样会降低精度，丢失的部分按四舍五入向前舍入。

图 2-3 所示为自动类型转换的规则。

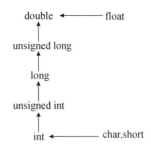

图 2-3　自动类型转换的规则

示例如下：

```
char c='A';
int i=5;
float x=3.5;
double y=1e-5;
```

如果表达式如下：

```
i+c+x*y
```

则表达式将按下列类型进行转换：

首先将变量 c 的类型转换为 int 型，计算 i+c，由于 c='A'，因此将字符'A'对应的 ASCII 码值与变量 i 的值相加，结果为 70，类型为 int 型；然后将变量 x 的类型转换为 double 型，计算 x*y，结果为 3.5e-5，类型为 double 型；最后将 i+c 的结果 70 的类型转换为 double 型，并与 3.5e-5 相加，结果为 70.000035，类型为 double 型。

2.5.2　强制类型转换

强制类型转换是通过类型转换来实现的，可以利用强制类型转换将一个表达式的值的类型转换成所需的类型。强制类型转换的一般形式如下：

```
(类型说明符)(表达式)
```

示例如下：

```
(float)a/5
```

上述表达式的作用是先把变量 a 的类型强制转换为 float 型，再除以 5。如果需要将 a/5 的结果的类型转换为 float 型，则上式应该改为以下形式：

```
(float)(a/5)
```

下面都是合法的强制类型转换：

```
(double)a        //将变量 a 的类型强制转换为 double 型
(int)a/b         //将变量 a 的类型强制转换为 int 型，然后除以变量 b 的值
(float)(a*b/5)   //将 a*b/5 的结果的类型强制转换为 float 型
```

！注意：

在进行强制类型转换时，需要注意以下两点：

（1）类型说明符和表达式必须加括号（单个变量可以不加括号）。例如，(int)(x/y)和 (int)x/y 的结果是不同的。

（2）在强制类型转换后，原变量的类型不会改变，只是表达式的运算结果的类型临时被转换。示例如下：

```
float a=11.8;
int b;
b=(int)a/4;
```
上述代码运行后，变量 b 的结果为 2，而变量 a 的类型还是 float 型。

本 章 小 结

本章首先介绍了 C 语言中数据类型、常量和变量的概念，然后介绍了 C 语言中的各类运算符及其优先级和结合性，最后介绍了 C 语言中的数据类型转换方法。

C 语言中的数据类型包括 4 种基本类型（整型、实型、字符型和枚举型）和 4 种扩展类型（数组类型、结构体类型、共用体类型和指针类型）。常量是指在程序运行过程中值不能改变的量，包括直接常量和符号常量。变量是指在程序运行过程中值可以随时改变的量。

C 语言中的运算符从功能上可以分为算术、赋值、关系和逻辑等运算符；从运算符需要操作对象的数量上可以分为单目运算符、双目运算符和三目运算符。在混合运算中，不同的运算符优先级不同。一般而言，算术运算符的优先级高于关系运算符的优先级，关系运算符的优先级高于逻辑运算符的优先级，逻辑运算符的优先级高于赋值运算符的优先级，赋值运算符的优先级高于逗号运算符的优先级。

通过对本章内容的学习，读者应该掌握 C 语言中各种类型常量的表示方法、变量的声明方法，以及各种运算符的运算规则和运算优先级。

习 题

1. 已知各变量的类型定义如下：
```
int i=6,k,a,b;
unsigned long w=5;
double x=1.42,y=5.2;
```
则以下两组表达式中不符合 C 语言语法的表达式分别是（   ）。

（1）A．k=i++   B．(int)x+0.4

　　 C．y+=x++   D．a=2*a=3

（2）A．x%(-3)   B．w+=-2

　　 C．k=(a=2,b=3,a+b)   D．a+=a-=(b=4)*(a=3)

2. 计算表达式或变量的值。

（1）设 x=2.5，a=5，y=4.7，计算表达式 x+a%3*(int)(x+y)%2/4 的值。

（2）设 a=4，计算表达式 a=1,a+5,a++的值。

（3）设 a=2，b=3，x=3.5，y=2.5，计算表达式(a+b)/2+(int)x%(int)y 的值。

（4）设 x=4，y=8，计算表达式 y=(x++)*(--y)的值。

（5）设 x=1，y=2，计算表达式 1.0+x/y 的值。

（6）设 a=4，计算表达式 a+=a-=a*=5 的值。

（7）代码如下：

```
int i=5,j=6,k;
k=(i++)+(++j)+(i++);
```

计算变量 i、j、k 的值。

3. 写出下面表达式运算后 a 的值，设原来 a=10，并且 a 和 n 已被定义为整型变量。

（1）a+=a

（2）a-=2

（3）a*=2+1

（4）a/=a+a

（5）a%=(n%=2)，n 的值等于 7

（6）a+=a-=a*=a

4. 将下列代数式写成 C 语言表达式。

（1）πr^2

（2）$\frac{1}{2}gt^2 + v_0 t + s_0$

（3）$\dfrac{-b + \sqrt{b^2 - 4ac}}{2a}$

（4）$\dfrac{5}{9}(F - 32)$

第 **3** 章

顺序结构

在 C 语言中，程序控制语句能够控制程序的流程，一般可以分为顺序结构、选择结构和循环结构 3 种结构。程序设计的关键是如何组织这 3 种程序控制结构实现指定的逻辑功能，这就是我们所说的算法。算法是解决问题的灵魂，是程序设计的精髓。一个问题的算法找到了，就能很容易地编写出解决这个问题的程序。

本章主要介绍算法的概念、算法的描述，以及 C 语言中的基本输入与输出语句。

本章重点：

- ☑ C 语言基本语句
- ☑ 使用 getchar 和 putchar 函数分别实现字符数据的输入与输出
- ☑ 使用 scanf 函数实现数据的输入
- ☑ 使用 printf 函数实现数据的输出

3.1　算法

算法是解决问题的灵魂，是程序设计的精髓。程序设计的实质就是设计解决问题的算法，并将其用程序设计语言描述出来。

3.1.1　算法的概念

什么是程序？程序=数据结构+算法。

面向过程的程序设计语言（如 C、Pascal、FORTRAN 等语言）主要关注的是算法。掌握算法，也是为面向对象程序设计打下一个扎实的基础。那么，什么是算法呢？

人们使用计算机，就是要利用计算机处理各种不同的问题，而要做到这一点，人们就必须先对各类问题进行分析，确定解决问题的具体方法和步骤，再编制好一组让计算机执行的指令（即程序）并交给计算机，让计算机按人们指定的步骤有效地工作。这些具体的方法和步骤就是解决一个问题的算法。根据算法，依据某种规则编写计算机执行的命令序列，就是编制程序，而在书写代码时所应遵守的规则就是某种语言的语法。

由此可见，程序设计的关键之一是解决问题的方法与步骤，即算法。学习高级语言的重点就是掌握分析问题、解决问题的方法，就是锻炼分析、分解问题并最终归纳整理出算法的能力。与之相对应，具体语言（如 C 语言）的语法是工具，是算法的一个具体实现。所以，在高级语言的学习中，一方面应熟练掌握该语言的语法，因为它是算法实现的基础；另一方面必须认识到算法的重要性，加强思维训练，以写出高质量的程序。

设计一个好的算法通常要考虑以下 4 个方面。

（1）正确性：算法的执行结果要满足预先规定的功能和性能要求。

（2）可读性：算法要思路清晰、层次分明、简单明了。

（3）健壮性：算法能够适当处理输入的非法数据。

（4）高效性：算法具有较高的空间存储效率和较高的时间效率。

下面通过例子来介绍如何设计一个算法。

【例 3-1】输入 3 个数，然后输出其中最大的数。

首先，要有个地方存放这 3 个数，我们定义 3 个变量 A、B、C，将 3 个数依次输入变量 A、B、C 中，然后定义一个变量 max 存放最大数。由于计算机一次只能比较两个数，因此我们首先把变量 A 的值与变量 B 的值进行比较，大的值放入变量 max 中，然后把变量 max 的值与变量 C 的值进行比较，还是把大的值放入变量 max 中。最后，把变量 max 的值输出，此时变量 max 中存放的就是变量 A、B、C 的值中的最大数。算法可以表示如下：

（1）输入 3 个数并依次放入变量 A、B、C 中。

（2）把变量 A 的值与变量 B 的值中大的一个放入变量 max 中。

（3）把变量 C 的值与变量 max 的值中大的一个放入变量 max 中。

（4）输出变量 max 的值，变量 max 的值就是最大数。

其中的（2）、（3）两步仍不明确，无法直接转化为程序语句，可以继续细化：

（2）把变量 A 的值与变量 B 的值中大的一个放入变量 max 中，如果变量 A 的值大于变量 B 的值，则把变量 A 的值放入变量 max 中，否则把变量 B 的值放入变量 max 中。

（3）把变量 C 的值与变量 max 的值中大的一个放入变量 max 中，如果变量 C 的值大于变量 max 的值，则把变量 C 的值放入变量 max 中。

于是算法最后可以表示如下：

（1）输入 3 个数并依次放入变量 A、B、C 中。

（2）如果变量 A 的值大于变量 B 的值，则把变量 A 的值放入变量 max 中，否则把变量 B 的值放入变量 max 中。

（3）如果变量 C 的值大于变量 max 的值，则把变量 C 的值放入变量 max 中。

（4）变量 max 的值就是 3 个数中的最大数，输出变量 max 的值即可。

这样的算法已经可以很方便地转化为相应的程序语句了。

3.1.2 算法的组成要素

一个算法主要包括两大要素：操作和控制结构。

1. 操作

C 语言中所描述的操作主要包括算术运算、逻辑运算、关系运算、位运算、函数调用、输入与输出操作等。算法就是由这些操作组成的。

2．控制结构

组成算法的一系列操作按不同的顺序执行，就会得出不同的结果。在算法中，控制结构用于控制组成算法的各操作的执行顺序。结构化程序设计要求任何程序只能由 3 种基本控制结构组成，即顺序结构、选择结构和循环结构。

- 顺序结构：执行顺序与程序的书写顺序相同。
- 选择结构：在执行到某一条语句时要进行判断，从中选择执行路径。
- 循环结构：当设定的条件成立时，一条或多条语句重复执行若干遍，直到设定的条件不成立为止。

在构造一个算法时，以这 3 种结构作为基本单元，同时，这 3 种结构之间可以并列和互相包含，但是不允许交叉，也不允许从一个结构直接转到另一个结构内部去。例如，循环结构里可以包含顺序结构和选择结构，选择结构里也可以包含顺序结构和循环结构。

3.1.3　算法的描述

在 3.1.1 节中，我们通过一个简单的算法介绍了算法的设计过程，而要把一个算法描述出来，除了可以使用例 3-1 中的自然语言，也可以使用流程图、N-S 图、PAD 图、伪代码等。

1．自然语言

自然语言就是人们日常使用的语言，可以是汉语或英语，也可以是其他语言。虽然用自然语言描述算法通俗易懂，但是文字冗长，容易出现"歧义性"。自然语言表示的含义往往不太严格，要根据上下文才能判断其正确含义，描述包含分支和循环的算法时也不太方便。因此，除了那些很简单的问题，一般不用自然语言描述算法。

2．流程图

流程图兴起于二十世纪五六十年代，这种方法的特点是使用不同的几何框图表示相应的算法操作，在框图内用简洁的字符来说明具体的操作内容，用流程线连接各个框图。流程图中所使用的标准符号如图 3-1 所示。

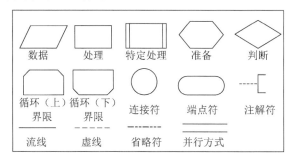

图 3-1　流程图中所使用的标准符号

（1）数据：平行四边形表示数据，其中可注明数据名、来源、用途或其他的文字说明。

（2）处理：矩形表示各种处理功能。例如，执行一个或一组特定的操作，从而使信息的值、信息形式或所在位置发生变化，或者确定对某一流向的选择。矩形内可注明处理名或其简要功能。

（3）特定处理：带有双纵边线的矩形表示已命名的特定处理。该处理为在另外地方已得到详细说明的一个操作或一组操作，如子程序、模块等。矩形内可注明特定处理名或其简要功能。

（4）准备：六边形符号表示准备，它表示修改一条指令或一组指令以影响随后的活动。例如，设置开关，修改变址寄存器，初始化例行程序等。

（5）判断：菱形表示判断或开关。菱形内可注明判断的条件。虽然它只有一个入口，但是可以有若干个可供选择的出口，在对符号内定义的条件求值后，有且仅有一个出口被激活。求值结果可以在表示出口路径的流线附近写出。

（6）循环界限：循环界限分为去上角矩形的上界限和去下角矩形的下界限，分别表示循环的开始和循环的结束。

（7）连接符：圆形表示连接符，用以表明转向流程图的其他地方，或者从流程图的其他地方转入。它是流线的断点。在图内注明某一标识符，表明该流线将在具有相同标识符的另一连接符处继续下去。

（8）端点符：扁圆形表示转向外部环境或从外部环境转入的端点符。例如，程序流程的起始或结束，数据的外部使用起点或终点。

（9）注解符：注解符由纵边线和虚线构成，用以标识注解的内容。虚线需要连接到被注解的符号或符号组合上，注解的正文应靠近纵边线。

流程图的基本控制结构如图 3-2 所示。

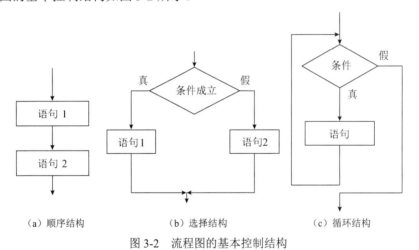

（a）顺序结构　　　　　　（b）选择结构　　　　　　（c）循环结构

图 3-2　流程图的基本控制结构

3.2　C 语言基本语句

语句是实现算法的程序表示，是实现算法的最小单位。在 C 语言程序中，无论是数据的描述，还是操作的控制，都是以语句的形式表现出来的，语句是 C 语言程序的最基本单元。C 语言程序中的语句可以分为 5 类，分别是声明语句、表达式语句、复合语句、空语句和流程控制语句。

1．声明语句

声明语句用来声名标识符的合法性，以便能在程序中使用它们。在 C 语言中，所有的标识符在使用之前必须声明，并且声明语句必须写在其他语句的前面，同时，标识符不能重复声明。示例如下：

```
int x,y,z;
char c;
int prime(int n);
```

上述语句声明了变量 x、y、z 的类型均为 int 类型，声明了变量 c 的类型为 char 类型，声明了返回值的类型为 int 类型的 prime 函数，该函数具有一个 int 类型的参数。

下面的声明语句是错误的：

```
#include <stdio.h>
void main()
{
    int a,b;
    float a;                    //此处错误，重复声明变量a
    printf("\n Please input m and n:");
    int n;                      //此处错误，声明语句应该写在其他语句的前面
    scanf("%d%d",&m,&n);        //此处错误，变量m没有声明就直接使用
    printf("n=%d",n);
}
```

2．表达式语句

由于 C 语言程序中的大多数语句是表达式语句，因此有人也将 C 语言称为"表达式语言"。表达式语句和表达式的区别在于：表达式代表的是一个数值，而表达式语句代表的则是一种动作特征。

表达式语句可以分为运算符表达式语句和函数调用表达式语句。

1）运算符表达式语句

运算符表达式语句由运算符表达式加上一个分号组成。C 语言程序中最常见的表达式语句为赋值语句。示例如下：

```
b++;
a*=b;
x=5.2;
a+b;
```

其实，执行运算符表达式语句就是计算表达式的值。在上面的第 4 条语句中，变量 a 和变量 b 的值相加，而整个表达式的值并没有保存，因此，整个语句没有实际意义。在编写程序时，一定要避免这类语句的出现。

2）函数调用表达式语句

函数调用表达式语句由函数名、实际参数列表加上分号组成，其一般形式如下：

```
函数名(实际参数列表);
```

示例如下：

```
printf("total=%d",t);
```

3．复合语句

在 C 语言中，可以用"{}"把一些语句括起来构成复合语句。复合语句经常被用于选

择结构中执行多条语句和循环结构中循环体为多条语句的情况。示例如下：

```
if(a>b)
{
    t=a;
    a=b;
    b=t;
}
```

或者如下：

```
i=0;
while(i<=100)
{
    s+=i;
    i++;
}
```

 注意：

> 复合语句中最后一个语句末尾的分号不能省略。

4．空语句

空语句由一个单独的分号构成，什么操作也不执行，经常被用作空循环体。示例如下：

```
for(i=0;i<=100;sum+=i,i++);
```

5．流程控制语句

流程控制语句用于控制程序的流程。C 语言包含以下 3 类 9 条控制语句：

（1）条件判断语句：if...else 语句和 switch 语句。

（2）循环语句：for 语句、while 语句和 do...while 语句。

（3）转向语句：break 语句、continue 语句、goto 语句和 return 语句。

3.3 数据的输入与输出

在程序的运行过程中，用户往往需要输入一些数据，同时，需要获得程序运算的结果，以实现人机交互，所以在程序设计中，输入与输出语句是必不可少的。在 C 语言中，没有专门的输入与输出语句，所有的输入与输出操作都是通过对标准 I/O 库函数的调用来实现的，其对应的头文件为 stdio.h。常用的输入与输出函数有 scanf、printf、getchar 和 putchar。

3.3.1 字符的输入与输出

在 C 语言中，字符的输入与输出可以分别通过 getchar 和 putchar 函数来实现，在使用这两个函数时，应该在头文件中包含 stdio.h 头文件，即在 main 函数前面添加"#include <stdio.h>"语句。

1．字符输出函数 putchar

putchar 函数的作用是向屏幕上输出一个字符，并返回输出字符对应的 ASCII 码值，其一般形式如下：

```
putchar(c);
```

注意：

putchar 函数必须带输出项，输出项可以是字符型常量、变量、表达式，也可以是字符对应的 ASCII 码值，但只能是单个字符，而不能是字符串。

【例 3-2】输出字符。

```
#include <stdio.h>
void main()
{
    char a;
    int i=65;
    a='A';
    putchar(a);          //输出字符'A'
    putchar('\n');       //输出换行符，起到换行的作用
    a+=32;
    //输出字符'a'，大写字符对应的 ASCII 码值加 32 等于小写字符对应的 ASCII 码值
    putchar(a);
    putchar('\n');
    putchar(i);          //输出字符'A'，因为字符'A'对应的 ASCII 码值为 65
}
```

上面程序的运行结果如下：

```
A
a
A
```

同样，也可以使用 putchar 函数输出其他转义字符，示例如下：

```
putchar('\'');                      //输出单引号"'"字符
putchar('\\');                      //输出"\"字符
putchar('\101');                    //输出字符'A'
putchar('\007');或 putchar(7);      //发出"嘟"的声音
```

2．字符输入函数 getchar

getchar 函数的作用是从输入设备输入一个字符，并将输入的字符返回一个字符型变量中，其一般形式如下：

```
c=getchar();
```

示例如下：

```
ch=getchar();
```

ch 为字符型变量，上述语句接收从键盘输入的一个字符并将它赋给变量 ch。

注意：

（1）getchar 函数只能接收一个字符，输入字符后需要按 Enter 键，程序才会完成相应的输入，继续执行后面的语句。

（2）如果需要连续输入几个字符，在输入时，所有字符输入完成后按 Enter 键即可，不要输入一个字符按一次 Enter 键，否则回车符（Enter 键）也将被当作字符输入变量中。

【例 3-3】输入字符。

```c
#include <stdio.h>
void main()
{
    char c1,c2,c3;
    c1=getchar();
    c2=getchar();
    c3=getchar();
    putchar(c1);
    putchar(c2);
    putchar(c3);
}
```

上面程序运行后，如果输入的数据如下：

```
abc↵        // "↵" 表示回车符（Enter 键）
```

则变量 c1 的值为字符'a'，变量 c2 的值为'b'，变量 c3 的值为'c'，所以输出结果如下：

```
abc
```

如果输入的数据如下：

```
a↵
b↵
```

则变量 c1 的值为字符'a'，变量 c2 的值为'↵'，变量 c3 的值为'b'，所以输出结果如下：

```
a
b
```

3.3.2　格式化输出函数 printf

1．printf 函数的使用形式

在 C 语言中，输出字符可以使用 putchar 函数，而如果想要输出其他类型的数据，则需要使用 printf 函数。printf 函数的功能为按"格式控制字符串"规定的格式，向输出设备（一般为显示器）输出在输出项列表中列出的各输出项，其一般形式如下：

```
printf("格式控制字符串", 输出项列表)
```

其中，输出项可以是常量、变量、表达式，个数可以是 0 个、1 个或多个，每个输出项之间用逗号隔开。输出的数据的类型可以是整型、实型和字符型。同时，输出项的类型和个数必须与格式控制字符串中格式字符的类型和个数一致。格式控制字符串必须用双引号括起来，其由格式说明符和普通字符两部分组成。示例如下：

```c
int m;
float n;
char ch;
m=5;
n=7.8;
ch='A';
printf("m=%d,ch=%c,%dn=%f",m,ch,n);
```

上面代码的输出结果如下：

```
m=5,ch=A,n=7.800000
```

在上面代码中，%d、%c 和%f 为格式说明符，在输出时，格式说明符部分的内容会被与之一一对应的输出项的值替换，而其他字符则原样输出。

2．格式说明符

1）格式说明符的形式

在使用 printf 函数时，输出不同类型的数据要采用不同的格式说明符。格式说明符的一般形式如下：

```
%[<修饰符>]<格式字符>
```

2）格式字符

格式字符规定了对应输出项的输出格式，常用的输出格式字符如表 3-1 所示。

表 3-1　常用的输出格式字符

格 式 字 符	作　　用
c	用来输出一个字符
d	用来输出十进制整数
ld	用来输出长整数
f	用来输出实数（包括单精度和双精度），以小数形式输出，默认保留 6 位小数
s	用来输出一个字符串
o	以八进制数形式输出整数
x	以十六进制数形式输出整数
u	用来输出 unsigned 型数据，即无符号数，以十进制数形式输出
e（或 E）	以整数形式输出实数
g（或 G）	用来输出实数，它根据数值的大小自动选 f 格式或 e 格式（选择输出格式时选择输出数据所占宽度较小的一种），并且不输出无意义的零

示例如下：

```
int a=567;
long b=123456;
char c='A';
float d=7.89;
double m=12345.67;
printf("a=%d,a(o)=%o,a(x)=%x,b=%ld,c=%c,d=%f,m=%f",a,a,a,b,c,d,m);
```

上面代码的输出结果如下：

```
a=567,a(o)=70,a(x)=38,b=123456,c=A,d=7.890000,m=12345.670000
```

3）格式修饰符

格式修饰符在输出时是可选的，用于确定数据输出的宽度、精度、小数位数、对齐方式等，用于产生更规范、整齐的输出，当没有格式修饰符时，以上各项按系统默认设定显示。

● 宽度修饰符

宽度修饰符的格式如下：

```
%[width][.prec]<格式字符>
```

其中，"[width]"是一个数字，表示输出数据的总宽度，可以省略；"[.prec]"也是一个数字，表示输出数据的精度，可以省略。

注意：

（1）如果数据的宽度超出设定的宽度，则数据将按实际输出；如果数据的宽度小于设

定的宽度,则数据将通过补充空格的方法达到设定的宽度。示例如下:

```
int a=56,b=6789;
printf("%5d,%3d",a,b);
```

上面代码的输出结果如下:

```
␣␣␣56,6789          //"␣"表示空格字符
```

由于变量 a 的值为 56,不够 5 位,因此输出时前面补 3 个空格;由于变量 b 的值为 6789,超过了 3 位,因此输出时按实际输出。

(2)[.prec]部分对整数、实数和字符串数据输出具有不同的含义。

① 对于整数:表示输出数据位数,不足的位补 0。

② 对于实数:表示小数点后的数据位数,不足的位补 0,超出的位则舍入处理。

③ 对于字符串:表示最多输出字符的个数,不足的位补空格,超出的位则丢弃。

示例如下:

```
int a=56;
float b=789.567;
printf("%5.3s,a=%.4d,b=%7.2f,b=%.4f","welcome",a,b,b);
```

上面代码的输出结果如下:

```
␣␣wel,a=0056,b=␣789.57,b=789.5670
```

"%5.3s"表示输出项共占 5 位,截取"welcome"3 位,不足的位补空格;"%.4d"表示输出的整数共占 4 位,不足的位补 0;"%7.2f"表示输出项共占 7 位,小数保留 2 位,由于变量 b 的值为 789.567,小数部分超过 2 位,因此四舍五入后为 789.57,连同小数点共 6 位,需要补一个空格;"%.4f"表示保留小数点后 4 位,对于宽度没有限制,由于变量 b 的值的小数位数不足 4 位,因此不足的位补 0。

可以看出,当设定的宽度小于数据的实际宽度时,按该数的实际宽度输出。当实数的小数位数超出设定的位数时,小数位数将按四舍五入的原则进行舍弃。例如,12.34567 按%5.2f 输出,输出 12.35。

- 对齐方式修饰符

负号"-"为"左对齐"格式控制符,一般所有输出数据为右对齐格式,加一个"-",则变为左对齐格式。示例如下:

```
int i=123;
float a=12.34567;
printf("%4d,%10.4f",i,a);
```

上面代码的输出结果如下:

```
␣123,␣␣␣12.3457
```

如果把上面的输出语句改为以下形式:

```
printf("%-4d,%-10.4f",i,a);
```

则输出结果如下:

```
123␣,12.3457␣␣␣
```

- l 和 h

l 和 h 可以与输出格式字符 d、f、u 等连用,以说明是用 long 型或 short 型格式输出数据。示例如下:

%hd:短整型。

%lf：双精度型。

%ld：长整型。

%hu：无符号短整型。

3．普通字符

普通字符包括可打印字符和转义字符。可打印字符主要是一些说明字符，这些字符按原样显示在屏幕上，如果有汉字系统支持，则也可以输出汉字。

转义字符是不可打印的字符，它们其实是一些控制字符，用于控制产生特殊的输出效果。

例如，i＝123，n＝456，a＝12.34567，并且 i 的类型为整型，n 的类型为长整型，如果输出语句为以下形式：

```
printf("i=%4d,a=%9.4f\nn=%lu\n",i,a,n);
```

则输出结果如下：

```
i=␣123,a=␣␣12.3457
n=456
```

在 C 语言中，如果要输出"%"，则在控制字符中用两个"%"表示，即"%%"。示例如下：

```
printf("int=%%d,float=%%f");
```

上面代码的输出结果如下：

```
int=%d, float=%f
```

【例 3-4】输出格式字符的使用。

```
#include <stdio.h>
void main()
{
    int a;
    long b;
    char c;
    float f;
    double g;
    a=1023;
    b=3333;
    c='K';
    f=3.1415926535898;
    g=3.1415926535898;
    printf("a(10)=%6d\n",a);
    printf("a(8)=%o\n",a);
    printf("a(16)=%x\n",a);
    printf("b=%ld\n",b);
    printf("c=%c\n",c);
    printf("f=%7.2f\n",f);
    printf("g=%6.5f\n",g);
    printf("s=%-5.2s\n","China");
}
```

执行程序，输出结果如下：

```
a(10)=␣␣1023
a(8)=1777
a(16)=3ff
```

```
b=3333
c=K
f=␣␣␣3.14
g=3.14159
s=Ch␣␣␣
```

3.3.3　格式化输入函数 scanf

1．scanf 函数的使用形式

格式化输入函数 scanf 的功能是从输入设备（一般为键盘）上输入任何类型的数据，并将该输入数据按指定的输入格式赋给相应的输入项，其一般形式如下：

```
scanf("格式控制字符串",输入项地址列表);
```

其中，"格式控制字符串"规定数据的输入格式，必须用双引号括起来，其内容和 printf 函数相同。输入项地址列表则由一个或多个变量地址组成，当变量地址有多个时，各变量地址之间用逗号","隔开。

2．格式说明符

scanf 函数的格式控制字符串和 printf 函数一样，包含格式说明符和普通字符。

1）格式说明符

格式说明符规定了输入项中的变量的数据类型，其一般形式如下：

```
%[<修饰符>]<格式字符>
```

其中，常用的输入格式字符如表 3-2 所示。

表 3-2　常用的输入格式字符

格 式 字 符	作　　用
d	输入一个十进制整数
o	输入一个八进制整数
x	输入一个十六进制整数
f	输入一个小数形式的浮点数
e	输入一个指数形式的浮点数
c	输入一个字符
s	输入一个字符串

格式说明符中的修饰符是可选的，可以没有，C 语言中的格式修饰符包括以下几项。

● 输入宽度

输入宽度用于设置输入的数据所占的宽度。如果输入数据的宽度小于设定的宽度，则按实际数据输入；如果输入数据的宽度超过设定的宽度，则截取设定的宽度作为变量的值。示例如下：

```
scanf("%3d",&a);
printf("%d",a);
```

如果输入 12，则输出的结果为 12；如果输入 12345，则输出的结果为 123。

● l 和 h

l 和 h 修饰符可以与 d、o、x 一起使用，加 l 表示输入数据的类型为长整型，加 h 表示

输入数据的类型为短整型。示例如下：

```
scanf("%ld %hd",&x,&i)
```

则 x 按长整型读入，i 按短整型读入。

● 字符 "*"

"*"表示按规定格式输入但不赋予相应变量，作用是跳过相应的数据，即在地址列表中没有对应的输入项。示例如下：

```
#include <stdio.h>
void main()
{
    int a,b;
    scanf("%4d%*d%d",&a,&b);
    printf("\na=%d,b=%d",a,b);
}
```

执行上面的程序，如果输入为"12_34_56"，则结果为"a=12,b=56"。

3. 普通字符

与 printf 函数的普通字符不同，scanf 函数的格式控制字符串中的普通字符是不显示的，而是规定了输入时必须输入的字符，即在输入时，格式控制字符串中的字符要原样输入。示例如下：

```
scanf("a=%d",&a);
```

当执行上面的语句时，必须按下面的格式输入数据：

```
a=30
```

当执行"scanf("%d,%d",&a,&b);"语句时，必须按下面的格式输入数据：

```
12,34
```

4. scanf 函数使用注意事项

（1）如果 scanf 函数的格式控制字符串中包含普通字符，则在输入时必须也输入相应的普通字符，因此，在格式控制字符串中除了必要的分隔符和格式说明符，尽量不要添加其他字符。示例如下：

```
scanf("a=%d,b=%d",&a,&b);
```

如果想为 a 输入 5，b 输入 6，则必须按下列格式输入数据：

```
a=5,b=6 ↵
```

（2）scanf 函数的输入项地址列表中的各变量需要添加地址操作符"&"，这是初学者容易忽略的一个问题。例如，下面的输入语句是错误的：

```
scanf("%d%f",a,b);
```

上面的语句应该添加地址操作符，改为以下形式：

```
scanf("%d%f",&a,&b);
```

（3）格式控制字符串中设定的输入数据的类型应该与变量的类型一致，否则变量的值会出现问题。例如，下面的语句：

```
int a;
float b;
scanf("%f%d",&a,&b);
printf("\na=%d,b=%f",a,b);
```

如果输入的数据如下：

```
123.456_78
```

则输出的结果如下：

```
a=1123477881,b=0.000000
```

（4）输入的数据之间需要添加分隔符。如果在格式控制字符串中设定了分隔符，则按设定的分隔符输入数据；如果没有设定分隔符，则可以使用空格（空格键）、制表符（Tab键）或换行符（Enter 键）分隔。示例如下：

```
scanf("%d%d",&a,&b);
```

当执行上面的语句时，可以按下面的格式输入数据：

```
12␣34↵
```

也可以按下面的格式输入数据：

```
12↵
34↵
```

而当执行下面的语句时：

```
scanf("%d,%d",&a,&b);
```

则必须按下面的格式输入数据：

```
12,34↵
```

如果格式说明符中指定了输入位数，则将自动按指定宽度来截取。示例如下：

```
scanf("%3d%2d",&a,&b);
```

当执行上面的语句时，如果输入的数据如下：

```
1234567↵
```

则变量 a 的值为 123，变量 b 的值为 45。

（5）当输入实数时，不允许设定精度。例如，下面的语句是错误的：

```
scanf("%4.2f",&a);
```

（6）如果输入数据的类型不匹配，则 scanf 函数将停止处理。示例如下：

```
int a,b;
char c;
scanf("%d%c%d",&a,&c,&b);
printf("\na=%d,c=%c,b=%d",a,c,b);
```

执行上面的程序后，如果输入的数据如下：

```
12␣a␣34↵
```

则变量 a 的值为 12，变量 c 的值为空格字符，变量 b 没有值。

3.4 精彩案例

顺序结构程序设计的思路如下：
（1）输入数据。
（2）处理数据。
（3）输出结果。

本节主要介绍顺序结构的一些精彩案例，具体包含温度转换、进制转换、大小写字符转换、计算圆的周长和面积、人民币兑换美元计算这 5 个案例。

3.4.1　温度转换

【例 3-5】输入一个摄氏温度的值，计算对应的华氏温度的值。

分析：

（1）输入一个摄氏温度的值，并将其存放到变量 c 中。

（2）根据华氏温度和摄氏温度的转换公式（华氏温度=9/5×摄氏温度+32）计算华氏温度的值，并将结果保存在变量 h 中。

（3）输出计算结果。

程序代码如下：

```c
#include <stdio.h>
void main()
{
    float c,h;
    printf("请输入摄氏温度：");
    scanf("%f",&c);
    h=9.0/5*c+32;
    printf("%.2fC=%.2fH\n",c,h);
}
```

运行上面的程序，输入"38"，则输出结果如下：

```
38.00C=100.40H
```

3.4.2　进制转换

【例 3-6】输入一个十进制整数，输出该十进制数对应的八进制数和十六进制数。

程序代码如下：

```c
#include <stdio.h>
void main()
{
    int n;
    printf("请输入一个整数 n：");
    scanf("%d",&n);
    printf("%d 对应的八进制数为：%o，对应的十六进制数为：%x",n,n,n);

}
```

运行上面的程序，输入"95"，则输出结果如下：

```
95 对应的八进制数为：137，对应的十六进制数为：5F
```

3.4.3　大小写字符转换

【例 3-7】输入一个小写英文字符，输出该字符和该字符对应的大写英文字符，以及该字符大小写英文字符分别对应的 ASCII 码值。

分析：

（1）定义两个变量 c1 和 c2，变量 c1 中存放输入的小写英文字符，变量 c2 中存放所输入小写英文字符对应的大写英文字符。

（2）输入小写英文字符到 c1 中。

（3）将小写英文字符转换为大写英文字符。由于小写英文字符对应的 ASCII 码值比该小写英文字符对应的大写英文字符所对应的 ASCII 码值大 32，所以，c2=c1-32。

（4）输出大小写英文字符及各自对应的 ASCII 码值。

程序代码如下：

```
#include <stdio.h>
void main()
{
    char c1,c2;
    printf("请输入一个小写英文字符: ");
    scanf("%c",&c1);                    //输入一个小写英文字符,可以用getchar函数替换
    c2=c1-32;                           //计算该字符的大写英文字符
    printf("c1=%c,c1 Ascii=%d\n",c1,c1); //输出小写英文字符及其对应的ASCII码值
    printf("c2=%c,c2 Ascii=%d\n",c2,c2); //输出大写英文字符及其对应的ASCII码值
}
```

运行上面的程序，输入"d"，则输出结果如下：

```
c1=d,c1 Ascii=100
c2=D,c2 Ascii=68
```

3.4.4　计算圆的周长和面积

【例 3-8】输入圆的半径，根据半径计算圆的周长和面积。

分析：

（1）输入一个圆的半径，并将其存放到变量 r 中。

（2）根据圆的周长和面积的计算公式，分别计算圆的周长 l 和面积 s。

（3）输出计算结果。

程序代码如下：

```
#include <stdio.h>
void main()
{
    float r,l,s;
    printf("请输入圆的半径: ");
    scanf("%f",&r);
    l=2*3.1415926*r;
    s=3.1415926*r*r;
    printf("l=%8.2f\n",l);
    printf("s=%8.2f\n",s);
}
```

运行上面的程序，输入"4"，则输出结果如下：

```
l=   25.13
s=   50.27
```

3.4.5 人民币兑换美元计算

【例3-9】输入人民币金额，计算应兑换的美元金额。按 1 人民币=0.1489 美元换算。

分析：

（1）输入人民币金额，并将其存放到变量 r 中。

（2）根据给定的汇率，计算美元金额 d。

（3）输出计算结果，并保留两位小数。

程序代码如下：

```
#include <stdio.h>
void main()
{
    float r,d;
    printf("请输入人民币金额：");
    scanf("%f",&r);
    d=0.1489*r;
    printf("%.2f 人民币兑换%.2f 美元\n",r,d);
}
```

运行上面的程序，输入"10000"，则计算结果如下：

```
10000.00 人民币兑换 1489.00 美元
```

本 章 小 结

本章介绍了结构化程序设计的算法及其描述方法、字符输入函数与字符输出函数和格式化输入函数与格式化输出函数的功能及用法。

算法是解决问题的灵魂，是程序设计的精髓。一个算法主要包括两大要素：操作和控制结构。算法可以用自然语言和流程图方法描述。

C 语言提供了字符输入函数 getchar 和字符输出函数 putchar，getchar 函数用于输入一个字符，putchar 函数用于输出一个字符。C 语言还提供了格式化输入函数 scanf 和格式化输出函数 printf，scanf 函数用于输入任何类型的数据，printf 函数用于输出任何类型的数据。

通过对本章内容的学习，读者应该掌握 C 语言算法的设计方法，以及各种类型数据的输入与输出方法，重点掌握 scanf 函数和 printf 函数的用法。

习 题

1．printf 函数中用到格式说明符"%-6s"。如果字符串的长度大于 6，则输出按方式（ ）；如果字符串的长度小于 6，则输出按方式（ ）。

A．从左起输出该字符串，右补空格 B．按原字符串长度从左向右全部输出

C．右对齐输出该字符串，左补空格 D．系统报错

2．putchar 函数可以向终端输出一个（　　　）。

A．整型变量表达式
B．实型变量值

C．字符串
D．字符或字符型变量值

3．阅读以下程序，当输入数据的形式为"25，13，10↵"时，正确的输出结果为（　　　）。

```
#include <stdio.h>
void main()
{
    int x,y,z;
    scanf("%d%d%d",&x,&y,&z);
    printf("x+y+z=%d\n",x+y+z);
}
```

A．x+y+z=48　　　B．x+y+z=35　　　C．x+z=35　　　　　D．不确定值

4．根据下面的程序及数据的输入和输出形式，程序中输入语句的正确形式应该为（　　　）。

```
#include <stdio.h>
void main()
{
    char ch1,ch2,ch3;
    输入语句
    printf("%c%c%c",ch1,ch2,ch3);
}
```

输入形式：DEF

输出形式：DEF

A．scanf("%c%c%c",&ch1,&ch2,&ch3);　　B．scanf("%c,%c,%c",&ch1,&ch2,&ch3);

C．scanf("%c %c %c",&ch1,&ch2,&ch3);　　D．scanf("%c%c",&ch1,&ch2,&ch3);

5．已知 ch 是字符型变量，下面正确的赋值语句是（　　　）。

A．ch='a+b';　　　B．ch='\0';　　　　C．ch='a'+'b';　　　D．ch=5-9;

6．下列格式符中，哪一个可以用于以八进制形式输出整数？（　　　）

A．%d　　　　　B．%8d　　　　　C．%o　　　　　　D．%ld

7．下列格式符中，哪一个可以用于以十六进制形式输出整数？（　　　）

A．%16d　　　　B．%8x　　　　　C．%d16　　　　　D．%d

8．a 是 int 型变量，c 是字符型变量。下列输入语句中哪一个是错误的？（　　　）

A．scanf("%d,%c",&a,&c);　　　　　　B．scanf("%d%c",a,c);

C．scanf("%d%c",&a,&c);　　　　　　D．scanf("d=%d,c=%c",&a,&c);

9．输入一个字母，编写程序，按字母顺序表中的顺序输出该字母前面的字母和后面的字母。

10．输入一个球的半径，计算球的表面积和体积（π 的精度为 3.1415，结果保留两位小数）。

第 **4** 章

选择结构

大多数应用程序都会使用选择结构，其特点是：程序的流程由多条分支（多个条件）组成，在程序的一次执行过程中，根据条件的不同，只有一条分支被选中执行，而其他分支上的语句则被直接跳过。

C语言提供了两种选择结构语句：if语句和switch语句。if语句是通用的选择结构语句，即各种各样的选择结构都可以使用if语句实现；而switch语句则用于特定情况下的多分支的选择结构。

本章主要介绍if语句和switch语句的用法。

4.1　if语句

if语句是通用的选择结构语句，它根据给定的条件进行判断，以决定执行某个程序分支。C语言中的if语句有3种基本形式：单分支if语句、双分支if语句和多分支if语句。

4.1.1　单分支if语句

单分支if语句的功能是：如果表达式的值为真，则执行其后的语句，否则不执行该语句。单分支if语句的一般形式如下：

```
if(表达式) 语句;
```

单分支if语句的控制流程如图4-1所示。

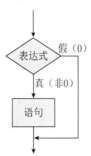

图4-1　单分支if语句的控制流程

★ 注意：

　　如果条件为真，需要执行多条语句，则可以将多条语句变成复合语句，即利用"{"和"}"将多条语句括起来。

【例 4-1】输入两个数，输出两个数中的最大值。

分析：

（1）输入两个数，并将它们分别存放到变量 a 和 b 中。

（2）假设变量 a 的值是两个数中的最大数，则将其存放到变量 max 中。

（3）比较变量 max 的值和变量 b 的值的大小，如果变量 max 的值小于变量 b 的值，则将变量 b 的值赋给变量 max。

（4）输出变量 max 的值，即最大值。

程序代码如下：

```
#include <stdio.h>
void main()
{
    int a,b,max;
    printf("\n 请输入 a,b: ");
    scanf("%d,%d",&a,&b);
    max=a;
    if (max<b) max=b;
    printf("最大值是%d",max);
}
```

运行上面的程序，输入两个整数"10,20"，则输出结果如下：

最大值是 20

【例 4-2】输入两个数，将两个数按由小到大的顺序输出。

分析：

（1）输入两个数，并将它们分别存放到变量 a 和 b 中。

（2）比较变量 a 的值和变量 b 的值的大小，如果变量 a 的值大于变量 b 的值，则将变量 a 的值和变量 b 的值对调，即将变量 a 的值赋给临时变量 t，再将变量 b 的值赋给变量 a，然后将变量 t 的值（变量 a 原来的值）赋给变量 b。

（3）经过上述比较，变量 a 中存放的就是较小的数，变量 b 中存放的就是较大的数，分别输出变量 a 和 b 的值即可。

程序代码如下：

```
#include <stdio.h>
void main()
{
    int a,b,t;
    printf("\n 请输入 a,b: ");
    scanf("%d,%d",&a,&b);
    if(a>b)
    {
        t=a;
        a=b;
```

```
        b=t;
    }
    printf("%d,%d\n",a,b);
}
```

运行上面的程序，输入"90,80"，则输出结果如下：
```
80,90
```

在上面的程序中，因为在表达式 a>b 条件为真时，需要执行 3 条语句，所以使用"{"和"}"将这 3 条语句括起来组成一个复合语句。

思考： 在上面的程序中，如果不将"t=a;a=b;b=t;"括起来，那么程序的运行结果会变成什么呢？

4.1.2　双分支 if 语句

双分支 if 语句的功能是：如果表达式的值为真，则执行语句 1，否则执行语句 2。双分支 if 语句的一般形式如下：
```
if(表达式)
    语句1;
else
    语句2;
```
双分支 if 语句的控制流程如图 4-2 所示。

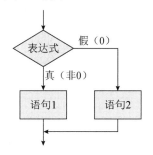

图 4-2　双分支 if 语句的控制流程

注意：

语句 1 和语句 2 都可以是复合语句。

【例 4-3】使用双分支 if 语句实现求两个数中的最大数。

分析：

（1）输入两个数，并将它们分别存放到变量 a 和 b 中。

（2）比较变量 a 的值和变量 b 的值的大小，如果变量 a 的值大于变量 b 的值，则将变量 a 的值赋给变量 max，否则将变量 b 的值赋给变量 max。

（3）经过上述比较，变量 max 的值就是变量 a 的值和变量 b 的值中的最大数，输出变量 max 的值即可。

程序代码如下：
```
#include <stdio.h>
```

```
void main()
{
    int a,b,max;
    printf("请输入a,b: ");
    scanf("%d,%d",&a,&b);
    if(a>b)
        max=a;
    else
        max=b;
    printf("最大值为%d\n",max);
}
```

【例 4-4】使用双分支 if 语句判断一个整数的奇偶。

分析:

(1) 输入一个整数,并将其存放到变量 a 中。

(2) 将变量 a 的值对 2 求余,如果结果为 0,则说明这个整数是偶数,否则说明这个整数是奇数。

程序代码如下:

```
#include <stdio.h>
void main()
{
        int a;
        printf("\n请输入一个整数: ");
        scanf("%d",&a);
        if(a%2==0)
            printf("%d是一个偶数 \n",a);
        else
            printf("%d是一个奇数 \n",a);
}
```

思考: 如何判断一个数能否被另一个数整除呢?比如,上面程序中变量 a 的值能否被 3 整除呢?

4.1.3 多分支 if 语句

当程序中有多个选择分支时,就需要使用多分支 if 语句。多分支 if 语句的一般形式如下:

```
if(表达式1)
    语句1;
else if(表达式2)
    语句2;
else if(表达式3)
    语句3;
…
else if(表达式n)
    语句n;
else
    语句n+1;
```

多分支 if 语句的功能是:依次判断表达式的值,当某个表达式的值为真时,则执行其对应的语句，然后跳到整个 if 语句之外继续执行程序。如果所有的表达式均为假，则执行语句 n+1，然后继续执行后续程序。多分支 if 语句的控制流程如图 4-3 所示。

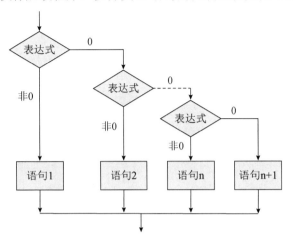

图 4-3　多分支 if 语句的控制流程

【例 4-5】输入一个字符，使用多分支 if 语句判断该字符的种类（大写英文字符、小写英文字符、数字字符和其他字符）。

分析：

（1）输入一个字符，并将其存放到变量 c 中。

（2）判断该字符的种类，如果 c>='0' && c<='9'，则该字符为数字字符；否则，如果 c>='A' &&c<='Z'，则该字符为大写英文字符；否则，如果 c>='a' &&c<='z'，则该字符为小写英文字符；否则，该字符为其他字符。

程序代码如下：

```c
#include <stdio.h>
void main()
{
    char c;
    printf("\n 请输入一个字符：");
    c=getchar();             //该语句也可以换成 scanf 函数语句
    if(c>='0'&&c<='9')
        printf("%c 是个数字字符\n",c);
    else if(c>='A'&&c<='Z')
        printf("%c 是个大写英文字符\n",c);
    else if(c>='a'&&c<='z')
        printf("%c 是个小写英文字符\n",c);
    else
        printf("%c 是个其他字符\n",c);
}
```

思考： 在上面的程序中，如果不使用多分支 if 语句，而是直接使用多个独立的单分支 if 语句并列判断字符的种类，那么会有什么问题呢？

【例 4-6】 输入一个成绩，对成绩进行评级：成绩>=90 为 A，成绩>=80 且成绩<90 为 B，成绩>=60 且成绩<80 为 C，成绩>=30 且成绩<60 为 D，成绩<30 为 E。

分析：

（1）输入一个实数成绩，并将其存放到变量 s 中。

（2）利用多分支 if 语句判断成绩的范围，并输出提示。

程序代码如下：

```
#include <stdio.h>
void main()
{
        float s;
        printf("\n请输入一个成绩: ");
        scanf("%f",&s);
        if(s<30)
            printf("E\n");
        else if(s<60)
            printf("D\n");
        else if(s<80)
            printf("C\n");
        else if(s<90)
            printf("B\n");
        else
            printf("A\n");
}
```

思考： 在上面的程序中，当判断 D、C、B 等级时，为什么只写了一个条件？例如，D 等级的判断条件为"成绩>=30 且成绩<60"，为什么在程序中只使用 if(s<60)，而不使用 if(s<60&&s>=30)呢？此外，是否可以使用 if(s<60&&s>=30)作为条件呢？

4.1.4　if 语句的嵌套

在 if 语句中又包含一条或多条 if 语句称为 if 语句的嵌套，其一般形式如下：

```
if(表达式)
    if 语句;
```

或者如下：

```
if(表达式)
    if 语句;
else
    if 语句;
```

在嵌套内的 if 语句可能又是 if...else 型的，这将会出现多个 if 和多个 else 重叠的情况，这时要特别注意 if 和 else 的搭配问题。示例如下：

```
if(表达式1)
    if(表达式2)
        语句1;
    else
        语句2;
```

注意:

在 C 语言中规定，else 总是与它前面最近的 if 配对。

上面例子中的 else 与 if(表达式 2)搭配。如果确实需要 else 与 if(表达式 1)搭配，则应该将 "if(表达式 2) 语句 1;" 部分用 "{}" 括起来，从而避免 else 与 if(表达式 2)搭配。改写后的代码格式如下：

```
if(表达式 1)
    {
        if(表达式 2)
            语句 1;
    }
else
    语句 2;
```

【例 4-7】 输入身高（cm）和性别（F 或 M），根据不同性别判断身高标准。女士：身高>=170 输出 "偏高"，155=<身高<170 输出 "标准"，身高<155 输出 "偏矮"。男士：身高>=185 输出 "偏高"，170=<身高<185 输出 "标准"，身高<170 输出 "偏矮"。

分析：

（1）输入身高和性别，并将它们分别存放到变量 tall 和 sex 中。

（2）如果性别为 M，则根据男士的身高标准进行判断；否则，根据女士的身高标准进行判断。

程序代码如下：

```c
#include <stdio.h>
void main()
{
    int tall;          //身高
    char sex;          //性别
    printf("\n 请输入身高[cm]和性别[M|F]: ");
    scanf("%d,%c",&tall,&sex);
    if(sex=='M')   //男士
        if(tall>=185)
            printf("偏高\n");
        else if(tall>=170)
            printf("标准\n");
        else
            printf("偏矮\n");
    else          //女士
        if(tall>=170)
            printf("偏高\n");
        else if(tall>=155)
            printf("标准\n");
        else
            printf("偏矮\n");
}
```

思考: 如果不使用 if 语句的嵌套，那么能否实现上述功能呢？如果能，那么应该如何修改程序代码呢？

4.2　条件表达式

当条件语句中只包含一个简单的赋值语句时，可以使用条件表达式来代替 if 语句。条件表达式的一般形式如下：

```
<表达式1>?<表达式2>:<表达式3>
```

条件表达式的求值规则为：如果表达式 1 的值为真，则以表达式 2 的值作为整个条件表达式的值，否则以表达式 3 的值作为整个条件表达式的值。条件表达式通常用于赋值语句之中，可以使程序更加简洁。

例如，下面的选择语句：

```
if(a>b)
    max=a;
else
    max=b;
```

可以直接写为以下形式：

```
max=(a>b)?a:b;
```

注意：

（1）条件运算符的优先级低于关系运算符和算术运算符的优先级，但是高于赋值运算符的优先级，因此"max=(a>b)?a:b"可以去掉括号写为"max=a>b?a:b"。

（2）条件运算符的结合方向是"自右至左"。

另外，条件表达式也可以嵌套。例如，"a>b?a:c>d?c:d"应理解为"a>b?a:(c>d?c:d)"，这就是条件表达式嵌套的情形，即其中的"c>d?c:d"又是一个条件表达式。

【例 4-8】用条件表达式计算 3 个数中的最大值。

分析：

（1）输入 3 个整数，并将它们分别存放到变量 a、b、c 中。

（2）用条件表达式计算出变量 a 的值和变量 b 的值中的最大值，并将其存放到变量 d 中。

（3）用条件表达式计算出变量 d 的值和变量 c 的值中的最大值，并继续将其存放到变量 d 中。

（4）变量 d 的值就是 3 个数中的最大值，输出变量 d 的值即可。

程序代码如下：

```
#include <stdio.h>
void main()
{
    int a,b,c,d;
    printf("\n请输入a,b,c: ");
    scanf("%d,%d,%d",&a,&b,&c);
    d=a>b?a:b;
    d=d>c?d:c;
    printf("max=%d\n",d);
}
```

思考： 如何使用 if 语句实现上述功能？

4.3　switch 语句

switch 语句是另一种多分支控制语句，其特点是根据一个表达式的多个不同值进行多个分支判断，其一般形式如下：

```
switch(表达式)
{
    case 常量表达式 1:
        语句 1;
    case 常量表达式 2:
        语句 2;
    …
    case 常量表达式 n:
        语句 n;
    default:
    语句 n+1;
}
```

switch 语句的功能是：计算表达式的值，并逐个与 case 后的常量表达式的值进行比较，当表达式的值与某个常量表达式的值相等时，即执行其后的语句，然后不再进行判断，继续执行后面所有 case 后的语句。当表达式的值与所有 case 后的常量表达式的值均不相等时，则执行 default 后的语句。

注意：

> 如果表达式的值与某个常量表达式的值相等，只想执行相应的 case 后的语句，而不继续执行下面其他 case 后的语句，则需要在 case 语句后添加"break;"语句。"break;"语句的功能是强制退出 switch 结构，继续执行 switch 结构下面的语句。

【例 4-9】输入一个整数，如果整数的范围为 1~7，则输出这个整数对应的英文星期，否则输出错误信息。例如，如果输入"1"，则输出"Monday"；如果输入"2"，则输出"Tuesday"；……

分析：

（1）输入一个整数，并将其存放到变量 w 中。

（2）判断变量 w 的值，根据不同的值输出不同的英文星期，如果变量 w 的值不合理，则输出错误信息。

程序代码如下：

```c
#include <stdio.h>
void main()
{
    int w;
    printf("请输入一个整数（1~7）: ");
    scanf("%d",&w);
    switch(w)
    {
      case 1:
        printf("Monday\n");
```

```
          break;
        case 2:
          printf("Tuesday\n");
          break;
        case 3:
          printf("Wednesday\n");
          break;
        case 4:
          printf("Thursday\n");
          break;
        case 5:
          printf("Friday\n");
          break;
        case 6:
          printf("Saturday\n");
          break;
        case 7:
          printf("Sunday\n");
          break;
        default:
          printf("error\n");
          break;
    }
}
```

运行上面的程序，输入"5"，则输出结果为"Friday"。

❓思考：

（1）如果去掉 case 语句后的"break;"语句，那么输入"5"后，程序的输出结果是什么？

（2）default 后面的"break;"语句是否可以删掉呢？

在使用 switch 语句时还应注意以下 4 点：

（1）在 case 后的各常量表达式的值不能相同，否则会出现错误。

（2）在 case 后允许有多条语句，可以不用"{}"括起来。

（3）各 case 和 default 子句的先后顺序可以变动，而不会影响程序执行结果。

（4）default 子句可以省略不用。

【例 4-10】输入一个成绩，用 switch 语句对成绩进行评级：成绩>=90 为 A，成绩>=80 且成绩<90 为 B，成绩>=60 且成绩<80 为 C，成绩>=30 且成绩<60 为 D，成绩<30 为 E。

分析：

（1）输入一个成绩，并将其存放到实型变量 s 中。

（2）由于成绩是一个实型连续数据，无法直接对成绩的值进行一一判断，因此，需要将成绩转换成离散的有限值的情况，可以将变量 s 的值变为整数除以 10，这样就将连续的数据变成离散的数据了，即 0～10。

（3）将上面相除的结果保存到整型变量 a 中，对变量 a 的值进行判断。

程序代码如下：

```
#include <stdio.h>
void main()
{
    float s;
    int a;
    printf("\n 请输入一个成绩：");
    scanf("%f",&s);
    a=(int)s/10;
    switch(a)
    {
        case 10:
        case 9:
            printf("A\n");
            break;
        case 8:
            printf("B\n");
            break;
        case 7:
        case 6:
            printf("C\n");
            break;
        case 5:
        case 4:
        case 3:
            printf("D\n");
            break;
        default:
            printf("E\n");
            break;
    }
}
```

思考： 所有的 switch 语句能否都用多分支 if 语句实现？所有的多分支 if 语句能否都用 switch 语句实现？

4.4　精彩案例

本节主要介绍选择结构的一些精彩案例，具体包含 BMI 计算、判断闰年和模拟计算器这 3 个案例。

4.4.1　BMI 计算

【例 4-11】输入身高和体重，利用 BMI 公式计算是否超重。

BMI 公式：BMI=体重/(身高的平方)，体重的单位为 kg，身高的单位为 m。

BMI 的取值情况如下：

BMI≤18	体重过低
BMI=18~23.9	体重正常
BMI=23.9~27.9	超重
BMI>27.9	肥胖

本公式对 16 岁以下人士不适用，本公式的计算结果仅供参考。

分析：

（1）输入身高和体重，并将它们分别存放到变量 t 和 w 中。

（2）计算 BMI 值，并将其存放到变量 b 中。

（3）根据 BMI 公式及变量 b 的值，输出超重情况。

程序代码如下：

```
#include <stdio.h>
void main()
{
    float t,w,b;
    printf("\n请输入身高（m）和体重（kg）: ");
    scanf("%f,%f",&t,&w);
    b=w/(t*t);
    if(b<=18)
        printf("偏瘦\n");
    else if(b<=23.9)
        printf("标准\n");
    else if(b<=27.9)
        printf("偏胖\n");
    else
        printf("太胖了\n");
}
```

4.4.2 判断闰年

【例 4-12】输入一个 4 位数的年份，判断该年是否为闰年。闰年的判断方法是：如果年份能被 400 整除，则它是闰年；如果年份能被 4 整除，但不能被 100 整除，则它是闰年，否则它不是闰年。

分析：

（1）输入年份，并将其存放到变量 year 中。

（2）判断变量 year 的值能否被 400 整除，即 year%400 求余是否为 0，如果为 0，则它是闰年；否则，判断变量 year 的值能否被 4 整除且不能被 100 整除，即 year%4==0&&year%100!=0 是否为真，如果为真，则它是闰年，否则它不是闰年。

程序代码如下：

```
#include <stdio.h>
void main()
{
    int year;
    printf("\n请输入一个年份: ");
    scanf("%d",&year);
```

```
        if(year%400==0)
            printf("%d 年是闰年\n",year);
        else
            if(year%4==0&&year%100!=0)
                printf("%d 年是闰年\n",year);
            else
                printf("%d 年不是闰年\n",year);
}
```

4.4.3　模拟计算器

【例 4-13】编写计算器程序：用户输入运算数和四则运算符，输出计算结果。例如，如果输入"5*9"，则输出结果为"5*9=45"。运算符可以为"+"、"-"、"*"或"/"。

分析：

（1）输入数字和运算符，并将它们分别存放到变量 a、b、c 中。

（2）根据运算符 c 的类型进行计算。如果运算符为"/"，则需要判断变量 b 的值是否为 0，如果为 0，则输出"b=0"，否则按除法计算。

（3）输出计算结果。

程序代码如下：

```
#include <stdio.h>
void main()
{
    float a,b;
    char c;
    printf("输入表达式(a+[-,*,/]b): ");
    scanf("%f%c%f",&a,&c,&b);
    switch(c)
    {
        case '+':
            printf("%f+%f=%f\n",a,b,a+b);
            break;
        case '-':
            printf("%f-%f=%f\n",a,b,a-b);
            break;
        case '*':
            printf("%f*%f=%f\n",a,b,a*b);
            break;
        case '/':
            if(b==0)
                printf("b=0\n");
            else
                printf("%f/%f=%f\n",a,b,a/b);
            break;
        default:
            printf("输入运算符错误\n");
    }
}
```

本 章 小 结

本章介绍了选择结构的 if 语句、条件表达式和 switch 语句。

在程序设计中，if 语句用于选择程序的不同分支，分为单分支 if 语句、双分支 if 语句和多分支 if 语句。switch 语句是另一种多分支控制语句，其特点是根据一个表达式的多个不同值进行多个分支判断。

通过对本章内容的学习，读者应该掌握 C 语言选择结构程序设计的思路和基本语句的用法。

习 题

1. 当 a=1，b=3，c=5，d=4 时，执行完下面一段程序后，x 的值是（   ）。

```
if(a<b)
  if(c<d)
    x=1;
  else
    if(a<c)
      if(b<d)
        x=2;
      else
        x=3;
    else
      x=6;
else
  x=7;
```

A. 1   B. 2   C. 3   D. 6

2. 以下程序的运行结果是（   ）。

```
#include <stdio.h>
void main()
{
    int k=4,a=3,b=2,c=1;
    printf("\n%d\n",k<a?k:c<b?c:a);
}
```

A. 4   B. 3   C. 2   D. 1

3. 执行以下程序后，变量 a、b、c 的值分别为（   ）。

```
int x=10,y=9;
int a,b,c;
a=(--x==y++)?--x:++y;
b=x++;
c=y;
```

A. a=9,b=9,c=9   B. a=8,b=8,c=10   C. a=9,b=10,c=9   D. a=1,b=11,c=10

4. 以下程序的运行结果是（   ）。

```
#include <stdio.h>
void main()
```

```
{
    int m=5;
    if(m++>5)
        printf("%d\n",m);
    else
        printf("%d\n",m--);
}
```

　　A．4　　　　　　　　B．5　　　　　　　　C．6　　　　　　　　D．7

5. 下列各语句序列中，能够且仅输出整型变量 a 的值和整型变量 b 的值中最大值的是（　　）。

　　A．if(a>b) printf("%d\n",a); printf("%d\n",b);

　　B．printf("%d\n",b); if(a>b) printf("%d\n",a);

　　C．if(a>b) printf("%d\n",a); else printf("%d\n",b);

　　D．if(a<b) printf("%d\n",a); printf("%d\n",b);

6. 下列各语句序列中，能够将变量 u 的值和变量 s 的值中的最大值赋给变量 t 的是（　　）。

　　A．if(u>s) t=u; t=s;　　　　　　　　　B．t=s; if(u>s) t=u;

　　C．if(u>s) t=s; else t=u;　　　　　　　D．t=u; if(u>s) t=s;

7. 如果想要将小写英文字母转换为大写英文字母，则下列语句中正确的是（　　）。

　　A．if(ch>='a'&ch<='z') ch=ch-32;　　　B．if(ch>='a'&&ch<='z') ch=ch-32;

　　C．ch=(ch>='a'&&ch<='z')?ch-32:'';　　D．ch=(ch>'a'&&ch<'z')?ch-32:ch;

8. 两次运行下面的程序，如果从键盘上分别输入"6"和"4"，则输出结果分别是（　　）。

```
#include <stdio.h>
void main()
{
    int x;
    scanf("%d",&x);
    if(x++>5)
        printf("%d",x);
    else
        printf("%d\n",x--);
}
```

　　A．7 和 5　　　　　　B．6 和 3　　　　　　C．7 和 4　　　　　　D．6 和 4

9. 编程实现：输入整数 *a* 和 *b*，如果 *a* 能被 *b* 整除，则输出算式和商，否则输出算式、整数商和余数。例如，如果输入"12"和"3"，则输出"12/3=4"；如果输入"13"和"5"，则输出"13/5=2"，余数为"3"。

10. 编程判断输入的正整数是否能被 3 整除，但不能被 7 整除。如果是，则输出"x 符合要求"；否则输出"x 不符合要求"。其中，x 为用户输入的整数。

11. 输入年份和月份，输出这一年的该月份有多少天。（注意，如果输入的是 2 月份，则需要判断该年是否为闰年，判断闰年的方法为：如果年份能被 400 整除，或者能被 4 整除但不能被 100 整除，则该年是闰年）。

第 **5** 章

循环结构

循环是计算机解决问题的一个主要方法。在实际问题中，常常需要进行大量的重复操作，循环结构可以通过写很少的语句来完成大量同类问题的计算。

C 语言提供了 while 语句、do...while 语句和 for 语句 3 种循环结构语句。前两种循环结构语句称为条件循环，即根据条件来决定是否继续执行循环；最后一种循环结构语句称为计数循环，即根据设定的执行次数来执行循环。

本章重点：

- ☑ 常用的循环结构算法
- ☑ while 循环语句的用法
- ☑ for 循环语句的用法
- ☑ 循环嵌套的用法

5.1 循环结构算法

在循环结构算法中，穷举与迭代是两类具有代表性的基本算法。

1. 穷举法

穷举法也称"枚举法"，它的基本思想是：根据题目的部分条件确定答案的大致范围，在此范围内对所有可能的情况一一列举，逐一验证，直到全部情况验证完。

用穷举法解题的过程如下：

（1）分析题目，确定答案的数据类型和大致范围。

（2）根据答案的数据类型和范围确定列举范围和方法，使得循环能遍历范围内的所有情况。

（3）对范围内的所有情况一一验证，如果某一情况为问题的答案，则输出答案，否则继续遍历其他情况，直到遍历所有情况。

【例 5-1】鸡兔同笼问题。一个笼子中有 100 只鸡和兔子，共有 260 条腿，求鸡和兔子各有多少只？

分析：

（1）首先分析问题的要求，即求鸡和兔子的只数，也就是说，只要求出鸡（或兔子）的只数，那么兔子（或鸡）的只数也就计算出来了。根据问题的要求，确定鸡的只数的数据类型为整型，取值范围为 0~100。

（2）确定列举方法。假设鸡的只数用变量 j 表示，那么变量 j 的取值范围为 0~100。

（3）根据问题条件确定答案。变量 j 的值在 0~100 的范围内，只要 j*2+(100−j)*4 等于 260，那么变量 j 的值就是问题的正确答案。

2．迭代法

在数学中，我们常会遇到这样的问题：已知第一项（或几项），要求能得出后面项的值，这就是递推方法。

从已知条件出发，逐步推算出要解决的问题的方法叫作顺推。从问题的结果出发，逐步推算出题目的已知条件的方法叫作逆推。无论是顺推还是逆推，计算机在处理这样的问题时，经常把递推问题转换为迭代形式，即要找到迭代公式。

在程序中用同一个变量来存放每一次推出来的值，每一次循环都执行同一条语句，给同一变量赋予新的值，即用一个新值代替旧值，这种方法称为迭代。

利用迭代算法解决问题，需要做好以下 3 个方面的工作：

（1）确定迭代变量。

在可以用迭代算法解决的问题中，至少存在一个直接或间接地不断由旧值递推出新值的变量，这个变量就是迭代变量。

（2）建立迭代关系式。

迭代关系式是指如何从变量的前一个值推出其下一个值的公式（或关系）。迭代关系式的建立是解决迭代问题的关键，通常可以使用顺推或逆推的方法来完成。

（3）对迭代过程进行控制。

在什么时候结束迭代过程？这是编写迭代程序必须考虑的问题。不能让迭代过程无休止地重复执行下去。迭代过程的控制通常可以分为两种情况：一种是所需的迭代次数是个确定的值，可以计算出来；另一种是所需的迭代次数无法确定。对于前一种情况，可以构建一个固定次数的循环来实现对迭代过程的控制；而对于后一种情况，则需要进一步分析出用来结束迭代过程的条件。

【例 5-2】计算 1+2+3+…+100。

分析：

（1）确定迭代变量。

本问题求 1 到 100 的和，可以将所有数据的和存放到一个变量 sum 中，变量 sum 的初始值为 0，整个问题的求解过程就变为以下形式：

```
sum=sum+1
sum=sum+2
…
sum=sum+100
```

而变量 sum 就是迭代变量。

（2）建立迭代关系。

根据上面的迭代关系，可以发现所有的求解过程都是类似的，因此上面的迭代可以抽象为下面的公式：

```
sum=sum+i;
i=i+1;
```

其中，变量 i 的取值范围为 1~100，每迭代一次让变量 i 的值加 1。

（3）对迭代过程进行控制。

在本问题中，变量 i 的值从 1 一直到 100，当 i 等于 101 时，退出迭代过程。

5.2 while 语句

while 语句用于实现"当型"循环控制结构，其一般形式如下：

```
while(<表达式>)
    循环语句;
```

首先判断表达式的值，如果表达式的值为真（非 0），就执行循环语句；如果表达式的值为假（0），就退出循环。while 语句的控制流程如图 5-1 所示。

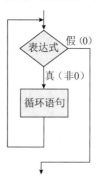

图 5-1　while 语句的控制流程

 注意：

（1）如果循环语句为多条语句，则需要使用"{}"将其括起来构成复合语句。

（2）如果表达式的值第一次就为假（0），就立刻退出循环，即循环体一次也不执行。

【例 5-3】输入一个整数 n，计算 n!。

分析：

（1）n!=n*(n-1)*(n-2)*…*1，即将所有数的乘积存放到一个变量 f 中，设置变量 f 的初值为 1。

（2）迭代公式为 f=f*i，其中，i 的取值范围为 1～n。

程序代码如下：

```
#include <stdio.h>
void main()
```

```
{
    int n,i;
    long f;
    printf("\n 请输入一个整数(n>=0)：");
    scanf("%d",&n);
    f=1;
    i=1;
    while(i<=n)
    {
        f=f*i;
        i++;
    }
    printf("%d!=%ld\n",n,f);
}
```

【例 5-4】鸡兔同笼问题。一个笼子中有 100 只鸡和兔子，共有 260 条腿，求鸡和兔子各有多少只？

分析：

（1）假定笼子中共有 j 只鸡，j 的取值范围为 0～100，则兔子的只数为 100-j。

（2）循环遍历鸡的只数，即 j=0,1,2,3,…,100

（3）在循环语句中，判断每种情况下鸡和兔子的腿数是否和题目中要求的一致，如果一致，就是求解答案。无论是否求出答案，都要继续遍历其他情况，因为有些问题可能是多解。

程序代码如下：

```
#include <stdio.h>
void main()
{
    int j;
    j=0;
    while(j<=100)
    {
        if(j*2+(100-j)*4==260)
            printf("%d 只鸡, %d 只兔子\n",j,100-j);
        j++;
    }
}
```

上面的程序运行后，输出结果如下：

```
70 只鸡, 30 只兔子
```

5.3　do...while 语句

do...while 语句用于实现先执行循环体，再判断条件的循环结构，其一般形式如下：

```
do
    循环语句
while(<表达式>);
```

先执行循环语句，再判断表达式的值，如果表达式的值为真（非 0），就执行循环语句；

如果表达式的值为假（0），就退出循环。do...while 语句的控制流程如图 5-2 所示。

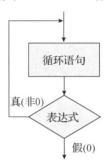

图 5-2 do...while 语句的控制流程

 注意：

（1）如果循环语句为多条语句，则需要使用"{}"将其括起来构成复合语句。

（2）如果表达式的值第一次就为假（0），就立刻退出循环，但是循环语句已经执行 1 次，因此 do...while 循环结构的循环语句至少执行 1 次。

（3）do...while 语句的 while(<表达式>)后面需要加分号。

（4）除了第一次条件为假的情况，do...while 循环和 while 循环完全等价。

在例 5-3 和例 5-4 中，可以直接将 while 循环结构改为 do...while 循环结构，其他语句不需要修改。

【例 5-5】猜数游戏。系统产生一个[0,100)之间的随机整数，用户猜测这个随机数，如果猜错，则继续猜测；如果猜对，则根据用户猜测的次数给出成绩。如果用户猜对或输入 -1，则退出游戏。成绩的评定方法为：小于或等于 4 次猜中，评价为"很棒"；大于 4 次且小于或等于 7 次猜中，评价为"很好"；大于 7 次且小于或等于 10 次猜中，评价为"一般"；大于 10 次猜中，评价为"太差了"。

分析：

（1）生成一个[0,100)之间的随机数，并将其存放到变量 n 中，将用户输入数据的次数存放到计数变量 c 中，设置变量 c 的初值为 0。

（2）让用户输入一个整数，将其存放到变量 u 中，输入数据的次数即变量 c 的值加 1。

（3）比较变量 u 的值和变量 n 的值的大小，如果 u>n 或 u<n，则给出相应的提示信息。如果两者相等，则判断变量 c 的值的范围，并给出成绩。

（4）如果 u!=-1 且 u!=n，则转到（2）继续执行。

程序代码如下：

```
#include <stdio.h>
#include <stdlib.h>
#include <time.h>
void main()
{
    //变量 n 存放随机数，变量 u 存放用户输入的整数，变量 c 存放用户输入数据的次数
    int n,u,c;
    srand(time(NULL));        //将时间作为随机数种子，必须添加
```

```
    n=rand()%100;                    //产生[0,100]之间的随机整数
    c=0;                             //输入次数置 0
    do
    {
        c++;
        printf("\n 请输入一个数字[0,100]: ");
        scanf("%d",&u);
        if(u>n)                      //如果 u>n，则提示用户输入的数据太大
            printf("你输入的数字太大了\n");
        else if(u<n)                 //如果 u<n，则提示用户输入的数据太小
            printf("你输入的数字太小了\n");
        else                         //如果 u=n，则根据用户输入数据的次数进行评分
            if(c<=4)
                printf("答对了！你好棒啊！\n");
            else if(c<=7)
                printf("答对了！成绩很好啊！\n");
            else if(c<=10)
                printf("答对了！成绩一般啊！\n");
            else
                printf("终于答对了！成绩太差了！\n");
    }while(u!=n && u!=-1);           //循环条件：u!=n 且 u!=-1
}
```

思考： 对于上面的程序，如果用 while 循环结构，那么应该如何修改呢？

5.4　for 语句

for 语句是循环控制结构中使用最广泛、最灵活的一种循环控制语句，其不仅可以用于循环次数已经确定的情况，还可以用于循环次数不确定而只给出循环结束条件的情况，因此，for 语句完全可以代替 while 语句。

1．for 语句的形式

for 语句的一般形式如下：

```
for(<表达式 1>;<表达式 2>;<表达式 3>)
    循环语句
```

其中，表达式 1 一般为赋值表达式，用于给控制变量赋初值；表达式 2 一般为关系表达式或逻辑表达式，表示循环控制条件；表达式 3 一般为赋值表达式，用于给控制变量增量或减量；循环语句即循环体，当有多条语句时，必须使用复合语句。

for 语句的控制流程如图 5-3 所示，其执行过程如下：

（1）计算表达式 1。

（2）计算表达式 2，如果表达式 2 的值为真（非 0），则执行步骤（3）；否则，执行步骤（5）。

（3）执行循环语句，计算表达式 3。

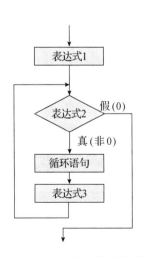

图 5-3　for 语句的控制流程

（4）转到步骤（2）继续执行。

（5）for 循环结束，执行 for 循环下面的语句。

【例 5-6】求 1 到 100 的和的程序。

用 for 循环编写的程序代码如下：

```c
#include <stdio.h>
void main()
{
    int sum=0,i;
    for(i=1;i<=100;i++)
        sum+=i;
    printf("sum=%d\n",sum);
}
```

【例 5-7】打印出所有的"水仙花数"。所谓"水仙花数"是指一个三位数，其各位数字的立方和等于该数本身。例如，153 是一个"水仙花数"，因为 153=1^3＋5^3＋3^3。

分析：

（1）利用 for 循环遍历 100～999 之间所有的数。

（2）将每个数 i 的个位、十位、百位分解出来，并分别存放到变量 g、s、b 中。分解的方法为：个位 g=i%10，十位 s=i/10%10，百位 b=i/100。

（3）判断 g*g*g+s*s*s+b*b*b 是否等于 i，如果等于，则 i 是水仙花数，输出 i；否则，继续遍历其他数。

程序代码如下：

```c
#include <stdio.h>
void main()
{
    int i,g,s,b;
    for(i=100;i<=999;i++)
    {
        g=i%10;
        s=i/10%10;
        b=i/100;
        if(g*g*g+s*s*s+b*b*b==i)
            printf("%5d",i);
    }
    printf("\n");
}
```

2．for 语句的变形

1）表达式的省略

for 循环语句的 3 个表达式均可以省略，但是在省略表达式时，表达式之间的分号不能省略。

● 省略表达式 1

在省略表达式 1 时，一定要在循环语句前面给循环变量赋初值。例如，例 5-6 中的 for 循环语句省略表达式 1 后可以修改为以下形式：

```c
s=0;
i=1;
```

```
for(;i<=100;i++)
    s+=i;
```

- 省略表达式 3

在省略表达式 3 时，一定要在循环语句中通过语句改变循环变量的值。例如，例 5-6 中的 for 循环语句省略表达式 3 后可以修改为以下形式：

```
s=0;
for(i=1;i<=100;)
{
    s+=i;
    i++;
}
```

- 省略表达式 2

在省略表达式 2 时，一定要在循环语句中设定退出循环的条件。例如，例 5-6 中的 for 循环语句省略表达式 2 后可以修改为以下形式：

```
s=0;
for(i=1;;i++)
{
    if(i>100)
        break;          //break 语句为强制退出循环语句
    s+=i;
}
```

- 3 个表达式都省略

在 3 个表达式都省略时，一定要同时满足上面所介绍的分别省略表达式 1、表达式 2 和表达式 3 的条件，即一定要在循环语句前面为循环变量赋初值、在循环语句中设定退出循环的条件、在循环语句中通过语句改变循环变量的值。例如，例 5-6 中的 for 循环语句省略 3 个表达式后可以修改为以下形式：

```
s=0;
i=1;
for(;;)
{
    if(i>100)
        break;
    s+=i;
    i++;
}
```

2）for 语句中的逗号表达式

逗号表达式经常用在 for 循环结构中的表达式 1 部分和表达式 3 部分。表达式 1 部分的逗号表达式用于初始化多个变量，表达式 3 部分的逗号表达式用于多个变量的累加（或其他）运算。例如，例 5-6 的程序可以修改为以下形式：

```
#include <stdio.h>
void main()
{
    int sum,i;
    for(i=1,sum=0;i<=100;i++)
        sum+=i;
    printf("sum=%d\n",sum);
}
```

也可以修改为以下形式：

```
#include <stdio.h>
void main()
{
    int sum,i;
    for(i=1,sum=0;i<=100;sum+=i,i++)
        ;                     //循环语句为空语句
    printf("sum=%d\n",sum);
}
```

5.5 break 和 continue 语句

有时，我们需要在循环体中强制跳出循环，或者在满足某种条件时，停止本次循环而立即从头开始新的一轮循环，这时就要用到 break 和 continue 语句。

5.5.1 break 语句

break 语句用在 switch 语句或循环语句中，其作用是跳出 switch 语句或跳出本层循环，转去执行后面的语句。break 语句的一般形式如下：

```
break;
```

【例 5-8】输入一个整数 m，判断 m 是否为素数。

素数的算法：如果一个数 m 不能被 $2 \sim \sqrt{m}$ 之间所有的整数整除，那么 m 就是素数，也就是说，如果能被其中的任何一个整数整除，那么 m 就不是素数。

分析：

（1）输入一个整数，并将其存放到变量 m 中。

（2）计算 $\sqrt{m}$ 的值，然后通过自变量 i 遍历 $2 \sim \sqrt{m}$ 之间所有的整数，如果能被其中的任何一个整数整除，就退出循环，否则继续循环。

（3）在执行完循环结构后，通过自变量 i 的值判断是强制退出循环结构，还是自动退出循环结构。如果自变量 i 的值等于 $(int)\sqrt{m} +1$，则是自动退出循环结构，说明 m 不曾被其中的某个整数整除，因此 m 是素数；如果自变量 i 的值小于 $(int)\sqrt{m} +1$，则是强制退出循环结构，说明 m 能被其中的某个整数整除，因此 m 不是素数。

程序代码如下：

```
#include <stdio.h>
#include <math.h>
void main()
{
    int m,n,i;
    printf("\n 请输入一个整数：");
    scanf("%d",&m);
    n=(int)sqrt(m);          //sqrt 函数用于求一个数的平方根，包含在 math.h 库中
    for(i=2;i<=n;i++)
        if(m%i==0)
```

```
            break;
    if(i==n+1)
        printf("%d 是素数\n",m);
    else
        printf("%d 不是素数\n",m);
}
```

思考： 如果不通过自变量 i 的值，那么还可以通过什么方法来判断一个数是否为素数呢？

5.5.2　continue 语句

continue 语句用于循环结构中，其作用是停止本次循环的执行，继续下一次循环的执行。continue 语句的一般形式如下：

```
continue;
```

注意：

continue 语句只停止本次循环的执行，并不跳出循环。

【例 5-9】输入 10 个整数，求 10 个数中所有偶数的和。

分析：

（1）设置变量 x 存放所有偶数的和，并且该变量的初值为 0。

（2）在循环中，输入一个整数，并将其存放到变量 a 中。

（3）通过变量 a 的值对 2 的余数，判断变量 a 的值是否为奇数，如果变量 a 的值为奇数，则停止本次循环，继续下一次循环。

（4）将变量 x 的值累加 a。

程序代码如下：

```
#include <stdio.h>
void main()
{
    int x=0,a,i;
    printf("\n 请输入 10 个整数: ");
    for(i=1;i<=10;i++)
    {
        scanf("%d",&a);
        if(a%2!=0)
            continue;
        x+=a;
    }
}
```

思考： 如果不用 continue 语句，那么上述程序应该如何修改呢？

5.6　循环结构的嵌套

如果一个循环语句的循环体又是一个循环结构，则称为循环结构的嵌套。在循环体内部嵌套的循环称为内循环。如果在内循环中还包含一个循环，则称为多层循环。

在 C 语言中，while 语句、do...while 语句和 for 语句都可以互相嵌套。

注意：

（1）在循环的嵌套结构中，内循环必须包含在外循环的内部，不允许出现内循环和外循环的交叉。

（2）在进行程序设计时，一般外循环控制整体，内循环控制局部。比如，在输出图形时，外循环控制行，内循环控制行中的每一列。

【例 5-10】输出九九乘法口诀表。

分析：

（1）在输出行列结构时，外循环一般控制行，内循环控制行中的每一列。九九乘法口诀表共有 9 行，所以，外循环变量 i 的取值范围为 1~9。

（2）在九九乘法口诀中，把一个算式作为一个单元，可以得出，第 1 行有 1 列，第 2 行有 2 列，以此类推，第 i 行有 i 列。所以，内循环变量 j 的取值范围为 1~i。

（3）第 i 行第 j 列的算式结果为：j 的值*i 的值=i 的值*j 的值。例如，第 4 行第 3 列的算式为：3*4=12。

（4）输出一行后，输出换行符，继续下一行的输出。

程序代码如下：

```c
#include <stdio.h>
void main()
{
    int i,j;
    for(i=1;i<=9;i++)
    {
        for(j=1;j<=i;j++)
            printf("%d*%d=%-4d",j,i,i*j);
        printf("\n");
    }
}
```

【例 5-11】输出 3~100 之间所有的素数。

分析：

（1）通过循环变量 i 遍历 3~100 之间所有的数字。

（2）判断变量 i 的值是否为素数，如果变量 i 的值是素数，则输出变量 i 的值，否则继续判断下一个数字。

程序代码如下：

```c
#include <stdio.h>
#include <math.h>
void main()
```

```
{
    int m,n,j;
    for(m=3;m<=100;m++)
    {
        n=(int)sqrt(m);
        for(j=2;j<=n;j++)
            if(m%j==0)
                break;
        if(j==n+1)
            printf("%5d",m);
    }
}
```

5.7　精彩案例

本节主要介绍循环结构的一些精彩案例，具体包含猴子吃桃、整数质因数分解、电文加密和输出菱形这 4 个案例。

5.7.1　猴子吃桃

【例 5-12】猴子吃桃问题。猴子第 1 天摘下若干个桃子，当即吃了一半，还想吃，又多吃了一个，第 2 天早上又将剩下的桃子吃掉一半，又多吃了一个。以后每天早上都吃了前一天剩下桃子的一半零一个。到第 10 天早上想再吃桃子时，见只剩下一个桃子了。求第一天共摘了多少个桃子。

分析：

（1）该问题适合用逆推方法解决，假定第 n+1 天桃子的个数为 x，第 n 天桃子的个数为 y，则 y-(y/2+1)=x，即 y=2*x+2。

（2）由于猴子吃桃的规律相同，因此可以使用迭代方法，即 x=2*x+2，一共需要迭代 9 次即可。

程序代码如下：

```
#include <stdio.h>
void main()
{
    int tao=1,i;
    for(i=1;i<=9;i++)
        tao=tao*2+2;
    printf("\n 共有%d 个桃子\n",tao);
}
```

运行上面的程序，输出结果如下：

```
共有 1534 个桃子
```

5.7.2 整数质因数分解

【例 5-13】将一个正整数分解质因数。例如，输入"90"，输出"90=2*3*3*5"。

分析：

对 n 进行分解质因数，应先找到一个最小的质数 i，然后按下述步骤完成：

（1）如果这个质数等于 n，则说明分解质因数的过程已经结束，输出该质数即可。

（2）如果 n<>i，但 n 能被 i 整除，则应输出 i 的值，并用 n 除以 i 的商作为新的正整数 n，重复执行步骤（1）。

（3）如果 n 不能被 i 整除，则用 i+1 作为 i 的值，重复执行步骤（1）。

程序代码如下：

```c
#include <stdio.h>
void main()
{
    int n,i;
    printf("\n请输入一个整数：\n");
    scanf("%d",&n);
    printf("%d=",n);
    for(i=2;i<n;i++)
      while(n!=i)
      {
        //如果 n 能被 i 整除，则输出该质数，分解 n，继续判断新的 n 能否被 i 整除
        if(n%i==0)
        {
          printf("%d*",i);
          n=n/i;
        }
        else
          break;
      }
    printf("%d\n",n);
}
```

5.7.3 电文加密

【例 5-14】电文加密问题。电文加密的规律为：按照字母顺序表中的顺序，将字母变成其后的第 4 个字母，其他字符保持不变。例如，A→E，B→F，W→A，X→B，Z→C，小写字母具有相同规律。

分析：

（1）利用 while 循环，让用户输入要加密的明文字符，并将其存放到变量 ch 中，循环的条件为 ch!='\n'，即用户输入换行符停止循环。

（2）判断 ch 是否为字母，如果是字母，将该字母对应的 ASCII 码值加 4，得到的结果就是该字母后面的第 4 个字母所对应的 ASCII 码值，但是，ch+4 后可能会超出字母的范围，例如，字母'W'、'X'、'Y'、'Z'和'w'、'x'、'y'、'z'，这些字母所对应的 ASCII 码值加 4 后对应的 ASCII 码值和目标字母对应的 ASCII 码值如下：

'W'+4 对应的 ASCII 码值为 91，目标字母'A'对应的 ASCII 码值为 65；

'X'+4 对应的 ASCII 码值为 92，目标字母'B'对应的 ASCII 码值为 66；

'Y'+4 对应的 ASCII 码值为 93，目标字母'C'对应的 ASCII 码值为 67；

'Z'+4 对应的 ASCII 码值为 94，目标字母'D'对应的 ASCII 码值为 68。

根据以上情况，可以得出如下规律：

ch+4 对应的 ASCII 码值减去 26 就是目标字母所对应的 ASCII 码值，小写字母具有相同规律。

（3）在 C 语言中，如果用户一次输入多个数据，则多输入的数据会自动转换为下一次的输入，因此，编写程序时可以按"输入一个字符处理一个字符"的方法处理，实际的处理方法为：用户连续输入 n 个字符，程序连续处理并输出 n 个加密的字符。

程序代码如下：

```
#include <stdio.h>
void main()
{
    char ch;
    while((ch=getchar())!='\n')
    {
        if((ch>='a'&&ch<='z')||(ch>='A'&&ch<='Z'))   //判断 ch 是否为字母
        {
            ch+=4;
            if((ch>'Z'&&ch<='Z'+4)||(ch>'z'))          //ch+4 后,判断字母是否越界
                ch-=26;
        }
        printf("%c",ch);
    }
}
```

运行上面的程序，输入"I'm sorry!"，则输出的结果如下：

```
M'q wsvvc!
```

？思考：

（1）在循环条件(ch=getchar())!='\n'中，ch=getchar()是否可以不用括号括起来呢？

（2）在判断 ch+4 后字母是否越界时，为什么大写字母越界的判定条件为 ch>'Z'&&ch<='Z'+4，而小写字母越界的判定条件仅为 ch>'z'?

5.7.4　输出菱形

【例 5-15】输出如下图案（菱形）：

```
   *
  ***
 *****
*******
 *****
  ***
   *
```

分析：

（1）先把图形分成两部分来看待，前 4 行一个规律，后 3 行一个规律。根据前面介绍的输出行列问题时，外循环控制行，内循环控制列。

（2）寻找前 4 行的规律。假设"*"符号最多的第 4 行没有空格，那么行号、空格和星号的情况如下：

第 1 行　3 个空格，1 个星号

第 2 行　2 个空格，3 个星号

第 3 行　1 个空格，5 个星号

第 4 行　0 个空格，7 个星号

根据以上情况可以得出前 4 行的规律如下：

第 i 行　4-i 个空格，2*i-1 个星号

（3）寻找后 3 行的规律。后 3 行行号、空格和星号的情况如下：

第 1 行　1 个空格，5 个星号

第 2 行　2 个空格，3 个星号

第 3 行　3 个空格，1 个星号

根据以上情况可以得出后 3 行的规律如下：

第 i 行　i 个空格，2*(4-i)-1 个星号

程序代码如下：

```c
#include <stdio.h>
void main()
{
    int i,j;
    //输出前4行图案
    for(i=1;i<=4;i++)                    //控制行
    {
        for(j=1;j<=4-i;j++)              //输出4-i个空格
            printf(" ");
        for(j=1;j<=2*i-1;j++)           //输出2*i-1个星号
            printf("*");
        printf("\n");                    //输出空格和星号后，换行
    }
    //输出后3行图案
    for(i=1;i<=3;i++)                    //控制行
    {
        for(j=1;j<=i;j++)               //输出i个空格
            printf(" ");
        for(j=1;j<=2*(4-i)-1;j++)       //输出2*(4-i)-1个星号
            printf("*");
        printf("\n");                    //输出空格和星号后，换行
    }
}
```

思考：

（1）如果需要将图案整体向右平移 5 个空格，那么应该如何修改上面的程序呢？

（2）如果想要实现根据用户输入菱形上三角的行数输出菱形图案，即如果用户输入"4"，则输出 7 行的菱形，如果输入"5"，则输出 9 行的菱形，那么上面的程序应该如何修改呢？

本 章 小 结

本章介绍了 3 种循环结构语句、break 语句、continue 语句及循环结构的嵌套。

C 语言的循环结构包括 while 循环、do…while 循环和 for 循环。前两种循环结构一般适用于循环次数不明确的循环，而 for 循环结构一般适用于循环次数比较明确的循环。这 3 种循环结构可以互相转化，即 while 循环可以用 for 循环表示，for 循环也可以用 while 循环表示，while 循环和 do…while 循环只有在一开始条件就不成立时有区别，否则两者完全相同。

break 语句用于跳出本层循环，continue 语句用于停止本次循环，继续下一次循环。

如果循环结构里面又包含一个循环结构，称为循环结构的嵌套，3 种循环结构可以互相嵌套，但是不允许出现循环交叉的情况。在进行程序设计时，一般外循环控制整体，内循环控制局部。比如，在输出图形时，外循环控制行，内循环控制行中的每一列。

通过对本章内容的学习，读者应该掌握循环结构程序设计的思路和方法。

习 题

一、选择题

1．设有以下程序段：

```
int k=10;
while(k=0)
    k=k-1;
```

则下面描述正确的是（　　）。

A．while 循环 10 次　　　　　　　　B．循环是无限循环

C．循环体 1 次也不执行　　　　　　D．循环体只执行 1 次

2．"while(!E);"语句中的表达式!E 等价于（　　）。

A．E==0　　　　　　　　　　　　B．E!=1

C．E!=0　　　　　　　　　　　　D．E==1

3．下面程序段的运行结果是（　　）。

```
int n=0;
while(n++<=2);
printf("%d",n);
```

A．2　　　　　　B．3　　　　　　C．4　　　　　　D．有语法错误

4．下面程序段的运行结果是（　　）。

```
x=y=0;
while(x<15)
```

```
        y++,x+=++y;
    printf("%d,%d",y,x);
```

A. 20,7   B. 6,12   C. 20,8   D. 8,20

5. 下面程序的运行结果是（　　　）。

```
#include <stdio.h>
void main()
{
    int y=10;
    do
    {
        y--;
    }while(--y);
    printf("%d\n",y--);
}
```

A. -1   B. 1   C. 8   D. 0

6. 执行"for(i=1;i++<4;);"语句后，变量 i 的值是（　　　）。

A. 3   B. 4   C. 5   D. 不定

7. 以下描述正确的是（　　　）。

A. continue 语句的作用是结束整个循环的执行

B. 只能在循环体和 switch 语句中使用 break 语句

C. 在循环体内使用 break 语句或 continue 语句的作用相同

D. 如果想要从多层循环嵌套中退出，则只能使用 goto 语句

8. 执行下面的程序后，变量 a 的值为（　　　）。

```
#include <stdio.h>
void main()
{
    int a,b;
    for(a=1,b=1;a<=100;a++)
    {
        if(b>=20)
            break;
        if(b%3==1)
        {
            b+=3;
            continue;
        }
        b-=5;
    }
}
```

A. 7   B. 8   C. 9   D. 10

二、编程题

1. 输入两个正整数 m 和 n，求它们的最大公约数和最小公倍数。

2. 输入一行字符，分别统计出其中英文字母、空格、数字和其他字符的个数。

3. 求 1!+2!+3!+…+19!+20!。

4. 求 s=a+aa+aaa+aaaa+aa...a（n 个 a）的值，其中 a 是一个数字。例如，s=2+22+222+2222+22222（此时共有 5 个数相加），数字 a 和个数 n 由用户输入。

第 **6** 章

函数与宏替换

在设计比较复杂的程序时，一般采用自顶向下的方法：把问题分成若干个部分，每部分再逐步细化，直到分解成很容易求解的问题，即将复杂问题模块化。在 C 语言中，模块化编程是通过函数来实现的。本章主要介绍模块化设计的编程思想、函数、变量的作用域与存储类型，以及宏替换。

本章重点：

- ☑ 函数的定义和调用方法
- ☑ 函数参数的传递
- ☑ 递归函数的定义
- ☑ 宏替换

6.1 模块化设计

1. 模块化设计思想

在解决复杂问题时，通常采用自顶向下的方法，即逐步分解、分而治之，也就是先把一个复杂问题分解成若干个比较容易求解的简单问题，再分别求解。程序员在设计一个复杂的应用程序时，往往也是先把整个程序划分为若干个功能较为单一的程序模块，然后分别予以实现，最后把所有的程序模块像搭积木一样装配起来，这种在程序设计中分而治之的策略被称为模块化程序设计方法。模块化程序设计结构如图 6-1 所示。

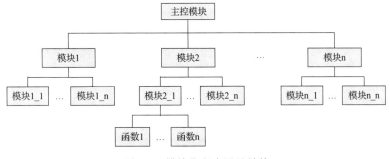

图 6-1 模块化程序设计结构

在 C 语言中，函数是程序的基本组成单位。利用函数不仅可以实现程序的模块化，使得程序设计更加简单和直观，提高程序的可读性和可维护性，还可以把程序中经常用到的一些计算或操作编写成通用函数，以供随时调用，这样可以实现代码的复用，减轻程序员的工作量。

2．模块设计原则

把复杂的问题分解成若干个单独的模块后，复杂的问题就容易解决了。但是如果只是简单地分解任务，不注意对一些子任务进行归纳抽象，不注意模块之间的联系，就会使模块之间的关系过于复杂，从而使程序难以调试和修改。一般来说，模块设计应该遵循以下两个主要原则。

1）模块具有独立性

模块的独立性原则表现在模块可以完成独立的功能，与其他模块之间的联系尽可能简单，各个模块可以独立调试、修改。想要做到模块的独立性，需要注意以下 3 点：

- 功能单一。每个模块完成一个独立的功能。在对任务进行分解时，如果有一些相似的子任务，则可以把它们综合起来考虑，找出它们的共性，把它们做成一个完成特定任务的单独模块。
- 模块之间的联系力求简单。模块之间的联系要力求简单，模块之间的调用尽量只通过简单的模块接口来实现，不要发生其他的数据或控制联系。
- 数据局部化。模块内部的数据也要具有独立性，尽量减少全局变量在模块中的使用，以免造成数据访问的混乱。

2）模块的规模要适当

模块的规模不能太大，但也不能太小。如果模块的规模太大，功能复杂，则程序的可读性就不好；如果模块的规模太小，则会加大模块之间的联系，从而造成模块的独立性较差。读者需要通过以后的程序设计实践不断积累经验来掌握模块的设计方法。

6.2 函数的定义与调用

在 C 语言中，函数是程序的基本组成单位。从用户使用函数的角度来看，函数有两种：标准库函数和用户自定义函数。本节主要介绍函数的定义与调用方法。

6.2.1 函数的定义

在 C 语言中，不仅允许用户调用标准库函数，也允许用户自定义函数。函数定义的一般形式如下：

```
类型说明符 函数名称(形式参数类型及说明列表)
{
    //以下为函数体
    局部变量声明部分
    语句序列
}
```

示例如下：

```
int max(int n1,int n2)
{
    int t;
    if(n1>n2)
        t=n1;
    else
        t=n2;
    return t;
}
```

上述函数的返回值类型为 int；该函数的名称为 max，有两个形式参数 n1 和 n2，它们的类型都为 int；该函数的功能为求 n1 和 n2 中的最大值，并将结果放入局部变量 t 中，最后通过 return 语句将变量 t 的值返回给调用者。整个函数分为两部分：函数的声明部分和函数体。

1. 函数的声明部分

1）类型说明符

类型说明符定义了函数中 return 语句返回值的类型，该返回值的类型可以是任何有效类型（如 int、long、char、float、double 等）。如果省略类型说明符，则函数默认返回一个整型值。如果函数没有返回值，则可以将函数返回值的类型定义为 void。

2）函数名称

函数的名称要遵循 C 语言标识符的命名规则。函数的名称建议遵循"见名知义"的原则，如将求最大值的函数的名称定义为 max，将求 1~n 的和的函数名称定义为 sum。

3）形式参数类型及说明列表

形式参数类型及说明列表是一个用逗号隔开的形式参数列表，每个列表项均由"类型说明符"和"形式参数名称"两部分组成，如上例中的 int max(int n1,int n2)。一个函数可以没有参数，这时形式参数类型及说明列表是空的。

注意：

即使没有参数，函数名称后的括号也是必须有的。

2. 函数体

自定义函数和 main 函数一样，必须将变量声明语句和其他语句序列用"{}"括起来。如果函数有返回值，则需要通过 return 语句返回。return 语句的一般形式如下：

```
return(表达式);
```

或者如下：

```
return 表达式;
```

return 语句有两个重要作用：第一，返回一个值；第二，退出当前函数，也就是使程序的执行返回调用语句处继续进行。

注意：

return 语句中的"表达式"的类型应该与函数声明部分返回值的类型保持一致。如果函数声明部分返回值的类型与表达式的类型不一致，则将以函数声明部分返回值的类型为准。

例如，下面的程序定义了一个求 n 的阶乘的函数：

```
long fact(int n)
{
    int i;
    long t=1;
    for(i=1;i<=n;i++)
        t*=i;
    return t;
}
```

注意：

在 C 语言中，所有的函数都是并列关系，因此，不能在一个函数内部定义另一个函数。

6.2.2 函数的调用

一个 C 程序由一个 main 函数和多个其他函数组成。main 函数调用其他函数，其他函数也可以互相调用。C 语言函数在调用时遵循先定义后引用的原则。如果被调用函数定义在主调函数之前，则主调函数可以直接调用被调用函数；如果被调用函数定义在主调函数之后，则需要在主调函数中声明被调用函数。示例如下：

```
int max(int n1,int n2)
{
    …
}
void main()
{
    …
    c=max(a,b);
    …
}
```

在上例中，由于在 main 函数中调用了 max 函数，而 max 函数定义在 main 函数之前，因此在 main 函数中不需要声明 max 函数。如果把 max 函数定义在 main 函数的后面，就需要在 main 函数中声明 max 函数。

1. 函数的声明

函数声明语句应该位于函数的声明部分，即不能在其他语句后面声明函数。函数声明的一般形式如下：

类型名 函数名称(形式参数类型列表);

函数声明语句后面需加分号。在声明函数时，函数参数的名称可以省略，但是参数的类型不能省略，并且参数的个数、类型、次序必须保持一致。示例如下：

```
void main()
{
    int max(int,int);          //声明 max 函数，也可以改为"int max(int n1,int n2);"
    …
    c=max(a,b);
    …
}
int max(int n1,int n2)
```

```
    {
        ...
    }
```

2．函数的调用

函数按参数的有无可以分为两种：有参函数和无参函数。相应地，函数的调用也分为两种：有参函数调用和无参函数调用。

无参函数调用的一般形式如下：

```
函数名();
```

示例如下：

```
void printstar()
{
    printf("\n***************\n");
}
void main()
{
    printstar();
    printf("\n    welcome\n");
    printstar();
}
```

有参函数调用的一般形式如下：

```
函数名(实参表达式1,实参表达式2,…)
```

示例如下：

```
c=max(a,b);
printf("%d",c);
```

根据调用方式的不同，函数的调用分为函数语句调用和表达式调用。例如，上面的 main 函数中的"printstar();"就是函数语句调用；上例中的"c=max(a,b);"就是表达式调用，上例也可以写为"printf("%d",max(a,b));"。因此，在 C 语言中，函数调用相当灵活。

3．函数的嵌套调用

在 C 语言中，允许在定义一个函数时调用另一个函数，那么在该函数被调用的过程中将发生另一次函数调用，这种调用现象称为函数的嵌套调用，如图 6-2 所示。

图 6-2 函数的嵌套调用

示例如下：

```
int fun1()          //定义fun1函数
{
    ...
}
int fun2()          //定义fun2函数
{
    ...
    fun1();         //fun2函数中调用fun1函数
}
```

```
int fun3()          //定义 fun3 函数
{
    ...
    fun2();         //fun3 函数中调用 fun2 函数
}
```

!注意：

在 C 语言中，允许函数的嵌套调用，但是不允许函数的嵌套定义，同时在函数嵌套调用时，不能出现循环嵌套调用，即不能出现 fun3 函数调用 fun2 函数，fun2 函数调用 fun1 函数，fun1 函数又调用 fun3 函数的情况。

【例 6-1】验证哥德巴赫猜想。猜想内容：任何一个大于 4 的偶数都可以表示为两个素数的和。

分析：

（1）输入一个大于 4 的偶数 n。

（2）利用穷举法测试 i（i 的取值范围为 3～n/2）和 n-i 是否为素数，如果两者都是素数，则输出 n=i+(n-i)。

（3）由第（2）步的分析可以看出，程序需要测试 i 和 n-i 是否为素数，因此可以编写一个判断素数的函数，返回值为 1 表示是素数，返回值为 0 表示不是素数。

程序代码如下：

```
#include <stdio.h>
#include "math.h"
int isprime(int n)
{
    int i,m;
    m=(int)sqrt(n);
    for(i=2;i<=m;i++)
        if(n%i==0)
            return 0;
    return 1;
}
void main()
{
    int i,n;
    printf("\n 请输入一个大于 4 的偶数：");
    scanf("%d",&n);
    for(i=3;i<n/2;i++)
        if(isprime(i)==1&&isprime(n-i)==1)
            printf("%d=%d+%d\n",n,i,n-i);
}
```

运行上面的程序，输入"20"，输出结果如下：

```
20=3+17
20=7+13
```

在上面的例子中，判断素数时，如果 n%i==0，那么 n 肯定不是素数，因此返回 0，在函数的最后为什么没加任何判断直接返回 1 呢？这是因为如果 n 不是素数，那么早就执行"return 0;"语句，即退出函数了，只有 n 是素数才会执行到"return 1;"这条语句。

6.2.3　参数的传递

1．形参和实参的概念

函数定义时使用的参数称为形式参数，简称形参，它们的作用与函数内部的局部变量的作用相同。函数调用时使用的参数称为实际参数，简称实参。

注意：

> 在函数调用时，实参的个数要和形参的个数相等，而且类型必须一致，另外，实参与形参出现的次序也要一一对应。

【例 6-2】输入两个数，输出两个数中的最大值。

分析：

（1）定义一个求两个数中最大值的函数 max。

（2）在 main 函数中输入两个数，并将它们分别存放到变量 a 和 b 中。

（3）调用 max 函数，将最大值存放到变量 m 中，输出变量 m 的值。

程序代码如下：

```
#include <stdio.h>
void main()
{
    int a,b,m;
    int max(int,int);      //声明 max 函数
    printf("\n请输入两个整数：");
    scanf("%d,%d",&a,&b);
    m=max(a,b);            //调用 max 函数
    printf("最大值为：%d\n",m);
}
int max(int x,int y)
{
    int t;
    t=x>y?x:y;
    return t;
}
```

运行上面的程序，输入"15,20"，输出结果如下：

```
最大值为：20
```

当调用 max 函数时，实参 a 把值传递给形参 x，实参 b 把值传递给形参 y。实参 a 与形参 x、实参 b 与形参 y 之间的值传递如图 6-3 所示。

图 6-3　实参与形参之间的值传递

2．形参和实参的特点

函数的形参和实参具有以下特点：

（1）形参变量只有函数在被调用时才分配内存单元，在调用结束时立即释放所分配的

内存单元。因此，形参只在函数内部有效，并且在函数内部形参相当于一个已知量。函数调用结束返回主调函数后则不能再使用该形参变量。

（2）实参可以是常量、变量、表达式、函数等，在进行函数调用时，它们必须具有确定的值，以便把这些值传递给形参。因此，应预先用赋值、输入等方法使实参获得确定值。

（3）实参和形参在数量、类型、顺序上应严格一致，否则会产生类型不匹配的错误。同时，实参和形参具有一一对应的关系。

（4）函数调用中发生的数据传递是单向的，即只能把实参的值传递给形参，而不能把形参的值反向传递给实参。因此，在函数调用过程中，无论形参的值怎么改变，实参中的值都不会变化。

【例 6-3】 输入两个数，定义一个函数来实现将两个数交换的功能。

```c
#include <stdio.h>
void swap(int x,int y)
{
    int t;
    t=x;
    x=y;
    y=t;
}
void main()
{
    int a,b;
    printf("\n请输入两个整数：");
    scanf("%d,%d",&a,&b);
    printf("\n交换前：a=%d,b=%d\n",a,b);
    swap(a,b);
    printf("\n交换后：a=%d,b=%d\n",a,b);
}
```

运行上面的程序，输入"15,20"，输出结果如下：

```
交换前：a=15,b=20
交换后：a=15,b=20
```

通过上面的运行结果会发现，swap 函数并没有达到交换两个实参值的目的，这是因为在调用 swap 函数时，只是把实参 a 的值传递给形参 x，把实参 b 的值传递给形参 y，而在 swap 函数内部，对形参的修改并不会改变实参 a 和实参 b 的值。

6.3 函数的递归调用

函数在执行过程中对自身的调用称为函数的递归调用。如果某函数内部的一条语句调用了该函数自身，则称这一过程为直接递归。如果某函数调用了其他函数，而其他函数又调用了该函数，则称这一过程为间接递归。

下面的情况是直接递归：

```c
void fun1()
{
```

```
        ...
        fun1();        //调用 fun1 函数自身
        ...
    }
```

下面的情况是间接递归：

```
    void fun1()
    {
        ...
        fun2();        //调用 fun2 函数
        ...
    }
    void fun2()
    {
        ...
        fun1();        //调用 fun1 函数，构成递归调用
        ...
    }
```

递归在解决某些问题时是十分有用的方法，它能够使很复杂的问题通过简单的递归关系得以解决，使程序更加简洁精炼，也更能体现问题的规律性。

在使用递归方法解决问题时，需要分成以下两个步骤：

（1）确定递归的边界条件。也就是描述问题的最简单情况，它本身不需要递归的定义，只需给出符合什么样的条件程序会终止递归及终止递归时的返回值。

（2）寻找问题的规律。先将问题转换为更简单的相同问题，然后向着递归边界条件的方向递归。

例如，如果需要计算 n!，则可以将 n!按下面的过程分解：

（1）n!=n*(n-1)!。也就是说，只要知道(n-1)!，就能计算出 n!。

（2）(n-1)!=(n-1)*(n-2)!。

……

（n）1!=1*0!。

（n+1）0!=1。已知 0!=1，因此可以回推出 n!。

【例 6-4】利用递归的方法计算 n!。

分析：

根据上面的分析，只要在函数中先定义 0!=1，然后让函数不断递归即可。

程序代码如下：

```
#include <stdio.h>
long fact(int n)
{
    if(n==0)
        return 1;
    else
        return n*fact(n-1);
}
void main()
{
    int a;
```

```
        long b;
        printf("\n请输入一个整数: ");
        scanf("%d",&a);
        b=fact(a);
        printf("%d!=%ld\n",a,b);
    }
```

运行上面的程序，输入"3"，输出结果如下：

    3!=6

本例函数的递归过程如图 6-4 所示。

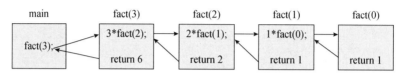

图 6-4　计算 3!的递归过程

注意：

在使用递归方法解决问题时，需要注意以下 4 点：

（1）限制条件。在设计一个递归函数时，必须至少测试一个可以终止此递归的条件（如上例中的 0!=1），并且还必须对在合理的递归调用次数内未满足此类条件的情况进行处理。如果没有一个在正常情况下可以满足的条件，则过程将陷入执行无限循环的高度危险之中。

（2）效率。几乎在任何情况下都可以用循环替代递归。循环不会产生传递变量、初始化附加存储空间和返回值所需的开销，因此相比于使用递归调用，使用循环可以大幅度提高性能。

（3）间接递归。如果两个过程相互调用，则可能会使性能变差，甚至产生无限循环。此类设计所产生的问题与直接递归过程所产生的问题相同，但更难检测和调试。

（4）测试。在编写递归过程时，应非常细心地进行测试，以确保它总是能满足某些限制条件。另外，还应该确保不会因为过多的递归调用而耗尽内存。

【例 6-5】有 5 个人坐在一起，问第 5 个人多少岁，他说他比第 4 个人大 2 岁；依次类推，每个人都比他前一个人大 2 岁，最后问第 1 个人多少岁，他说他 30 岁，请问第 5 个人多少岁？

分析：

（1）确定递归的边界条件。本例中将参数 n 作为第 n 个人，则本例的递归边界条件为：当 n=1 时，返回 30。

（2）寻找问题的规律。第 n 个人的年龄和第 n−1 个人的年龄之间的关系为：第 n 个人的年龄=第 n−1 个人的年龄+2。

程序代码如下：

```
#include <stdio.h>
int age(int n)
{
    if(n==1)
        return 30;
    else
```

```
        return 2+age(n-1);
    }
void main()
{
    int a;
    a=age(5);
    printf("年龄为：%d\n",a);
}
```

运行上面的程序，输出结果如下：

```
年龄为：38
```

【例 6-6】利用递归方法计算猴子吃桃的问题。有一天小猴子摘了若干个桃子，当即吃了一半，还想吃，又多吃了一个。第二天接着吃剩下桃子中的一半，还想吃，又多吃了一个，以后小猴子都是吃尚存桃子的一半多一个。到第 10 天早上小猴子再去吃桃子时，看到只剩下一个桃子。问小猴子第一天共摘了多少个桃子？

分析：

（1）确定递归的边界条件。本问题为求第 1 天桃子的个数，已知第 10 天的桃子个数为 1，所以，可以将"当 n=10 时，返回 1"作为递归的边界条件。

（2）寻找问题的规律。由于本问题是求第 1 天桃子的个数，因此需要知道第 n 天和第 n+1 天桃子的个数，即需要向 n=10 的方向递归。根据已知条件可知，第 n 天桃子的个数等于第 n+1 天桃子个数的 2 倍加 2。

程序代码如下：

```
#include <stdio.h>
int peach(int n)
{
    if(n==10)
        return 1;
    else
        return 2+2*peach(n+1);
}
void main()
{
    int a;
    a=peach(1);
    printf("桃子总数为：%d\n",a);
}
```

运行上面的程序，输出结果如下：

```
桃子总数为：1534
```

6.4　变量的作用域与存储类型

C 语言中的变量是有有效范围的，这个有效范围被称为变量的作用域；同时，C 语言的变量还存在动态、静态等存储类型。本节主要介绍局部变量、全局变量、自动变量和静态变量 4 部分内容。

6.4.1 变量的作用域

变量的作用域是指变量在程序代码中的有效范围。通常，变量的作用域都是通过该变量在程序中的位置隐式说明的。在讨论函数的形参变量时曾经提到，形参变量只有函数在被调用时才分配内存单元，在调用结束时立即释放所分配的内存单元。这一点表明形参变量只有在函数内才是有效的，离开该函数就不能再使用了。不仅是形参变量，C 语言中所有的变量都有自己的作用域。变量说明的方式不同，其作用域也不同。C 语言中的变量按作用域范围可以分为局部变量和全局变量。

1. 局部变量

局部变量也称内部变量。在函数内部定义说明的变量就是局部变量，其作用域仅限于函数内部，离开该函数后就不能再使用这种变量了。前面各个例子中的变量及函数的形式参数都是局部变量，它们都是在函数内部声明的，不能被其他函数的代码访问。示例如下：

```
#include <stdio.h>
void fun(int m,int n)
{
    int a,b;
    a=m*n;
    b=m/n;
    printf("fun(a)=%d,fun(b)=%d\n",a,b);
}
void main()
{
    int a,b;
    a=8;
    b=4;
    fun(a,b);
    printf("main(a)=%d,main(b)=%d\n",a,b);
}
```

运行上面的程序，输出结果如下：

```
fun(a)=32,fun(b)=2
main(a)=8,main(b)=4
```

在上面例子中，main 函数中的变量 a 和 b 与 fun 函数中的变量 a 和 b 都是局部变量，只在函数自身内部可见，它们是不相同的。也就是说，在两个函数中出现同名的变量不会互相干扰。

注意：

对于局部变量，需要注意以下 3 点：

（1）即便是在主函数中定义的变量也只能在主函数中使用，不能在其他函数中使用。同时，在主函数中也不能使用在其他函数中定义的变量。因为主函数也是一个函数，它与其他函数是并列关系。

（2）形参变量是属于被调用函数的局部变量，实参变量是属于主调函数的局部变量。

（3）允许在不同的函数中使用相同的变量名，它们代表不同的对象，分配不同的内存单元，互不干扰。

2．全局变量

全局变量也称外部变量，它是在函数外部定义的变量，也就是在程序的开头声明，其作用域是整个源程序。在函数中使用全局变量，一般应进行全局变量说明。全局变量的说明符为 extern。但在一个函数之前定义的全局变量，在该函数内使用时可以不再加以说明。

全局变量必须定义在所有的函数之外，并且只能定义一次。定义全局变量的一般形式如下：

```
[extern] 类型说明符 变量名,变量名,…;
```

其中，方括号内的 extern 可以省略。示例如下：

```
int a,b;
```

上述语句等价于以下语句：

```
extern int a,b;
```

全局变量说明出现在要使用该全局变量的各个函数内，在整个程序内，可能出现多次。全局变量说明的一般形式如下：

```
extern 类型说明符 变量名,变量名,…;
```

示例如下：

```
#include <stdio.h>
int a,b;          //全局变量定义语句
void fun(int m,int n)
{
        //全局变量说明语句，表示本函数内要使用全局变量，此处可以省略
        extern int a,b;
        a=m*n;
        b=m/n;
        printf("fun(a)=%d,fun(b)=%d\n",a,b);
}
void main()
{
        a=8;
        b=4;
        fun(a,b);
        printf("main(a)=%d,main(b)=%d\n",a,b);
}
```

运行上面的程序，输出结果如下：

```
fun(a)=32,fun(b)=2
main(a)=32,main(b)=2
```

在上面的程序中，在 main 函数和 fun 函数里面并没有声明变量 a 和 b，但是在计算和输出时却用到了变量 a 和 b，这是因为在程序的开始声明的变量 a 和 b 是全局变量，也就是在所有函数里都可以使用变量 a 和 b。此时，如果在一个函数中改变了变量的值，则其他函数中的值也会发生改变。因此，上面程序中的 main 函数和 fun 函数的输出相同。

注意：

对于全局变量，需要注意以下 3 点。

（1）全局变量在定义时就已分配了内存单元，全局变量在定义时可以赋初始值；全局变量在说明时不能再赋初始值，只是说明在函数内要使用某全局变量。示例如下：

```
int a=8,b=4;                        //定义全局变量 a 和 b，可以赋初始值
```

```
fun(int m,int n)
{
    extern int a=8,b=4;          //全局变量说明，此处错误
    …
}
```

在上面的代码中，"int a=8,b=4;"语句定义了全局变量，可以赋初始值，而在 fun 函数内部的"extern int a=8,b=4;"语句为全局变量说明，即说明在 fun 函数中要使用全局变量 a 和 b，全局变量在说明时是不能赋初始值的，因此该语句有错，应该改为"extern int a,b;"。

（2）全局变量虽然可以加强函数模块之间的数据联系，但是也降低了函数的独立性。从模块化程序设计的观点来看这是不利的，因此，尽量不用或少用全局变量。

（3）在同一源文件中，允许全局变量和局部变量同名。在局部变量的作用域内，全局变量不起作用。示例如下：

```
#include <stdio.h>
int a=8,b=4;          //定义全局变量 a 和 b
void fun()
{
    int a,b;          //定义局部变量 a 和 b
    a=10;
    b=5;
    printf("fun: a+b=%d\n",a+b);
}
void main()
{
    fun();
    printf("main: a+b=%d\n",a+b);
}
```

运行上面的程序，输出结果如下：

```
fun: a+b=15
main: a+b=12
```

在上面的程序中，由于 fun 函数中也定义了变量 a 和 b，与全局变量 a 和 b 冲突，在 fun 函数内部使用的变量 a 和 b 是局部变量 a 和 b，而不是全局变量 a 和 b，因此，fun 函数输出的值为 15；而在 main 函数中由于没有定义局部变量 a 和 b，因此 main 函数中使用的变量 a 和 b 为全局变量，main 函数输出的值为 12。

6.4.2 变量的存储类型

变量的存储方式可以分为静态存储和动态存储两种。

静态存储变量通常是在变量定义时就分配内存单元并一直保持不变，直至整个程序结束。前面介绍的全局变量的存储方式就属于此类存储方式。

动态存储变量是在程序执行过程中，使用它时才分配内存单元，使用完毕立即释放所分配的内存单元。典型的例子是函数的形式参数，在函数定义时并不给形参变量分配内存单元，只是在函数被调用时才予以分配，函数调用结束立即释放所分配的内存单元。如果一个函数被多次调用，则反复地分配、释放形参变量的内存单元。

从以上分析可知，静态存储变量是一直存在的，而动态存储变量则时而存在，时而消

失。这种由于变量的存储方式不同而产生的特性称为变量的生存期。生存期表示了变量存在的时间。生存期和作用域分别是从时间和空间这两个不同的角度来描述变量的特性的，这两者既有联系，又有区别。

在 C 语言中，变量的存储类型可以分为 4 种：自动（auto）、静态（static）、外部（extern）、寄存器（register）。自动变量和寄存器变量的存储方式属于动态存储方式，外部变量和静态变量的存储方式属于静态存储方式。

1. 自动变量

自动变量是 C 语言程序中使用最广泛的一种变量。定义自动变量的一般形式如下：

```
[auto] 类型说明符 变量列表
```

其中，auto 可以省略，也就是说，函数内只要未加存储类型说明的变量均为自动变量。示例如下：

```
void main()
{
    int i,j;
    char c;
    …
}
```

上述代码等价于以下代码：

```
void main()
{
    auto int i,j;
    auto char c;
    …
}
```

自动变量具有以下特点。

（1）自动变量的作用域仅限于定义该变量的结构内。例如，在函数中定义的自动变量只在该函数内有效，在复合语句中定义的自动变量只在该复合语句中有效。示例如下：

```
int kv(int a)
{
    auto int x,y;
    {
        auto char c;
    }           //变量 c 的作用域
    …
}               //变量 a、x、y 的作用域
```

（2）自动变量的存储方式属于动态存储方式，只有在定义该变量的函数被调用时才给该变量分配内存单元，开始它的生存期，函数调用结束立即释放所分配的内存单元，结束生存期。因此，函数调用结束之后，自动变量的值不能保留。在复合语句中定义的自动变量，在退出复合语句后也不能再使用，否则将引起错误。示例如下：

```
#include <stdio.h>
int add()
{
    auto int a,b;
    a=10;
    b=5;
```

```
        return a+b;
    }
#include <stdio.h>
void main()
{
    int c;
    c=add();
    printf("a=%d,b=%d\n",a,b);
    printf("c=%d\n",c);
}
```

在上面的程序中，在 add 函数内定义了自动变量 a 和 b，它们只能用在 add 函数内，在 main 函数内不能使用这两个变量，而上面的程序在 main 函数中使用了在 add 函数内定义的自动变量 a 和 b，因此，运行程序时会出现"undeclared identifier"错误。再如以下示例：

```
#include <stdio.h>
void main()
{
    auto int a;
    printf("\nPlease input a number: \n");
    scanf("%d",&a);
    if(a>0){
        auto int s,p;
        s=a+a;
        p=a*a;
    }
    printf("s=%d p=%d\n",s,p);
}
```

变量 s 和 p 是在复合语句内定义的自动变量，它们只在该复合语句内有效。而程序的最后一条语句却在退出复合语句之后用 printf 语句输出自动变量 s 和 p 的值，这同样会引起"undeclared identifier"错误。

（3）由于自动变量的作用域和生存期都局限于定义它的结构内，因此不同的结构中允许使用同名的变量而不会混淆。即使是在函数内定义的自动变量，也可以与在该函数内部的复合语句中定义的自动变量同名。

【例 6-7】同名自动变量的使用。

```
#include <stdio.h>
void main()
{
    auto int a,x=100,y=100;
    printf("\nPlease input a number: ");
    scanf("%d",&a);
    if(a>0)
    {
        auto int x,y;
        x=a+a;
        y=a*a;
        printf("x=%d,y=%d\n",x,y);
    }
    printf("x=%d,y=%d\n",x,y);
}
```

运行上面的程序,输入"5",输出结果如下:

```
x=10,y=25
x=100,y=100
```

在上面的程序中,main 函数和复合语句内分别定义了变量 x 和 y 为自动变量。在复合语句内定义的变量 x 和 y 只在复合语句内起作用,所以变量 x 的值应为 a+a,变量 y 的值应为 a*a。退出复合语句后的变量 x 和 y 应为 main 函数内定义的变量 x 和 y,它们的值在初始化时给定,均为 100。从输出结果可以分析出,两个变量 x 和两个变量 y 虽然变量名相同,但却是两个不同的变量。

2. 静态变量

在编译时分配存储空间的变量称为静态变量,定义静态变量的一般形式如下:

```
static 类型说明符 变量列表
```

示例如下:

```
static int a;
```

在 C 语言中,静态变量分为静态局部变量和静态全局变量。

1)静态局部变量

静态局部变量的作用域仅局限于声明它的语句块中,但是在程序执行期间,变量将始终保持它的值。并且,静态局部变量的初始化语句只在语句块第一次执行时起作用。在随后的运行过程中,变量将保持上一次执行时的值。

【例 6-8】静态局部变量的使用。

```
#include <stdio.h>
int add()
{
    static int a=10; //定义静态局部变量,并赋初始值
    a+=10;
    return a;
}
void main()
{
    int i;
    for(i=1;i<=5;i++)
        printf("%d.add=%d\n",i,add());
}
```

运行上面的程序,输出结果如下:

```
1.add=20
2.add=30
3.add=40
4.add=50
5.add=60
```

在上面的程序中,由于 add 函数内的变量 a 被定义为静态局部变量,因此赋初始值语句仅在第一次运行时赋值。第一次运行时,静态局部变量 a 的值为 20;第二次运行时,变量 a 将在上一次值的基础上继续执行"a+=10;"语句,因此,第二次运行后变量 a 的值变为30;以此类推,变量 a 的值依次为 40、50、60。

> **？思考：** 在上面的程序中，如果将 add 函数内的静态局部变量转换为动态局部变量，即去掉关键字 static，那么程序的输出结果会是什么呢？

2）静态全局变量

静态全局变量也具有全局作用域，它与全局变量的区别在于，如果程序包含多个文件，则静态全局变量只能作用于定义它的文件里，不能在其他文件里引用该变量；而全局变量则可以在其他文件里被引用。也就是说，被关键字 static 修饰过的全局变量具有文件作用域。这样即使两个不同的源文件都定义了相同名字的静态全局变量，它们也是不同的变量。

6.5 宏替换

C 语言程序的源代码中可以包括各种编译指令，这些指令被称为预处理命令。预处理是 C 语言中的一个重要功能，它由预处理程序负责完成。

C 语言中提供了多种预处理功能，如宏替换、文件包含、条件编译等。合理地使用预处理功能编写的程序不仅便于阅读、修改、移植和调试，也有利于模块化程序设计。本节只介绍宏替换和文件包含预处理功能。

6.5.1 宏替换

宏替换的功能是用一个标识符来表示一个字符串，标识符称为宏名。在预编译时，程序中所有出现的宏名都用宏定义中的字符串去替换。

宏替换是由源程序中的宏替换命令完成的。在 C 语言中，宏分为无参宏和有参宏两种。下面分别介绍这两种宏的定义和调用。

1. 无参宏

不带参数的宏称为无参宏。在前面介绍过的符号常量的定义就是一种无参宏替换。此外，程序中反复使用的表达式也可以使用宏替换。无参宏替换的一般形式如下：

```
#define <标识符> <字符串>
```

其中，"#" 表示这是一条预处理命令，在 C 语言中，凡是以 "#" 开头的均为预处理命令；"define" 为宏替换命令；"<标识符>" 为宏名，一般用大写字符表示；"<字符串>" 可以是常数、表达式、函数等。

例如，"#define EX (x*y+z)" 语句定义 EX 表示表达式(x*y+z)。在编写源程序时，所有的(x*y+z)都可以由 EX 代替，而对源程序进行编译时，将先由预处理程序进行宏替换，即用表达式(x*y+z)去置换所有的宏名 EX，再进行编译。示例如下：

```
#include <stdio.h>
#define EX (x*y+z)
void main()
{
    int x,y,z,r;
    printf("\n 请输入 x,y,z: ");
    scanf("%d,%d,%d",&x,&y,&z);
```

```
        r=3*EX+EX/x;
        printf("r=%d\n",r);
    }
```

在上面的程序中，首先进行宏替换，定义 EX 表示表达式(x*y+z)，在 "r=3*EX+EX/x;"
语句中进行了宏调用。在预处理时经宏替换后，该语句变为 "r=3*(x*y+z)+ (x*y+z)/x;"。

 注意：

> 在宏替换时，只是简单地将宏名替换为相应的表达式，因此，在宏替换中表达式(x*y+z)
> 两边的括号不能少。

在上例中，如果将宏替换语句 "#define EX (x*y+z)" 改为 "#define EX x*y+z"，则在
宏替换后，"r=3*EX+EX/x;" 语句将变为 "3* x*y+z+ x*y+z/x;"，和原来语句的含义就不
一样了。

在使用宏替换时应注意以下 6 点：

（1）宏替换是用宏名来表示一个字符串，在宏替换时又以该字符串简单地替换宏名，
字符串中可以包含任何字符，可以是常数，也可以是表达式，预处理程序不对它进行任何
检查。如果有错误，则只有在编译已被宏替换后的源程序时才能被发现。

（2）宏替换不是说明或语句，在行尾不能加分号，如果加上分号，则分号也将被当作
字符串的一部分一起替换。

（3）宏替换必须写在函数之外，其作用域为从宏替换命令起到源程序结束。

（4）如果在源程序中双引号引起来的字符串常量里出现宏名，则预处理程序不对其进
行宏替换。示例如下：

```
#include <stdio.h>
#define PI 3.14
void main()
{
    printf("PI");
    printf("\n");
}
```

在上面的程序中，定义宏名 PI 表示 3.14，但是在 printf 语句中，PI 被引号引起来了，
因此不进行宏替换。程序的运行结果为 "PI"。

（5）宏替换允许嵌套，在宏替换的字符串中可以使用已经定义的宏名。在宏替换时由
预处理程序层层替换。示例如下：

```
#define PI 3.1415926
#define L 2*PI*r   // PI 是已定义的宏名
```

在宏替换后，"printf("L=%f\n",L);" 语句将变为 "printf("L=%f\n",2*3.1415926*r);"。

（6）习惯上宏名用大写字母表示，以便与变量区别，但也允许用小写字母。

2．有参宏

带有参数的宏称为有参宏。在宏替换中的参数称为形式参数，简称形参；在宏调用中
的参数称为实际参数，简称实参。对于带参数的宏，在调用中不仅要进行宏替换，还要用
实参去替换形参。有参宏替换的一般形式如下：

```
#define 宏名(形参表) 字符串
```

其中，"字符串"中含有各个形参。

有参宏调用的一般形式如下：

```
宏名(实参表);
```

示例如下：

```
#define F2C(f) (f-32)*5/9          //宏替换
c=F2C(100);                        //宏调用
```

在宏调用时，用实参 100 去代替形参 f，经预处理宏替换后，"c=F2C(100);"语句将变为"c=(100-32)*5/9;"。

示例如下：

```
#include <stdio.h>
#define MAX(a,b) (a>b)?a:b          //有参宏替换
void main()
{
    int x,y,max;
    printf("\n请输入 x,y: ");
    scanf("%d,%d",&x,&y);
    max=MAX(x,y);          //宏调用,用实参 x 和 y 分别替换条件表达式(a>b)?a:b中的 a 和 b
    printf("最大值为: %d\n",max);
}
```

在上面的程序中，用宏名 MAX(a,b)表示条件表达式(a>b)?a:b，形参 a 和 b 均出现在条件表达式中。在程序中，通过"max=MAX(x,y);"语句进行宏调用，实参 x 和 y 将分别替换形参 a 和 b，在宏替换后，该语句将变为"max=(x>y)?x:y;"，用于计算 x 和 y 中的最大值。

在使用有参宏时应注意以下 4 点：

（1）在有参宏替换中，宏名和形参表之间不能有空格出现。例如，"#define MAX_(a,b) (a>b)?a:b"将被认为是无参宏替换，宏名 MAX 代表表达式"_(a,b) (a>b)?a:b"。

（2）在有参宏替换中，形参不分配内存单元，因此不必进行类型定义。而宏调用中的实参有具体的值，要用它们去替换形参，因此必须进行类型说明。这与函数中的情况是不同的。在函数中，形参和实参是两个不同的量，各有自己的作用域，调用时要把实参值赋予形参，进行"值传递"。而在有参宏替换中则只是符号替换，不存在值传递的问题。

（3）有参宏替换中的形参是标识符，而有参宏调用中的实参则可以是表达式。示例如下：

```
#include <stdio.h>
#define PI 3.1415926          //无参宏替换
#define S(a) PI*(a)*(a)        //有参宏替换
void main()
{
    float r,s;
    printf("\n请输入 r: ");
    scanf("%f",&r);
    s=S(r+1);
    printf("s=%f\n",s);
}
```

在上面的程序中定义了一个有参宏，并且带有形参 a。宏调用中的实参为 r+1，在宏替换时，用 3.1415926 替换 PI，用 r+1 替换 a，替换的结果为"s=3.1415926*(r+1)*(r+1);"。这与函数的调用是不同的，函数调用时要先把实参表达式的值求出来，再赋给形参；而宏替

换中则不对实参表达式进行计算，直接按原样替换。

（4）在宏替换中，字符串内的形参通常要用括号括起来，以避免出错。

在上例的宏替换中，表达式 PI*(a)*(a)内的 a 都用括号括起来了，因此结果是正确的。如果去掉括号，把程序改为以下形式：

```
#include <stdio.h>
#define PI 3.1415926        //无参宏替换
#define S(a) PI*a*a         //有参宏替换
void main()
{
    float r,s;
    printf("\n 请输入 r: ");
    scanf("%f",&r);
    s=S(r+1);
    printf("s=%f\n",s);
}
```

则在上面的程序中，由于宏替换只进行符号替换而不进行其他处理，"s=S(r+1);"语句经过宏替换后将变为"s=PI*r+1*r+1;"，这显然违背了程序的原意，因此参数两侧的括号是不能少的。

并且只在参数两侧加括号是不够的，在宏替换字符串两侧也需要加上括号。示例如下：

```
#include <stdio.h>
#define PI 3.1415926        //无参宏替换
#define S(a) PI*(a)*(a)      //有参宏替换
void main()
{
    float r,s;
    printf("\n 请输入 r: ");
    scanf("%f",&r);
    s=1/S(r+1);
    printf("s=%f\n",s);
}
```

上面程序的原意是计算面积的倒数，但是，经过宏替换后，"s=1/S(r+1);"语句将变为"s=1/3.1415926*(r+1)*(r+1)"，这显然违背了程序的原意。程序修改如下：

```
#include <stdio.h>
#define PI 3.1415926        //无参宏替换
#define S(a) (PI*(a)*(a))    //有参宏替换
void main()
{
    float r,s;
    printf("\n 请输入 r: ");
    scanf("%f",&r);
    s=1/S(r+1);
    printf("s=%f\n",s);
}
```

6.5.2 文件包含

文件包含是 C 语言中另一个重要的预处理功能。文件包含命令的一般形式如下：

```
#include "文件名"
```

或者如下：

```
#include <文件名>
```

在前面我们已多次用此命令包含过库函数的头文件。示例如下：

```
#include <stdio.h>
#include <math.h>
#include <time.h>
```

文件包含命令的功能是把指定的文件插入该命令行位置取代该命令行，从而把指定的文件和当前的源程序文件连成一个源文件。在程序设计中，文件包含是很有用的。一个大的程序可以分为多个模块，由多个程序员分别编程。有些公用的符号常量或宏替换等可以单独组成一个文件，在其他文件的开头用文件包含命令包含该文件即可使用。这样可以避免在每个文件开头都去书写那些公用量，从而节省时间，并减少出错。

在使用文件包含命令时应注意以下 3 点：

（1）文件包含命令中的文件名可以用双引号括起来，也可以用尖括号括起来。

"#include <stdio.h>" 和 "#include "math.h"" 这两种写法都是允许的，但是这两种形式是有区别的：使用尖括号表示在包含文件目录中查找（包含文件目录是由用户在设置环境时设置的），而不在源文件目录中查找；使用双引号表示首先在当前的源文件目录中查找，如果未找到，才到包含文件目录中去查找。程序员在编程时可以根据自己文件所在的目录来选择某一种命令形式。

（2）一个 include 命令只能指定一个被包含文件，如果要包含多个文件，则需要用多个 include 命令。

（3）文件包含允许嵌套，即在一个被包含的文件中可以包含另一个文件。

6.6　精彩案例

本节主要介绍有关函数的一些精彩案例，具体包含判断回文数、判断完数和斐波那契数列这 3 个案例。

6.6.1　判断回文数

【例 6-9】如果一个 5 位数的个位与万位相同，十位与千位相同，则称这个数为"回文数"，如 12321。编写一个函数判断一个 5 位数是否为回文数。

分析：

（1）在函数中分解一个 5 位数，求出这个数的个位、十位、千位和万位。

（2）如果这个 5 位数的个位与万位相同，十位与千位相同，则返回 1，否则返回 0。

（3）在主函数中，输入一个 5 位数，调用函数并输出相应提示。

程序代码如下：

```
#include <stdio.h>
int hui(long n)
{
```

```
        int g,s,q,w;
        w=n/10000;          //计算万位
        q=n/1000%10;        //计算千位
        s=n%100/10;         //计算十位
        g=n%10;             //计算个位
        if(g==w&&s==q)
            return 1;
        else
            return 0;
    }
void main()
{
        long a;
        printf("\n请输入一个整数: ");
        scanf("%ld",&a);
        if(hui(a)==1)
            printf("%ld是回文数\n",a);
        else
            printf("%ld不是回文数\n",a);
    }
```

运行上面的程序,输入"12321",输出结果如下:

12321是回文数

6.6.2 判断完数

【例 6-10】如果一个数恰好等于它的因子之和,就称这个数为"完数",如 6=1+2+3。编写一个函数找出 3~1000 之间的所有完数。

分析:

(1)由于在程序中要多次判断一个数是否为完数,因此,需要编写一个判断完数的函数。

(2)在判断完数的函数中,首先需要利用循环计算数 n 的所有因子,判断因子的方法为 n%i,如果结果为 0,则 i 为 n 的因子,n 的因子的范围为 1~n/2,同时用变量 s 的值累加所有因子的和。

(3)如果因子的和 s 等于 n,则 n 是完数,返回 1,否则返回 0。

(4)在主函数中,循环调用判断完数的函数,并输出所有完数。

程序代码如下:

```
#include <stdio.h>
int wan(int n)
{
        int i,s=0;
        for(i=1;i<=n/2;i++)
            if(n%i==0)
                s+=i;
        if(s==n)
            return 1;
        else
            return 0;
    }
```

```
void main()
{
    int i;
    for(i=3;i<=1000;i++)
        if(wan(i)==1)
            printf("%5d",i);

}
```

运行上面的程序，输出结果如下：

```
   6   28   496
```

6.6.3 斐波那契数列

【例 6-11】如果每对兔子每月繁殖一对子兔，而子兔在出生后第 2 个月就有生殖能力，试问第 1 个月有一对小兔子，第 12 个月时有多少对兔子？即 1、1、2、3、5……由数列的规律建立数学模型。

分析：

（1）编写 int rabbit(int n)函数。

（2）确定递归的边界条件。根据上面数列的特点，当 n=1 时，兔子对数为 1，当 n=2 时，兔子对数也为 1。

（3）寻找问题的规律。当 n=3 时，相当于第 1 个月，兔子的对数等于 rabbit(1)+rabbit(2)，该问题的规律为 rabbit(n)=rabbit(n-1)+rabbit(n-2)。

（4）在主函数中调用 rabbit(14)，由于当 n=3 时，相当于第 1 个月兔子的对数，因此，第 12 个月兔子的对数应改为 rabbit(14)。

程序代码如下：

```
#include <stdio.h>
int rabbit(int n)
{
    if(n==1)
        return 1;
    else if(n==2)
        return 1;
    else
        return rabbit(n-1)+rabbit(n-2);
}
void main()
{
    int i;
    i=rabbit(14);
    printf("兔子的对数为：%d\n",i);
}
```

运行上面的程序，输出结果如下：

```
兔子的对数为：377
```

本 章 小 结

本章介绍了模块化程序设计的方法、函数的定义与调用、函数的递归调用、变量的作用域与存储类型，以及宏替换。

在解决复杂问题时，通常采用自顶向下的方法，即将复杂问题模块化。

C 语言中的函数包括标准库函数和用户自定义函数。在使用标准库函数时，一定要在程序前面包含相应的库文件。在 C 语言中，所有的函数都是并列关系，因此，不允许嵌套定义函数，但允许嵌套调用函数。在调用函数时，实参和形参在数量、类型和顺序上应严格一致，并且应该一一对应。在定义递归函数时，需要按照两个步骤进行：（1）确定递归的边界条件；（2）寻找问题的规律。

变量按照作用域可以分为局部变量和全局变量，按照存储类型可以分为自动变量、静态变量、外部变量和寄存器变量。

宏替换的功能是用一个标识符来表示一个字符串；文件包含用于包含库文件和自定义源程序文件。

通过对本章内容的学习，读者应该掌握模块化程序设计的思想、函数的定义与调用方法、递归函数的定义方法、全局变量和局部变量及静态变量和动态变量之间的区别与用法，并了解宏的定义与调用方法。

习 题

一、选择题

1．以下函数定义正确的是（　　　）。

A．double fun(int x,int y)

B．double fun(int x;int y)

C．double fun(int x,int y);

D．double fun(int x,y);

2．C 语言允许函数返回值的类型默认定义，此时该函数返回值隐含的类型是（　　　）。

A．float　　　　　　B．int　　　　　　C．long　　　　　　D．double

3．以下有关函数的形参和实参的说法中正确的是（　　　）。

A．实参和与其对应的形参各占用独立的内存单元

B．实参和与其对应的形参各占用一个内存单元

C．只有当实参和与其对应的形参同名时才占用同一个内存单元

D．形参是虚拟的，不占用内存单元

4．以下说法中正确的是（　　　）。

A．在定义函数时，形参的类型说明可以放在函数内部

B．return 语句后的值不能为表达式

C．如果函数返回值的类型与实际返回值的类型不一致，则以函数返回值的类型为准

D．如果形参与实参的类型不一致，则以实参的类型为准

5. 以下叙述中不正确的是（　　）。

A. 在不同的函数中可以使用相同名字的变量

B. 函数中的形式参数是局部变量

C. 在一个函数内定义的变量只在本函数范围内有效

D. 在一个函数内的复合语句中定义的变量在本函数范围内有效

6. 以下程序的运行结果是（　　）。

```c
#include <stdio.h>
void num()
{
    extern int x,y;
    int a=15,b=10;
    x=a-b;
    y=a+b;
}
int x,y;
void main()
{
    int a=7,b=5;
    x=a+b;
    y=a-b;
    num();
    printf("%d,%d\n",x,y);
}
```

A. 12,2　　　　　　　　　　　　B. 不确定

C. 5,25　　　　　　　　　　　　D. 1,12

7. 以下程序的运行结果是（　　）。

```c
#include <stdio.h>
#define MIN(x,y)  (x)<(y)?(x):(y)
void main()
{
    int i=10,j=15,k;
    k=10*MIN(i,j);
    printf("%d\n",k);
}
```

A. 10　　　　　　　　　　　　　B. 15

C. 100　　　　　　　　　　　　 D. 150

8. 请读以下程序：

```c
#include <stdio.h>
#define MUL(x,y) (x)*y
void main()
{
    int a=3,b=4,c;
    c=MUL(a++,b++);
    printf("%d\n",c);
}
```

上面程序的输出结果是（　　）。

A. 12　　　　　　B. 15　　　　　　C. 20　　　　　　D. 16

二、编程题

1. 验证哥德巴赫猜想：任何大于 5 的奇数都可以表示为 3 个素数之和，输出被验证的数的各种可能的和式。例如，19=3+3+13，19=3+5+11，19=5+7+7。

2. 如果 a 的因子和等于 b，b 的因子和等于 a，因子包括 1 但不包括自身，并且 $a<>b$，则称 a 和 b 为亲密数对。编写程序输出 2000 以内所有的亲密数对。

第 **7** 章

数组

数组是计算机程序设计语言中一个很重要的概念，数组的作用是把具有相同类型的若干个变量按照有序的形式组织起来。在C语言中，数组属于构造数据类型。一个数组可以分解为多个数组元素，这些数组元素的类型可以是基本数据类型或其他构造类型。因此，按照数组元素的类型不同，数组又可以分为数值数组、字符数组、指针数组、结构体数组等各种类别。本章介绍数值数组和字符数组的应用。

本章重点：

- ☑ 一维数组、二维数组和字符数组的应用
- ☑ 常见的字符串处理函数
- ☑ 数组作为函数参数的应用

7.1 概述

在前面所介绍的程序中，涉及的数据不太多，使用简单的变量就可以存取和处理。但是在实际问题中往往需要处理大批数据，如果仍使用简单的变量进行处理，就需要定义大量的变量，从而增加程序的复杂性，有些问题甚至不可能实现。例如，需要保存一个班级中120名学生的计算机成绩，如果使用简单的变量进行处理，就需要定义120个变量来保存这些数据，这几乎是不可能实现的。而利用数组则可以轻松解决上面的问题。

1. 数组的概念

数组是一组具有相同类型和名称的变量的集合。这些变量称为数组的元素，每个数组元素都有一个编号，这个编号叫作下标，我们可以通过下标来区别这些数组元素。例如，上面介绍的学生计算机成绩的保存问题，可以使用 s[1]、s[2]、…、s[n] 来分别保存 n 个学生的计算机成绩。

由于有了数组，因此可以用相同名字引用一系列变量，并用数字下标来识别它们。在许多场合，使用数组可以缩短和简化程序，这是因为可以利用数组的数字下标设计一个循环，高效处理大量数据。数组元素的下标有上界和下界，数组元素的下标在上界和下界之间是连续的。

注意：

> 在 C 语言中，数组必须先定义，后使用。

2．数组的维数

数组可以是一维数组，也可以是多维数组。维数对应于用来识别每个数组元素的下标个数。在 C 语言中，常用的是一维数组和二维数组，三维以上的数组很少使用。例如，数组 c[10]是一维数组，数组 s[3][4]是二维数组。

3．数组的长度

数组的每一维都有一个非零的长度。在数组的每一维中，数组元素按照从下标 0 到该维最高下标值连续排列，这个序列的个数就是该数组在该维数上的长度。例如，一维数组 c[10]有 c[0]、c[1]、…、c[9]共 10 个元素，因此数组 c 的长度为 10；二维数组 s[3][4]的第一维长度为 3，即第一维数组元素的下标范围为 0、1、2，第二维长度为 4，即第二维数组元素的下标范围为 0、1、2、3。

在定义数组时，计算机会为每个数组元素都分配一个内存空间，并且整个数组所有元素的内存空间是连续的。在定义数组时应根据实际需要定义数组，避免定义过大的数组，从而造成内存空间的浪费。

7.2　一维数组

一维数组是指只有一个下标的数组，主要用于表示具有线性特点的数据。

7.2.1　一维数组的定义

定义一维数组的一般形式如下：

```
存储类型说明符 类型说明符 数组名[常量表达式];
```

其中，"存储类型说明符"为可选项，用于指定数组的存储类型，和变量的存储类型相似；"类型说明符"是任意一种基本数据类型或构造数据类型；"数组名"是用户定义的数组标识符；方括号中的常量表达式表示数组元素的个数，即数组的长度。示例如下：

```
static int a[10]; //定义了一个静态整型数组，长度为10
float b[10];      //定义了一个浮点型数组，长度为10
```

在定义数组时应注意以下 6 点：

（1）存储类型可以是静态型（static）、自动型（auto）、外部型（extern）和寄存器型（register）。默认为 auto 类型。

（2）数组的类型实际上是指数组元素的取值类型。对于同一个数组，其所有元素的数据类型都是相同的。

（3）数组名应该符合 C 语言标识符的命名规则。

（4）数组名不能与其他变量名相同。示例如下：

```
void main()
{
```

```
        int b;
        float b[10];
        …
}
```

上面代码中定义的一维数组 b 由于和变量 b 同名，因此是错误的定义方法。

（5）方括号中的常量表达式表示数组元素的个数，如 b[5]表示数组 b 有 5 个元素，下标从 0 开始计算。b[5]中的 5 个元素分别为 b[0]、b[1]、b[2]、b[3]、b[4]。

（6）方括号中只能用常数、符号常数或常量表达式，不能用变量。示例如下：

```
#define NUM 5
void main()
{
        int b[5];
        float c[NUM+5];
        …
}
```

上面的定义方法是合法的。但下面的定义方法是错误的：

```
void main()
{
        int n=5;
        int b[n];
        …
}
```

7.2.2 一维数组的初始化

数组也可以像变量一样，在定义时直接对数组元素赋值，即数组的初始化赋值。数组的初始化是在编译阶段进行的，这样可以减少运行时间，提高效率。

一维数组初始化赋值的一般形式如下：

类型说明符 数组名[常量表达式]={值1,值2,…,值n};

其中，在"{ }"中的各数据值就是各元素的初始值，各数据值之间用逗号隔开。示例如下：

```
int a[10]={0,1,2,3,4,5,6,7,8,9};
```

初始化后，各元素的值分别为：a[0]=0，a[1]=1，…，a[9]=9。

在对数组初始化赋值时应该注意以下 5 点：

（1）可以只给数组中的部分元素赋初值。

当"{ }"中值的个数少于数组元素的个数时，只给前面部分元素赋值。示例如下：

```
int a[10]={0,1,2,3,4};
```

上述语句表示 a[0]=0，a[1]=1，a[2]=2，a[3]=3，a[4]=4，a[5]~a[9]自动赋 0 值。

（2）只能给数组中的元素逐个赋值，不能给数组整体赋值。

例如，给数组中的 10 个元素全部赋 1 值，只能写为以下形式：

```
int a[10]={1,1,1,1,1,1,1,1,1,1};
```

而不能写为以下形式：

```
int a[10]=1;
```

（3）如果对数组所有元素赋初始值，则数组长度说明可以省略。示例如下：

```
int a[10]={0,1,2,3,4,5,6,7,8,9};
```

上述语句可以写为以下形式：

```
int a[]={0,1,2,3,4,5,6,7,8,9};
```

需要注意的是，如果只给一个数组中的部分元素赋初值，则数组长度说明不能省略。示例如下：

```
int a[10]={0,1,2,3,4,5};
```

上述语句不可以写为以下形式：

```
int a[]={0,1,2,3,4,5};
```

（4）在为数组元素赋初始值时，值的个数不能超过数组元素的个数。示例如下：

```
int a[5]={0,1,2,3,4,5,6};
```

上面的初始化语句是错误的，系统会产生"too many initializers"错误。

（5）如果不对自动型（auto）数组进行初始化，则其初始值为系统分配给数组各个元素的内存单元中的原始值，是一个不可预知的数，因此在使用数组前一定要为数组元素赋值。

7.2.3　一维数组的引用

数组元素是组成数组的基本单元。数组元素也是一种变量，其标识方法为数组名后跟一个下标，下标表示了元素在数组中的顺序号。数组元素的一般形式如下：

```
数组名[下标]
```

其中，"下标"可以是整型常量、整型变量或整型表达式，其范围为 0~数组长度-1。示例如下：

```
int a[5]={0,1,2,3,4};
```

可以通过 a[0]、a[i]、a[i+j]等引用数组元素。下面有关数组元素的操作都是合法的：

```
a[0]=5;
a[1]=a[0]+5;
scanf("%d",&a[2]);
a[2+1]=a[0]+a[1];
printf("%d",a[3]);
```

在 C 语言中，数组名实质上是数组的首地址，是一个常量地址，不能对它进行赋值，因此不能利用数组名来整体引用一个数组，而只能单个使用数组元素。

例如，输出有 10 个元素的数组，必须使用循环语句逐个输出各个元素的值：

```
for(i=0;i<10;i++)
    printf("%d",a[i]);
```

而不能用一条语句输出整个数组，下面的写法是错误的：

```
printf("%d",a);
```

【例 7-1】输入 10 个整数，并将这些整数存入数组中，输出数组中的所有内容。

分析：

（1）定义一个长度为 10 的一维整型数组。

（2）利用 for 循环输入 10 个整数，并将这些整数分别赋给数组中的各个元素。

（3）利用 for 循环输出数组中的内容。

程序代码如下：

```
#include <stdio.h>
void main()
```

```
{
    int i,a[10];
    for(i=0;i<10;i++)
        scanf("%d",&a[i]);      //输入 10 个整数，并分别赋给各个数组元素
    for(i=0;i<10;i++)           //利用 for 循环输出数组中的内容
        printf("%5d",a[i]);
    printf("\n");
}
```

7.2.4　一维数组的应用

【例 7-2】从键盘上输入 10 个整数，并将这些整数放入数组中，输出这 10 个数中的最大值、最小值和与它们分别对应的下标。

分析：

（1）利用 for 循环输入 10 个整数，并将这些整数分别赋给长度为 10 的数组 a 中的各个元素。

（2）假定第 1 个元素的值为最大值 max，然后用 max 和其他元素的值进行比较，如果 a[i]的值比 max 的值大，则 max=a[i]，并设置最大值的位置 j=i。这样比较完后，max 的值就是最大值，j 就是最大值对应的下标。

（3）最小值的计算方法与最大值的计算方法相同。

程序代码如下：

```
#include <stdio.h>
void main()
{
    int i,a[10];
    int max,min,j,k;
    printf("\n 请输入 10 个整数: ");
    for(i=0;i<10;i++)
        scanf("%d",&a[i]);
    max=a[0];
    min=a[0];
    j=0;
    k=0;
    for(i=0;i<10;i++)
    {
        if(max<a[i])
        {
            j=i;
            max=a[i];
        }
        if(min>a[i])
        {
            k=i;
            min=a[i];
        }
    }
    printf("最大值为 a[%d]=%d, 最小值为 a[%d]=%d\n",j,max,k,min);
}
```

运行上面的程序，输入的整数如下：

```
23 34 45 56 67 20 80 100 10 5
```

输出结果如下：

```
最大值为 a[7]=100，最小值为 a[9]=5
```

> **思考**：在本例中，求最大值前能否将 max 的默认值设置为 0，即将"max=a[0]"改为"max=0"？

【例 7-3】输入 10 个整数，并将这些整数放入数组中，将数组元素首尾对调，同时分别输出对调前后数组元素的值。

分析：

（1）利用 for 循环输入 10 个整数，并将这些整数分别赋给数组中的各个元素。

（2）输出对调前的数组元素的值。

（3）数组首尾对调的元素为：a[0]和 a[9]对调，a[1]和 a[8]对调，……，即 a[i]和 a[9-i] 对调，共需对调 5 次。

（4）输出对调后的数组元素的值。

程序代码如下：

```c
#include <stdio.h>
void main()
{
    int i,a[10],t;
    //输入并输出对调前的数组元素的值
    printf("\n 对调前的数组元素为：");
    for(i=0;i<10;i++)
    {
        scanf("%d",&a[i]);
        printf("%5d",a[i]);
    }
    //对数组元素进行对调
    for(i=0;i<5;i++)
    {
        t=a[i];
        a[i]=a[9-i];
        a[9-i]=t;
    }
    //输出对调后的数组元素的值
    printf("\n 对调后的数组元素为：");
    for(i=0;i<10;i++)
    {
        printf("%5d",a[i]);
    }
    printf("\n");
}
```

运行上面的程序，依次输入的 10 个整数如下：

```
23 34 45 56 67 20 80 100 10 5
```

输出结果如下：

对调前的数组元素为：	23	34	45	56	67	20	80	100	10	5
对调后的数组元素为：	5	10	100	80	20	67	56	45	34	23

【例 7-4】输入 10 个整数，并将这些整数放入数组中，对数组中的整数用冒泡法进行排序，同时输出排序前后数组元素的值。

分析：

（1）利用 for 循环输入并输出数组元素的值。

（2）利用冒泡法进行排序。

（3）利用 for 循环将排序好的数组元素的值输出。

冒泡法排序的思想是：冒泡排序采用从头至尾将两个相邻的数组元素的值进行比较，如果两个相邻元素的值的大小关系与排序的要求不一致，则交换两个元素的值，并继续向后比较相邻元素的值，如此从头至尾比较一次称为"一轮"。每一轮比较结束后最大的值就被交换到了最后一个元素的位置，而较小的值则逐渐向前浮动，"冒泡法"即由此得名。示例如下：

10 4 5 7 3 2 8 6 9 1

第 0 轮比较过程如下：

第 0 次比较：10 和 4 比较，10 比 4 大，两个元素对调。对调结果如下：

4 10 5 7 3 2 8 6 9 1

第 1 次比较：10 和 5 比较，10 比 5 大，两个元素对调。对调结果如下：

4 5 10 7 3 2 8 6 9 1

……

第 8 次比较：10 和 1 比较，10 比 1 大，两个元素对调。对调结果如下：

4 5 7 3 2 8 6 9 1 10

第 1 轮比较在 4 5 7 3 2 8 6 9 1 内进行，过程如下：

第 0 次比较：4 和 5 比较，4 比 5 小，两个元素不进行对调。结果如下：

4 5 7 3 2 8 6 9 1 10

第 1 次比较：5 和 7 比较，5 比 7 小，两个元素不进行对调。结果如下：

4 5 7 3 2 8 6 9 1 10

第 2 次比较：7 和 3 比较，7 比 3 大，两个元素对调。对调结果如下：

4 5 3 7 2 8 6 9 1 10

……

第 7 次比较：9 和 1 比较，9 比 1 大，两个元素对调。对调结果如下：

4 5 3 2 7 6 8 1 9 10

…………

第 8 轮比较在 2 和 1 之间进行，过程如下：

第 0 次比较：2 比 1 大，两个元素对调。对调结果如下：

1 2 3 4 5 6 7 8 9 10

由上述比较过程可知，10 个数排序共需 9 轮比较，第 i 轮需要 9-i 次比较，每一轮参与排序的元素分别为 a[0]、a[1]、…、a[9-i]。推而广之，如果 n 个元素参与排序，则共需要 n-1 轮比较，每一轮需要比较的次数为 n-1-i，每一轮参与比较的元素分别为 a[0]、a[1]、…、a[n-1-i]。

程序代码如下：

```
#include <stdio.h>
void main()
{
        int i,j,a[10],t;
        //输入并输出排序前的数组元素的值
        printf("\n 排序前的数组元素为: ");
        for(i=0;i<10;i++)
        {
            scanf("%d",&a[i]);
            printf("%5d",a[i]);
        }
        //对数组元素进行排序
        for(i=0;i<9;i++)                 //共需 9 轮比较
            for(j=0;j<9-i;j++)           //第 i 轮共需 9-i 次比较
                if(a[j]>a[j+1])    //如果前一个元素的值比后一个元素的值大，则对调两个元素
                {
                    t=a[j];
                    a[j]=a[j+1];
                    a[j+1]=t;
                }
        //输出排序后的数组元素的值
        printf("\n 排序后的数组元素为: ");
        for(i=0;i<10;i++)
            printf("%5d",a[i]);
        printf("\n");
}
```

运行上面的程序，输入的 10 个整数如下：

| 21 | 65 | 76 | 56 | 70 | 9 | 15 | 10 | 18 | 32 |

输出结果如下：

| 排序前的数组元素为: | 21 | 65 | 76 | 56 | 70 | 9 | 15 | 10 | 18 | 32 |
| 排序后的数组元素为: | 9 | 10 | 15 | 18 | 21 | 32 | 56 | 65 | 70 | 76 |

【例 7-5】将例 7-4 中输入的 10 个整数用选择法进行排序，并输出排序前后数组元素的值。

选择法排序的主要思路是：假设需要对 10 个数进行排序，那么首先找出 10 个数中的最小数，并和这 10 个数中排在第一个位置的数（下标 0）交换位置，此时剩下 9 个数（这 9 个数都比刚才选出来的那个数大），再选出这 9 个数中最小的数，并和这 10 个数中排在第二个位置的数（下标 1）交换位置，于是还剩 8 个数（这 8 个数都比刚才选出来的两个数大），依次类推，当还剩两个数时，选出两个数中的最小数放在第 9 个位置（下标 8），于是就只剩下一个数了。这个数已经在最后一位（下标 9），不用再选择了。所以，10 个数排序一共需要选择 9 次（n 个数排序就需要选择 n-1 次）。

程序代码如下：

```
#include <stdio.h>
void main()
{
    int i,j,a[10],t;
    //输入并输出排序前的数组元素的值
    printf("\n排序前的数组元素为: ");
    for(i=0;i<10;i++)
    {
        scanf("%d",&a[i]);
        printf("%5d",a[i]);
    }
    //对数组元素进行排序
    for(i=0;i<9;i++)
    {
        k=i;        //保存i的值，用k来进行循环排序
        //将第i个元素后面的元素的值与第i个元素的值进行比较
        for(j=i+1;j<10;j++)
            //如果第i个元素后面的元素的值小于第i个元素的值，则用变量k记录下标
            if(a [j]<a [k])    k=j;
        //循环结束后，交换最小值和当前元素的值
        t=a [k];
        a [k]=a [i];
        a [i]=t;
    }
    //输出排序后的数组元素的值
    printf("\n排序后的数组元素为: ");
    for(i=0;i<10;i++)
        printf("%5d",a[i]);
    printf("\n");
}
```

运行上面的程序，输入的整数如下：

| 21 | 65 | 76 | 56 | 70 | 9 | 15 | 10 | 18 | 32 |

输出结果如下：

| 排序前的数组元素为: | 21 | 65 | 76 | 56 | 70 | 9 | 15 | 10 | 18 | 32 |
| 排序后的数组元素为: | 9 | 10 | 15 | 18 | 21 | 32 | 56 | 65 | 70 | 76 |

思考: 如果需要按降序排列数组中的内容，那么例 7-4 和例 7-5 中的程序应该分别如何修改？

7.3 二维数组

前面介绍的一维数组只有一个下标。在实际问题中，有很多问题需要用二维数组或多维数组来表示，如数学中的矩阵就需要二维格式的存储方式。本节重点介绍二维数组的应用。

7.3.1 二维数组的定义

二维数组经常用于存储二维表格结构的数据。定义二维数组的一般形式如下：

```
存储类型说明符 类型说明符 数组名[常量表达式1][常量表达式2];
```

其中，"常量表达式 1"表示第一维下标的长度，"常量表达式 2"表示第二维下标的长度，定义多维数组的形式与此类似。示例如下：

```
int s[3][4]; //定义了一个3行4列的数组，数组名为s
```

上述数组中的元素共有 3×4 个，即：

s[0][0]， s[0][1]， s[0][2]， s[0][3]

s[1][0]， s[1][1]， s[1][2]， s[1][3]

s[2][0]， s[2][1]， s[2][2]， s[2][3]

二维数组从形式上看类似于数学中的矩阵。二维数组的第一维长度表示矩阵的行数，第二维长度表示矩阵的列数。

例如，有一个班级共有 50 名学生，本学期共有 4 门课程，如果需要保存学生的 4 门课程的成绩，就应定义一个 float 类型的二维数组，二维数组的行数为 50，列数为 4，定义的二维数组如下：

```
float s[50][4];
```

7.3.2 二维数组的初始化

二维数组的初始化也是在定义数组时给各个数组元素直接赋初始值。二维数组既可以按行连续赋值，也可以按行分段赋值。

（1）按行连续赋值。将数组元素的初始值按照先行后列的顺序写在花括号内，各个初始值之间用逗号隔开。示例如下：

```
int s[3][4]={80,75,92,61,65,71,59,63,70,85,87,90};
```

（2）按行分段赋值。将每行元素的初始值用逗号隔开，写在花括号内，每个花括号内的数据对应一行元素。各行元素用逗号隔开，写在一个总的花括号内。示例如下：

```
int s[3][4]={{80,75,92,61},{65,71,59,63},{70,85,87,90}};
```

使用上述两种方式赋初始值的结果是相同的，赋值结果如下：

```
s[0][0]=80 s[0][1]=75 s[0][2]=92 s[0][3]=61
s[1][0]=65 s[1][1]=71 s[1][2]=59 s[1][3]=63
s[2][0]=70 s[2][1]=85 s[2][2]=87 s[2][3]=90
```

但是，第二种赋值方式不仅更能表现二维数组的结构，也更灵活。

在对二维数组进行初始化赋值时应注意以下 4 点。

（1）可以只对数组中的部分元素赋初始值，未赋初始值的元素自动取 0 值。示例如下：

```
int s[4][4]={{1},{2},{3},{4}};
```

上述语句是对每一行的第一列元素赋值，未赋值的元素取 0 值。赋值后各元素的值如下：

```
1    0    0    0
2    0    0    0
3    0    0    0
4    0    0    0
```

再如以下示例：

```
int s[4][4]={{1},{0,2},{0,0,3},{0,0,0,4}};
```

使用上述语句赋值后，各元素的值如下：

```
1    0    0    0
0    2    0    0
0    0    3    0
0    0    0    4
```

（2）如果对数组中的全部元素赋初始值，则第一维的长度可以省略。示例如下：

```
int s[4][4]={1,2,3,4,5,6,7,8,9,10,11,12,13,14,15,16};
```

上述语句也可以写为以下形式：

```
int a[][4]={1,2,3,4,5,6,7,8,9,10,11,12,13,14,15,16};
```

（3）在采用按行分段赋值方式进行初始化时，如果每一行都有初始值，则第一维的长度也可以省略。示例如下：

```
int s[4][4]={{1},{2},{3},{4}};
```

上述语句也可以写为以下形式：

```
int s[][4]={{1},{2},{3},{4}};
```

（4）在二维数组进行初始化时，第二维的长度不能省略。例如，下面的语句是错误的：

```
int s[4][]={1,2,3,4,5,6,7,8,9,10,11,12,13,14,15,16};
```

7.3.3 二维数组的引用

引用二维数组元素的一般形式如下：

数组名[行下标][列下标]

其中，"行下标"和"列下标"可以是整型常量、整型变量或整型表达式，引用多维数组元素的形式与此类似。示例如下：

```
int s[3][4]={1,2,3,4,5,6,7,8,9,10,11,12,13,14,15,16};
```

可以通过 s[0][0]、s[i][1]、s[i+j][3]等引用数组元素。

 注意：

数组 s 的行下标只能为 0、1、2，列下标只能为 0、1、2、3。

例如，s[3][4]是错误的数组元素的引用。

下面有关数组元素的操作都是合法的：

```
a[0][0]=5;
a[1][1]=a[1][0]+10;
scanf("%d",&a[2][0]);
a[i][2]=a[i][0]+a[i][1];
printf("%d",a[2][i]);
```

由于二维数组存储的是二维表格结构的数据，因此，当给二维数组赋值或输出二维数组时，需要使用循环的嵌套来实现。例如，输出 s[3][4]数组中的数据的语句如下：

```
for(i=0;i<3;i++)
{
    for(j=0;j<4;j++)
        printf("%d",a[i][j]);
    printf("\n");
}
```

【例 7-6】输入 12 个 10~100 之间的整数，并将这些整数放入 3 行 4 列的二维数组中，以矩阵的方式输出该二维数组，并求出该数组中元素的值的最大值及该元素的下标。

分析：

（1）利用 for 循环嵌套输入 12 个整数，并将这些整数放入二维数组 s[3][4]中，同时输出数组。

（2）假定数组中的第一个元素的值为最大值 max，即 max=s[0][0]，并设置行下标 r=0，列下标 c=0。

（3）将 max 和其他元素 s[i][j]的值进行比较，如果 s[i][j]的值比 max 大，则 max=s[i][j]，r=i，c=j。

程序代码如下：

```c
#include <stdio.h>
void main()
{
    int s[3][4];
    int i,j,r,c,max;
    //生成并输出二维数组
    for(i=0;i<3;i++)
    {
        for(j=0;j<4;j++)
        {
            scanf("%d",&a[i][j]);
            printf("%4d",s[i][j]);
        }
        printf("\n");
    }
    //计算二维数组中的最大值
    max=s[0][0];
    r=c=0;
    for(i=0;i<3;i++)
        for(j=0;j<4;j++)
            if(max<s[i][j])
            {
                max=s[i][j];
                r=i;
                c=j;
            }
    printf("\n 最大值为 s[%d][%d]=%d\n",r,c,max);
}
```

运行上面的程序，输入的整数如下：

```
36  21  25  91  98  78  60  75  29  46  95  48
```

输出结果如下：

```
 36  21  25  91
 98  78  60  75
 29  46  95  48
最大值为 s[1][0]=98
```

7.3.4 二维数组的应用

【例 7-7】用户输入一个 3×3 矩阵的数据，输出矩阵并计算矩阵对角线元素的值的和。

分析：

（1）利用双重 for 循环控制输入并输出二维数组。

（2）矩阵包含两条对角线，这些对角线元素的形式为 s[i][i] 和 s[i][2-i]。累加这些元素的值，并减去两条对角线的交叉元素 s[1][1] 的值。

程序代码如下：

```
#include <stdio.h>
void main()
{
    float s[3][3],sum=0;
    int i,j;
    printf("\n请输入 9 个数：");
    for(i=0;i<3;i++)
      for(j=0;j<3;j++)
        scanf("%f",&s[i][j]);
    for(i=0;i<3;i++)
    {
      sum+=s[i][i];
      sum+=s[i][2-i];
    }
    sum-=s[1][1];    //累加对角线元素的值并减去加了两次的 s[1][1] 的值
    printf("\nresult=%6.2f",sum);
}
```

思考： 如果将上例改为计算 4×4 矩阵对角线元素的值的和，那么应该如何修改上述程序？

【例 7-8】输入一个元素的值在 0~100 之间的 3 行 4 列的矩阵，输出矩阵和矩阵的转置矩阵。

分析：

（1）输入并输出 3×4 矩阵 s[3][4]。

（2）计算矩阵 s 的转置矩阵。

（3）输出转置矩阵的内容。

转置矩阵：将一个矩阵 s 中的所有行元素，变成另一个矩阵 a 中的所有列元素，则称矩阵 s 和矩阵 a 互为转置矩阵。矩阵 s[3][4] 的转置矩阵应该为 a[4][3]。示例如下：

```
1   2    3    4
5   6    7    8
9   10   11   12
```

上面矩阵的转置结果如下：

```
1   5    9
2   6    10
3   7    11
4   8    12
```

程序代码如下：

```c
#include <stdio.h>
void main()
{
    int s[3][4],a[4][3];
    int i,j,r,c,max;
    //输入并输出原始矩阵中的内容
    printf("\n 原始矩阵为：\n");
    for(i=0;i<3;i++)
    {
        for(j=0;j<4;j++)
        {
            scanf("%d",&s[i][j]);
            printf("%4d",s[i][j]);
        }
        printf("\n");
    }
    //计算原始矩阵的转置矩阵
    for(i=0;i<4;i++)
        for(j=0;j<3;j++)
            a[i][j]=s[j][i];
    //输出转置后的矩阵中的内容
    printf("\n 转置后的矩阵为：\n");
    for(i=0;i<4;i++)
    {
        for(j=0;j<3;j++)
            printf("%4d",a[i][j]);
        printf("\n");
    }
}
```

运行上面的程序，输入的原始矩阵如下：

```
84  13  75  63
21  87  59  98
42  91  67  30
```

输出结果如下：

```
原始矩阵为：
84  13  75  63
21  87  59  98
42  91  67  30
转置后的矩阵为：
84  21  42
13  87  91
75  59  67
63  98  30
```

7.4 字符数组与字符串

字符数组用来存放字符常量，在 C 语言中，经常用字符数组来实现字符串的各种操作。

7.4.1　字符数组的定义与初始化

1．字符数组的定义

定义字符数组的形式与前面介绍的定义数值数组的形式相同。定义一维字符数组的一般形式如下：

```
存储类型说明符 char 数组名[下标]
```

定义二维字符数组的一般形式如下：

```
存储类型说明符 char 数组名[下标][下标]
```

示例如下：

```
static char c[10];          //一维字符数组
char s[5][10];              //二维字符数组
```

2．字符数组的初始化

字符数组也允许在定义时进行初始化赋值，字符数组初始化赋值的形式和数值数组初始化赋值的形式相同。示例如下：

```
char c[10]={'W','e','l','c','o','m','e'};
```

经过上述语句初始化赋值后，各元素的值为c[0]='W'、c[1]='e'、c[2]='l'、c[3]='c'、c[4]='o'、c[5]='m'、c[6]='e'，由于c[7]、c[8]、c[9]未被赋值，因此系统会自动对这3个元素赋0值。

当对字符数组中的全体元素赋初始值时，也可以省去长度说明。示例如下：

```
char c[]={'W','e','l','c','o','m','e'};
```

这时数组c的长度自动定为7。

二维字符数组初始化赋值的形式和二维数值数组初始化赋值的形式相同。示例如下：

```
char a[][12]={{'V','i','s','u','a','l',' ','b','a','s','i','c'},{'V','i',
's','u','a','l',' ','C','+','+'}};
```

由于上述语句为二维字符数组中所有的行都赋初始值，因此，行下标的长度可以省略。

7.4.2　字符串的概念及存储

在C语言中没有专门的字符串变量，通常用一个字符数组来存放一个字符串。在2.2.1节中介绍字符串常量时，已说明字符串总是以'\0'作为结束符。因此，当把一个字符串存入一个数组时，也会把结束符'\0'存入数组，并以此作为该字符串是否结束的标志。在程序设计中，经常通过'\0'标志作为遍历字符串的结束条件，不必再用字符数组的长度来遍历字符串。

C语言允许用字符串的方式对数组进行初始化赋值。示例如下：

```
char c[]={'W','e','l','c','o','m','e'};
```

上述语句也可以写为以下形式：

```
char c[]={"Welcome"};
```

或者去掉"{}"写为以下形式：

```
char c[]="Welcome";
```

由于在用字符串方式为字符数组赋初始值时，系统会自动为字符串增加结束符'\0'，因此，用字符串方式赋值比用逐个字符方式赋值要多占用1字节的存储空间。示例如下：

```
char c[]={'W','e','l','c','o','m','e'};
```

使用上述形式定义的数组的长度为 7。又如：
```
char c[]="Welcome";
```
使用上述形式定义的数组的长度为 8。

逐个字符初始化赋值和字符串初始化赋值的存储示意图分别如图 7-1（a）和 7-1（b）所示。

图 7-1　逐个字符初始化赋值和字符串初始化赋值的存储示意图

由于采用了'\0'标志，因此在用字符串方式赋初始值时一般无须指定数组的长度，而由系统自行处理。在用字符串方式赋初始值后，字符数组的输入和输出将变得简单方便。除了上述用字符串方式赋初始值的办法外，还可以用 scanf 函数和 printf 函数一次性输入与输出一个字符数组中的字符串，而不必使用循环语句逐个输入与输出每个字符。

【例 7-9】用户输入一个姓名，如 Tom，输出"欢迎你，Tom"。

```
#include <stdio.h>
void main()
{
    char name[10];
    printf("\n 请输入姓名: ");
    scanf("%s",name);
    printf("\n 欢迎你, %s\n",name);
}
```

在上例中，使用格式控制字符串"%s"表示输入/输出字符串。在 scanf 函数中输入一个字符串时，由于数组 name 本身就表示数组的首地址，因此不需要使用地址符&。在 printf 函数中输出字符数组时，输出列表项给出数组名即可，不能写为"printf("%s",c[]);"。

7.4.3　字符数组的输入与输出

1. 字符数组的输入

在 C 语言中，字符数组的输入方法有两种：scanf 函数和 gets 函数。

1）scanf 函数

利用 scanf 函数中的格式控制字符串"%s"，可以直接输入一个字符数组的内容。示例如下：

```
char s[7];
scanf("%s",s);
```

在输入字符串时，系统会自动为字符数组加上结束符'\0'。例如，输入"Hello"，则字符数组 s 中的内容在内存中的存储结果如图 7-2 所示。

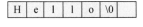

图 7-2　字符串结束符

注意:

在利用 scanf 函数输入字符串时，字符串的输入结束标志为回车符或空格，因此，利用 scanf 函数无法输入带有空格的字符串。

示例如下：

```
char s[9];
scanf("%s",s);
```

在输入字符串时，如果输入"How do you do?"，则字符数组 s 中的内容为"How"，因为当 scanf 函数遇到"How"后面的空格时，会认为输入已经结束。字符数组 s 中的内容在内存中的存储结果如图 7-3 所示。

图 7-3 以空格结束 scanf 函数的输入

2）gets 函数

gets 函数用于从键盘上输入一个字符串，该函数的一般形式如下：

```
gets(字符数组名);
```

gets 函数包含在 stdio.h 函数库中，在输入字符串时，以回车符作为字符串结束标志，也就是说，gets 函数可以输入包含空格的字符串，这一点和 scanf 函数是不同的。示例如下：

```
char s[15];
gets(s);
```

在输入字符串时，如果输入"How are you!"，则字符数组 s 中的内容为"How are you!"。

2．字符数组的输出

在 C 语言中，字符数组的输出也有两种方法：printf 函数和 puts 函数。

1）printf 函数

利用 printf 函数中的格式控制字符串"%s"，可以直接输出一个字符数组中的内容。示例如下：

```
char s[]="how are you!"
printf("%s",s);
```

2）puts 函数

puts 函数用于把字符数组中的字符串输出到显示器，该函数的一般形式如下：

```
puts(字符数组名);
```

示例如下：

```
puts("hello how are you");

char s[]="how are you";
puts(s);
```

在利用 printf 函数和 puts 函数输出字符数组时，将逐个输出字符数组中的各个字符（包括空格字符），直到遇到结束符'\0'。

 注意:

在利用 puts 函数输出字符数组时，系统会自动将字符串的结束符转变为'\n'字符。

示例如下:
```
puts("Hello");
puts("How are you");
```
上面程序的输出结果如下:
```
Hello
How are you
```

7.4.4　字符串处理函数

C 语言提供了丰富的字符串处理函数,包括字符串的复制、比较、转换、连接等,使用这些函数可以大大减轻编程的负担。这些字符串函数被包含在 string.h 头文件中。下面介绍几个常用的字符串函数。

1. strlen 函数

strlen 函数用于计算字符串的长度,该函数的一般形式如下:
```
strlen(<字符数组>)
```

注意:

在使用 strlen 函数求一个字符串的长度时,返回的是字符串的实际长度,不包括字符串结束符'\0'。

示例如下:
```
char s[10]="welcome";
int n;
n=strlen(s)
printf("%d",n);
```
上面程序的输出结果不是“10”,也不是“8”,而是“7”。

strlen 函数也可以计算字符串常量的长度。示例如下:
```
int n;
n=strlen("how are you");
printf("%d",n);
```
上面程序的输出结果是“11”。

2. strcpy 函数

strcpy 函数用于把一个字符串中的字符复制到另一个字符数组中(字符串结束符'\0'也一同复制),该函数的一般形式如下:
```
strcpy(<目标字符数组>,<字符串>)
```
其中,“<字符串>”既可以是字符数组,也可以是字符串常量。示例如下:
```
char t[20],s[20]="How are you";
strcpy(t,s);
puts(t);
strcpy(t,"Welcome");
puts(t);
```
上面程序的输出结果如下:
```
How are you
Welcome
```

在使用 strcpy 函数时应注意以下 3 点：

（1）"<目标字符数组>"的长度必须定义的足够大，以便容纳被复制的字符串。

（2）在复制字符串时，字符串后面的'\0'被一起复制到"<目标字符数组>"中。

（3）在 C 语言中，不允许将一个字符串常量或字符数组中的内容直接通过赋值语句赋给另一个数组，只能通过 strcpy 函数来实现。示例如下：

```
char t[20],s[20]="how are you";
t=s;            //不能将一个数组中的内容直接赋给另一个数组
t="hello";       //不能将一个字符串常量直接赋给一个字符数组
```

上面的赋值方法都是错误的。

3．strcat 函数

strcat 函数用于把一个字符串中的字符连接到一个字符数组原有字符的后面，该函数的一般形式如下：

```
strcat(<字符数组 1>,<字符串 2>)
```

其中，"<字符串 2>"既可以是字符数组，也可以是字符串常量。示例如下：

```
char s[20]="How";
char t[20]=" do you do?";
char r[20]="Welcome";
strcat(s,t);
puts(s);
strcat(r," Tom");
puts(r);
```

上面程序的输出结果如下：

```
How do you do?
Welcome Tom
```

在使用 strcat 函数时应注意以下两点：

（1）"<字符数组 1>"的长度必须定义的足够大，以便容纳连接后的新字符串。

（2）在连接字符串时，系统会自动删除"<字符数组 1>"后面的结束符'\0'。示例如下：

```
char s[20]="How";
char t[20]=" do you do?";
strcat(s,t);
```

上面的字符数组在连接时，字符数组的存储情况如图 7-4 所示。

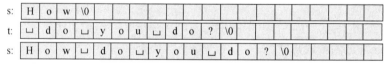

图 7-4　使用 strcat 函数连接字符串的结果

4．strcmp 函数

strcmp 函数用于按照字符对应的 ASCII 码顺序比较两个字符串的大小，该函数的一般形式如下：

```
n=strcmp(<字符串 1>,<字符串 2>)
```

其中，函数返回值 n 的取值情况为：如果 n==0，则字符串 1=字符串 2；如果 n>0，则字符串 1>字符串 2；如果 n<0，则字符串 1<字符串 2。"<字符串 1>"和"<字符串 2>"既可以是字符数组，也可以是字符串常量。示例如下：

```
void main()
{
    char s1[10];
    char s2[10];
    int n;
    gets(s1);
    gets(s2);
    n=strcmp(s1,s2);
    if(n>0)
        printf("%s>%s\n",s1,s2);
    else if(n<0)
        printf("%s>%s\n",s1,s2);
    else
        printf("%s==%s\n",s1,s2);
}
```

运行上面的程序，输入的内容如下：

```
Hello
Welcome
```

输出结果如下：

```
Hello<Welcome
```

5. strlwr 函数

strlwr 函数用于将一个字符串中的字符转换为小写字符，该函数的一般形式如下：

```
strlwr(<字符串>)
```

其中，函数的返回值为转换后的字符串的首地址。示例如下：

```
char s[20]="HELLO";
strcpy(s,strlwr(s));
puts(s);
```

上面程序的输出结果如下：

```
hello
```

6. strupr 函数

strupr 函数用于将一个字符串中的字符转换为大写字符，该函数的一般形式如下：

```
strupr(<字符串>)
```

其中，函数的返回值为转换后的字符串的首地址。示例如下：

```
char s[20]="hello";
strcpy(s,strupr(s));
puts(s);
```

上面程序的输出结果如下：

```
HELLO
```

7.4.5 字符数组的应用

【例 7-10】输入 5 名学生的姓名，按照 ASCII 码顺序找出姓名最大（按 ASCII 码比较）的学生。

分析：

（1）输入 5 名学生的姓名，并将这些姓名放入一个二维字符数组 names 中。

（2）定义 maxpos 的类型为整型，保存最大姓名的数组下标，初始值为 0，然后用这个最大的姓名和其他姓名进行比较，如果其他姓名比最大的姓名大，则 maxpos 存放这个姓名的数组下标。

（3）输出 names[maxpos]，即姓名最大的学生。

程序代码如下：

```c
#include <stdio.h>
#include <string.h>
void main()
{
    char names[5][20];
    int i;
    int maxpos;          //保存最大姓名的数组下标
    printf("\n请输入 5 个姓名：\n");
    for(i=0;i<5;i++)
        gets(names[i]);
    maxpos=0;
    for(i=0;i<5;i++)
        //如果第 i 个姓名比最大的姓名大
        if(strcmp(names[i],names[maxpos])>0)
            maxpos=i;
    printf("\n姓名最大（ASCII 码顺序）的学生为：");
    puts(names[maxpos]);
}
```

运行上面的程序，输入的姓名如下：

```
Tom
Jack
Bush
Susan
George
```

输出结果如下：

```
姓名最大（ASCII 码顺序）的学生为：Tom
```

【例 7-11】 输入一个字符串，将字符串中的所有数字字符按顺序提取出来转换为一个整数。例如，输入 "hello,how2 are3 you4!5"，则输出结果为整数 "2345"。

分析：

（1）输入一个字符串到字符数组 s 中。

（2）遍历字符数组 s 中的字符 c，如果字符 c 为数字字符，即 c>='0'&&c<='9'，则将数字字符转换为对应的整数，转换的方法为：用数字字符减去字符'0'，即 m=c-'0'，在计算最终结果 n 时，可以采用 n=n*10+m 的方法，即每出现一个数字就让原来的数字乘以 10 再加上该数字，其中 n 的初始值为 0。

（3）输出最终结果 n。

程序代码如下：

```c
#include <stdio.h>
#include <string.h>
void main()
{
```

```
        char c,s[80];
        long n=0;
        int m,i=0;
        printf("\n请输入一个带有数字的字符串: ");
        gets(s);
        while((c=s[i])!='\0')
        {
            if(c>='0'&&c<='9')
            {
                m=c-'0';
                n=n*10+m;
            }
            i++;
        }
        printf("提取的数字为: %ld\n",n);
}
```

运行上面的程序，输入的字符串如下：

```
Hello1 how2 are3 you4,wel5come.
```

输出结果如下：

```
提取的数字为: 12345
```

> **思考：**
>
> （1）在上面的程序中，为什么保存最终数字的变量 n 的类型要被定义为长整型，如果变量 n 的类型被定义为整型，那么会出现什么问题呢？
>
> （2）在遍历字符数组时，除了可以使用字符串结束符'\0'方法，还可以使用什么条件遍历一个字符数组呢？

7.5　数组作为函数参数

数组作为函数参数的应用非常广泛。数组作为函数参数主要有两种情况：一种是数组元素作为函数的实参，另一种是数组名作为函数参数。

1．数组元素作为函数的实参

数组元素就是下标变量，它与普通变量并无区别。因此，当数组元素作为函数的实参时，与普通的变量参数是完全相同的，在发生函数调用时，把作为实参的数组元素的值传递给形参，实现单向的值传递。

【例 7-12】输入 10 个整数，并将这些整数放入数组中，求数组中元素的值的最大值。

分析：

（1）利用 for 循环输入 10 个整数，并将这些整数放入数组 a 中。

（2）在求最大值时，多次用假定的最大值 m 和其他元素的值进行比较，因此，编写一个计算两个数中最大值的函数 max(int a,int b)。

（3）在 main 函数中调用 max 函数，依次求假定最大值 m 和第 i 个元素的值中的最大值。

程序代码如下：

```
#include <stdio.h>
int max(int a,int b)   //计算两个数中的最大值
{
    if(a>b)
        return a;
    else
        return b;
}
void main()
{
    int i,m,s[10];
        for(i=0;i<10;i++)
    {
        scanf("%d",&s[i]);
        printf("%5d",s[i]);
    }
    m=s[0];        //假定第1个元素的值为最大值
    for(i=0;i<10;i++)
        //计算假定最大值m和s[i]的值中的最大值，将结果作为最大值
        m=max(m,s[i]);
    printf("\n最大值为：%d\n",m);
}
```

运行上面的程序，输入的整数如下：

67 30 37 38 26 17 55 8 70 34

输出结果如下：

最大值为：70

在上面的程序中，首先定义一个计算两个数中最大值的函数 max，然后在 main 函数中用 for 循环语句调用 max 函数，并把假定最大值 m 传递给形参 a，把 s[i]的值传递给形参 b，供 max 函数使用。

2. 数组名作为函数参数

用数组名作为函数参数与用数组元素作为函数的实参之间有以下两点不同：

（1）当用数组元素作为函数的实参时，只要数组类型和函数形参变量的类型一致，那么作为下标变量的数组元素的类型也和函数形参变量的类型是一致的。因此，并不要求函数的形参也是下标变量。也就是说，对数组元素的处理是按照普通变量对待的。当用数组名作为函数参数时，则要求形参和相对应的实参都必须是类型相同、维数相同的数组，都必须有明确的数组说明。当形参和实参二者不一致时，就会发生错误。

（2）当用普通变量或下标变量作为函数参数时，形参变量和实参变量之间进行的传递是值传递，即在函数调用时，将实参的值传递给对应的形参变量，如果在函数内部对形参进行修改，则不会影响实参的值。当用数组名作为函数参数时，形参变量和实参变量之间进行的传递是地址传递，即实参数组不是把每一个元素的值都赋给形参数组中的各个元素，而是将实参数组的首地址赋给形参数组名。形参数组名取得该首地址之后，实际上是和实参数组为同一数组，因此，在函数内部对形参数组的任何修改都会直接影响实参数组中的内容。

【例 7-13】编写程序，将数组中的内容首尾对调，并输出对调前后数组中的内容。

分析：

（1）由于程序中两次输出数组内容，因此需要编写一个输出一个数组内容的函数。

（2）编写一个函数，将数组内容首尾对调，对调思路在前面已经介绍过，即 n 个数需要 n/2 次对调，第 i 个元素和第 n-1-i 个元素对调。

程序代码如下：

```c
#include <stdio.h>
void output(int a[],int n)      //参数：a[]为输出的数组，n 为数组元素的个数
{
    int i;
    for(i=0;i<n;i++)
        printf("%5d",a[i]);
    printf("\n");
}
void convert(int a[],int n)     //参数：a[]为对调的数组，n 为数组元素的个数
{
    int i,t;
    for(i=0;i<n/2;i++)
    {
        t=a[i];
        a[i]=a[n-1-i];
        a[n-1-i]=t;
    }
}
void main()
{
    int a[10],i;
    printf("\n 请输入 10 个整数: ");
    for(i=0;i<10;i++)
        scanf("%d",&a[i]);
    printf("\n 对调前的数组元素为: \n");
    output(a,10);
    convert(a,10);
    printf("\n 对调后的数组元素为: \n");
    output(a,10);
}
```

运行上面的程序，输入的整数如下：

```
10   9   8   7   6   5   4   3   2   1
```

输出结果如下：

```
对调前的数组元素为:
10   9   8   7   6   5   4   3   2   1
对调后的数组元素为:
 1   2   3   4   5   6   7   8   9  10
```

当用数组名作为函数参数时，应注意以下 4 点：

（1）实参数组与形参数组的类型和维数要一致。

（2）实参数组与形参数组的大小可以不一致。C 语言程序编译时不检查形参大小，如果要得到实参数组的全部元素，则形参数组的大小应不小于实参数组的大小。

（3）一维形参数组可以不指定大小，在定义数组时，在数组名后跟一个空的方括号。为了在被调函数中处理数组的需要，可以另设一个参数来传递数组元素的个数。

（4）当二维数组作为函数的形参时，只有第一维的大小可以省略，第二维的大小必须指定。

7.6 精彩案例

本节主要介绍有关数组和字符串的一些精彩案例，具体包含身份证号校验、字符串连接、删除字符和统计单词个数这 4 个案例。

7.6.1 身份证号校验

【例 7-14】输入一个 18 位的身份证号，验证身份证号是否正确。

分析：

（1）输入身份证号，并将其存放到一个字符数组中。

（2）通过循环将前 17 位数字字符转换成对应的数字，然后将各位数字乘以对应的运算基数，计算前 17 位数字运算结果的和并放入变量 sum 中。

（3）将变量 sum 的值对 17 求余，并根据余数计算第 18 位的数字或字符。

（4）通过比较运算完的第 18 位结果和输入的第 18 位字符是否相同，判断结果身份证号是否正确。

程序代码如下：

```
#include <stdio.h>
#include <string.h>
void main()
{
    int i;        /*身份证号的第 i 位*/
    char s1[18];  /*身份证号字符串*/
    int s;        /*存放每位数字字符对应的整数*/
    int t[17];    /*各位相乘后的数组*/
    int m;        /*余数*/
    char t18;     /*身份证号的第 18 位*/
    long int sum=0;
    int error=0;  /*是否出错：0 表示无错误，1 表示有错误*/

    printf("请输入一个 18 位身份证号：");
    gets(s1);
    if(strlen(s1)!=18)
    {
        printf("身份证号位数不正确");
        return;
    }

    for(i=0;i<17;i++)
    {
```

```
        s=s1[i]-'0';//将前17位数字字符转换为对应的数字
        switch(i+1)
        {
/*身份证号的第1位到第17位要乘的数依次是7、9、10、5、8、4、2、1、6、3、7、9、
10、5、8、4、2*/
            case 1:t[i]=s*7;break;
            case 2:t[i]=s*9;break;
            case 3:t[i]=s*10;break;
            case 4:t[i]=s*5;break;
            case 5:t[i]=s*8;break;
            case 6:t[i]=s*4;break;
            case 7:t[i]=s*2;break;
            case 8:t[i]=s*1;break;
            case 9:t[i]=s*6;break;
            case 10:t[i]=s*3;break;
            case 11:t[i]=s*7;break;
            case 12:t[i]=s*9;break;
            case 13:t[i]=s*10;break;
            case 14:t[i]=s*5;break;
            case 15:t[i]=s*8;break;
            case 16:t[i]=s*4;break;
            case 17:t[i]=s*2;break;
        }
        sum=sum+t[i];

    }
    printf("前17位数字运算结果的和为：%ld\n",sum);
    m=sum%17;
    printf("前17位数字运算结果的和对17求余后的值为：%d",m);
    switch(m)
    {
/*各个余数所对应的第18位身份证号分别是1、0、X、9、8、7、6、5、4、3、2*/
        case 0:t18='1';break;
        case 1:t18='0';break;
        case 2:t18='X';break;
        case 3:t18='9';break;
        case 4:t18='8';break;
        case 5:t18='7';break;
        case 6:t18='6';break;
        case 7:t18='5';break;
        case 8:t18='4';break;
        case 9:t18='3';break;
        case 10:t18='2';break;
        default:
            printf("这不是一个合法的身份证号码");
            error=1;
    }
    if(error==0)
    {
        if(t18==s1[17])
        {
            error=0;
        }
```

```
        else
         {
            error=1;
         }
    }
    if(error==0)
    {
      printf("您的身份证号合法\n");
    }
    else
    {
      printf("您的身份证号不合法\n");
    }
    printf("\n");
}
```

7.6.2 字符串连接

【例7-15】不用strcat函数，编写一个将字符串2连接到字符串1的程序（可以使用strlen函数）。

分析：

（1）输入两个字符串，并将这两个字符串分别存放到字符数组s1和s2中。

（2）用strlen函数计算字符数组s1的长度n。

（3）遍历字符数组s2，并将其中的字符存放到s1[n+i]中。

程序代码如下：

```
#include <stdio.h>
#include <string.h>
void my_cat(char s1[],char s2[])
{
    int n,i;
    n=strlen(s1);
    for(i=0;s2[i]!='\0';i++)
        s1[n+i]=s2[i];
    s1[n+i]='\0';      //为字符串s1添加结束符'\0'
}
void main()
{
    char s1[80],s2[80];
    printf("\n请输入字符串1：");
    gets(s1);
    printf("\n请输入字符串2：");
    gets(s2);
    my_cat(s1,s2);
    printf("\n连接后的结果为：%s\n",s1);
}
```

运行上面的程序，输入的字符串如下：

```
Hello
how are you!
```

输出结果如下：

连接后的结果为: Hello how are you!

7.6.3　删除字符

【例 7-16】用户输入一个字符串和一个字符，删除字符串中用户输入的字符。例如，输入的字符串为"****A*BC*DEF*G********"，输入的字符为'*'，删除字符串中的"*"字符后，字符串中的内容应当为"ABCDEFG"。

分析：

（1）输入一个字符串并将其存放到字符数组 s 中，输入一个字符并将其存放到变量 c 中。

（2）编写函数 deletechar，函数的参数为一个字符数组 s 和一个指定的字符 c。

（3）在 deletechar 函数中，用变量 n 遍历字符数组 s，由于指定字符将被删除，后续字符将被前移，因此用一个变量 p 表示现在保存字符的位置。在遍历过程中，如果 s[n]!=c，则 s[p]=s[n]，并将变量 p 的值加 1。

程序代码如下：

```c
#include <stdio.h>
void deletechar(char s[],char c)//参数：s 存放字符串，c 存放要删除的字符
{
    int n,p=0;
    for(n=0;s[n]!='\0';n++)
        if(s[n]!=c)
        {
            s[p]=s[n];
            p++;
        }
    s[p]='\0';          //给字符数组添加结束符'\0'
}
void main()
{
    char s[80],c;
    printf("\n请输入一个字符串: ");
    gets(s);
    printf("\n请输入要删除的字符: ");
    c=getchar();
    deletechar(s,c);
    printf("\n删除后的结果为: %s\n",s);
}
```

运行上面的程序，输入的字符串和字符分别如下：

Hello how are you doing now?
o

输出结果如下：

删除后的结果为: Hell hw are yu ding nw?

7.6.4 统计单词个数

【例7-17】输入一个字符串，统计其中单词的个数，单词之间用一个或多个空格隔开。例如，输入的字符串为"welcome to C world"，则统计结果为4。

分析：

（1）输入一个字符串，并将其存放到字符数组 s 中。

（2）定义 int count_words(char s[])函数，用于统计字符数组 s 中的单词个数。

（3）统计单词个数的方法为：如果前一个字符是空格且当前字符不是空格，则单词个数加 1，由于第一个单词之前可能没有空格，因此单词开始标记 start 的初始值为 1，表示前一个字符是空格。

（4）在 count_words 函数中，定义单词开始标记 start=1，遍历数组 s 中的字符。如果当前字符不是空格且前一个字符是空格（start==1），则单词计数变量 count++，并且将 start=0（已经不是单词开始）；如果当前字符是空格，则将 start=1。

程序代码如下：

```c
#include <stdio.h>
int count_words(char s[])
{
    int start=1,count=0,n;
    for(n=0;s[n]!='\0';n++)
        if(s[n]!=' ')              //如果当前字符不是空格
        {
            if(start==1)           //并且前一个字符是空格
            {
                count++;
                start=0;
            }
        }
        else                       //当前字符是空格，表示下一个字符的前一个字符是空格
            start=1;
    return count;

}
void main()
{
    char s[80];
    int count;
    printf("\n请输入一个字符串：");
    gets(s);
    count=count_words(s);
    printf("\n\"%s\"中共有%d个单词\n",s,count);
}
```

运行上面的程序，输入的字符串如下：

```
Hello what are you doing now?
```

输出结果如下：

```
"Hello what are you doing now?"中共有6个单词
```

本 章 小 结

本章介绍了一维数组、二维数组、字符数组的定义和应用，以及常用的字符串函数的应用，并介绍了数组作为函数参数的两种情况和案例。

一维数组主要用来表示线性结构的数据，如学生成绩等。二维数组主要用来存储二维表格结构的数据，如数学中的矩阵、学生的 5 科成绩等。字符数组主要用来表示字符串，如一段文字等。

关于数组的应用，应该注意以下知识点：

（1）定义数组的形式如下：

> 存储类型说明符　类型说明符　数组名 [下标] [下标]...

其中，下标必须为常量或常量表达式。

（2）数值数组必须通过循环方式实现输入与输出，而字符数组则可以通过 gets、puts、scanf、printf 函数实现输入与输出。

（3）数组必须先定义，后使用。

常用的字符串函数包括 strlen、strcpy、strcat、strcmp、strlwr、strupr 函数，这些函数都被包含在 <string.h> 函数库中。

当数组作为函数参数时，分成以下两种情况：

（1）当数组元素作为函数的实参时，和普通的变量参数没有区别，是单向的值传递。

（2）当数组名作为函数参数时，形参和实参要求必须都是数组，并且类型和维数必须一致，同时数组的第一维可以省略，参数的传递方式为地址传递。

通过对本章内容的学习，读者应该掌握一维数组、二维数组、字符数组及常用的字符串函数的应用，并掌握数组作为函数参数的两种情况及应用。

习 题

一、选择题

1. 在 C 语言中，当引用数组元素时，其数组下标的数据类型允许是（　　）。

A．整型常量　　　　　　　　　　B．整型表达式

C．整型常量或整型表达式　　　　D．任何类型表达式

2. 如果有说明"int a[10];"，则对数组 a 中元素的正确引用是（　　）。

A．a[10]　　　　　B．a[3,5]　　　　C．a(5)　　　　D．a[10-10]

3. 如果二维数组 a 有 m 列，则在 a[i][j] 前的元素个数为（　　）。

A．j*m+i　　　　　B．i*m+j　　　　C．i*m+j-1　　　　D．i*m+j+1

4. 下列各语句定义了数组，其中哪一个是不正确的？（　　）

A．char a[3][10]={"China","American","Asia"};

B．int x[2][2]={1,2,3,4};

C．float x[2][]={1,2,4,6,8,10};

D．int m[][3]={1,2,3,4,5,6};

5．判断字符串 s1 是否大于字符串 s2，应当使用（　　　）。

A．if(s1>s2)   B．if(strcmp(s1,s2)<0)

C．if(strcmp(s2,s1)>0)   D．if(strcmp(s1,s2)>0)

6．下面程序的运行结果是（　　　）。

```c
#include <stdio.h>
void main()
{
    char str[]="SSSWLIA",c;
    int k;
    for(k=2;(c=str[k])!='\0';k++)
    {
        switch(c)
        {
            case 'I':++k;break;
            case 'L':continue;
            default:putchar(c);continue;
        }
        putchar('*');
    }
}
```

A．SSW*   B．SW*   C．SW*A   D．SW

二、编程题

1．有一个具有 10 个元素的数组，并且这些元素的值均为整数，编写函数 max，找出这个数组中元素的值的最大值。

2．编写程序打印如下杨辉三角形：

1

1 1

1 2 1

1 3 3 1

1 4 6 4 1

1 5 10 10 5 1

1 6 15 20 15 6 1

3．输入一行文字，要求将其中的每个单词的首字母由小写形式改为大写形式，单词之间用一个或多个空格隔开。需要注意的是，如果单词的首字符不是字母或已经是大写字母就不用改了。例如，输入"Hello my telephone number is 34567"，输出结果为"Hello My Telephone Number Is 34567"。

第 **8** 章

指针

指针是 C 语言中被广泛使用的一种数据类型，也是 C 语言的精华。利用指针变量不仅可以表示各种数据结构，还可以很方便地访问数组和字符串，也可以像汇编语言一样处理内存地址，从而编写出精练而高效的程序。指针极大地丰富了 C 语言的功能。学习指针是 C 语言学习中重要的一环，能否正确理解和使用指针是我们是否掌握 C 语言的一个标志。同时，由于指针使用比较灵活，概念较复杂，初学者往往感到较难理解，使用不好反而会带来一些麻烦，因此，初学者在学习中除了要正确理解基本概念，还要通过多练习编程和上机调试程序来体会指针的概念及其使用方法。

本章重点：

- ☑ 指向变量指针的应用
- ☑ 指向数组指针的应用
- ☑ 指向字符串指针的应用
- ☑ 指针作为函数的参数

8.1 指针与指针变量

指针不仅是 C 语言中的重要概念，也是 C 语言程序设计灵活的又一体现。本节主要介绍指针的概念和指向变量的指针。

8.1.1 指针的概念

在计算机中，所有的数据都是存放在存储器中的，一般把存储器中的一个字节称为一个内存单元，不同类型的数据所占用的内存单元数不等。为了正确访问这些内存单元，必须为每个内存单元编上号。根据一个内存单元的编号即可准确找到该内存单元。内存单元的编号也被称为内存地址。既然根据内存单元的编号或地址就可以找到所需的内存单元，所以通常也把这个地址称为指针。内存单元的指针和内存单元的内容是两个不同的概念。可以用一个通俗的例子来说明它们之间的关系。客人到宾馆去住宿，宾馆的房间号就可以理解为指针，即入住客人的地址，入住的客人就是这个地址里的内容。对于一个内存单元来说，内存单元的地址就是指针，其中存放的数据才是该内存单元中的内容。在 C 语言中，允许用一个变量来存放指针，这种变量称为指针变量。因此，一个指针变量的值就是某个内存单元的地址，或者将其称为某内存单元的指针。例如，有下列定义语句：

```
int a=100;
char b='A',c='a';
float x=198.76;
```

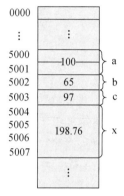

图 8-1 存储空间分配示意图

由于变量 a 为整型变量，因此在内存中占 2 字节，存储的内容为"100"；由于变量 b 和 c 为字符型变量，因此在内存中各占 1 字节，由于'A'对应的 ASCII 码值为 65，'a'对应的 ASCII 码值为 97，因此变量 b 和 c 存储的内容分别为"65"和"97"；由于变量 x 为浮点型变量，因此在内存中占 4 字节，存储的内容为"198.76"。这些变量在内存中的存储空间分配示意图如图 8-1 所示。

严格地说，一个指针是一个内存地址，在上述例子中，变量 a 的存储地址是 5000，变量 b 的存储地址是 5002，变量 c 的存储地址是 5003，变量 x 的存储地址是 5004，这些地址都可以被理解为是一个指针。

一个指针变量可以被赋予不同的指针值。但我们常把指针变量简称为指针。为了避免混淆，我们约定："指针"是指地址，是常量；"指针变量"是指取值为地址的变量。定义指针的目的是通过指针去访问内存单元。

既然指针变量的值是一个地址，那么这个地址不仅可以是变量的地址，也可以是其他数据结构的地址，如数组、结构体、函数等。在一个指针变量中存放一个数组、结构体或一个函数的首地址有何意义呢？因为数组、结构体或函数都是连续存放的，通过访问指针变量取得了数组、结构体或函数的首地址，也就找到了该数组、结构体或函数。这样一来，凡是出现数组、结构体或函数的地方都可以用一个指针变量来表示，只要该指针变量中存放数组、结构体或函数的首地址即可，这样将会使程序十分清楚，程序本身也精练、高效。

在 C 语言中，一种数据类型或数据结构往往都占有一组连续的内存单元。用"地址"这个概念并不能很好地描述一种数据类型或数据结构，而"指针"虽然实际上也是一个地址，但它却是一个数据结构的首地址，它是"指向"一个数据结构的，因而概念更为清楚，表示更为明确。这也是引入"指针"概念的一个重要原因。

8.1.2 指针变量的定义与初始化

1. 指针变量的定义

指针变量也应遵循"先定义，后使用"的原则。定义指针变量的形式与定义其他变量的形式类似。定义指针变量的一般形式如下：

```
类型说明符 *变量名;
```

其中，"*"表示该变量是一个指针变量，"变量名"就是定义的指针变量名，"类型说明符"表示该指针变量所指向的变量的数据类型。

例如，"int *p;"表示 p 是一个指针变量，它的值是某个整型变量或数组的地址，或者说 p 指向一个整型变量或数组。至于 p 究竟指向哪一个整型变量或数组，则应由向 p 赋值的地址来决定。再如以下示例：

```
long  *p2;      //p2 是指向长整型变量的指针变量
float *p3;      //p3 是指向浮点型变量的指针变量
char  *p4;      //p4 是指向字符型变量的指针变量
```

注意：

> 一个指针变量只能指向同类型的变量，如上述示例中的 p3 只能指向浮点型变量，不能指向其他类型的变量。

2．指针运算符与地址运算符

指针变量可以进行某些运算，但其运算的种类是有限的，它只能进行赋值运算和部分算术运算及关系运算。下面简单介绍一下与指针引用相关的两个运算符。

1）取地址运算符"&"

取地址运算符"&"是单目运算符，其功能是取变量的地址。在 scanf 函数中，我们已经了解并使用了"&"运算符。

2）取内容运算符"*"

取内容运算符"*"是单目运算符，用来表示指针变量所指向的变量，即取地址中的内容。在"*"运算符之后跟的变量必须是指针变量。需要注意的是，指针运算符"*"和指针变量说明中的指针说明符"*"不是一回事。在指针变量说明中，"*"是类型说明符，表示其后的变量类型是指针类型。而表达式中出现的"*"则是一个运算符，用来表示指针变量所指向的变量。示例如下：

```
#include <stdio.h>
void main()
{
    int a=5,*p=&a;
    printf("%d",*p);
}
```

在上面的例子中，定义了指针变量 p，并且指针变量 p 指向了整型变量 a。在"printf("%d",*p);"语句中，"*p"表示指针变量所指向变量的地址中的内容，即变量 a 中的内容。再如以下示例：

```
#include <stdio.h>
void main()
{
    int a;
    int *p=&a;                    //指针变量 p 指向整型变量 a
    scanf("%d",p);                //向 p 指向的变量输入值
    printf("*p=%d,a=%d",*p,*&a);  //输出*p 的值和*&a 的值
}
```

在上例中，指针变量 p 指向了整型变量 a，在 scanf 语句中，将地址列表设置为 p，即将输入的值保存到 p 所指向变量的地址中，即变量 a 的值和*p 的值相同。在 printf 语句中，*&a 的功能为：取变量 a 的地址中的内容，等价于"printf("*p=%d,a=%d",*p,a);"。因此，运

行上面的程序，输入"20"后，输出结果如下：

```
*p=20,a=20
```

3．指针变量的初始化

在定义指针变量后，需要为其设置所指向变量的地址。在 C 语言中，可以在定义指针变量时直接为其设置地址，即指针变量的初始化。示例如下：

```
int a=10,b=20;
int *pa=&a;        //定义指针变量 pa 指向整型变量 a
int *pb=&b;        //定义指针变量 pb 指向整型变量 b
```

在上面的代码中，指针变量 pa 指向了整型变量 a，指针变量 pb 指向了整型变量 b，因此，pa=&a，*pa=a，pb=&b，*pb=b。

8.1.3 指针运算

指针变量可以进行某些运算，但其运算的种类是有限的，它只能进行赋值运算、部分算术运算及关系运算。

1．赋值运算

指针变量的赋值运算有以下几种形式。

（1）指针变量初始化赋值，前面已经进行介绍。

（2）把一个变量的地址赋给指向相同类型变量的指针变量。示例如下：

```
int a=10,*pa;
pa=&a;            //把整型变量 a 的地址赋给整型指针变量 pa
```

在上面的代码中，指针变量 pa 指向了整型变量 a，此时*pa 和 a 等价，都表示变量 a 的值，赋值示意图如图 8-2（a）所示。

（3）把一个指针变量的值赋给指向相同类型变量的另一个指针变量。示例如下：

```
int a=10,*pa=&a,*pb;
pb=pa;            //把整型变量 a 的地址赋给指针变量 pb
```

在上面的代码中，指针变量 pa 指向了整型变量 a，由于 pa 和 pb 均为指向整型变量的指针变量，因此可以互相赋值，将指针变量 pa 保存的地址赋给了指针变量 pb，即指针变量 pa 和指针变量 pb 都指向了整型变量 a，赋值示意图如图 8-2（b）所示。

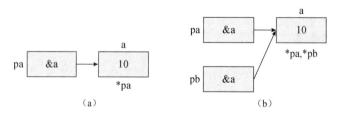

（a）   （b）

图 8-2　指针变量的赋值示意图

> **注意：**
>
> 只有类型相同的指针变量才能互相赋值。

（4）把数组的首地址赋给指向数组的指针变量。示例如下：

```
int a[7],*pa;
```

```
    pa=a;        //数组名表示数组的首地址，因此可以赋给指向数组的指针变量 pa
```

上面代码中的赋值语句也可以写为以下形式：

```
    pa=&a[0]; //数组第一个元素的地址也是整个数组的首地址，也可以赋给指向数组的指针变量 pa
```

当然，也可以用初始化赋值的方法写为以下形式：

```
    int a[7],*pa=a;
```

在上面的代码中，指针变量 pa 指向了数组 a 的首地址，如图 8-3 所示。

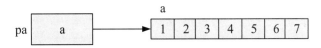

图 8-3　指向数组首地址的指针变量

（5）把字符串的首地址赋给指向字符类型变量的指针变量。示例如下：

```
    char *pc;
    pc="c language";
```

或者用初始化赋值的方法写为以下形式：

```
    char *pc="C Language";
```

这里应说明的是，并不是把整个字符串装入指针变量，而是把存放该字符串的字符数组的首地址装入指针变量（后面章节还将详细介绍这部分内容）。

（6）给指针变量赋空值。

当定义指针变量时，它的值是不确定的，因而指向一个不确定的内存单元，如果这时引用指针变量，则可能产生不可预料的后果。为了避免这些问题的产生，除了上面介绍的给指针变量赋确定的地址值，还可以给指针变量赋空值，说明该指针变量不指向任何变量。

空指针用 NULL 表示，NULL 是在 stdio.h 头文件中定义的常量，值为 0，在使用时应加上包含文件。示例如下：

```
    #include <stdio.h>
    void main()
    {
        int *p;
        p=NULL;
        …
    }
```

注意：

指针变量的值不能是常量地址。例如，假设整型变量 a 的地址为 5000，如果想使指针变量 pa 指向整型变量 a，则只能使用 pa=&a，而不能使用 pa=5000。

【例 8-1】利用指针的方法将两个数按照由小到大的顺序输出。

分析：

（1）定义两个整型变量 a 和 b，定义对应的两个整型指针变量 pa 和 pb，将指针变量 pa 初始化为变量 a 的地址，将指针变量 pb 初始化为变量 b 的地址。

（2）比较 *pa 和 *pb 的大小，如果 *pa 大于 *pb，即变量 a 的值大于变量 b 的值，则将变量 b 的地址赋给指针变量 pa，将变量 a 的地址赋给指针变量 pb。

（3）分别输出指针变量 pa 和 pb 所指向变量的地址中的值。

程序代码如下：

```
#include <stdio.h>
void main()
{
    int a,b;
    int *pa=&a;
    int *pb=&b;
    printf("\n请输入整数 a 和 b: ");
    scanf("%d,%d",pa,pb);
    if(*pa>*pb)
    {
        pa=&b;
        pb=&a;
    }
    printf("\n%d,%d",*pa,*pb);
    printf("\na=%d,b=%d\n",a,b);
}
```

运行上面的程序，输入的整数如下：

```
20,10
```

输出结果如下：

```
10,20
a=20,b=10
```

在上面的程序中，由于指针变量 pa 指向了变量 a，指针变量 pb 指向了变量 b，因此在 scanf 语句中，地址列表 pa 和 pb 分别表示将输入的值保存到变量 a 和变量 b 中，因此，scanf 语句等价于 "scanf("%d,%d",&a,&b);"；条件 "*pa>*pb" 表示 pa 指向内存地址中的值大于 pb 指向内存地址中的值，即等价于变量 a 的值大于变量 b 的值；语句 "pa=&b; pb=&a;" 表示指针变量 pa 指向变量 b 的地址，即较小值的地址，指针变量 pb 指向变量 a 的地址，即较大值的地址，但变量 a 和变量 b 的值没有改变，如图 8-4（a）和图 8-4（b）所示。

图 8-4　指针变量 pa 和 pb 所指向变量地址的变化

2．加减算术运算

对于指向数组的指针变量，可以加上或减去一个整数 n。假设 pa 是指向数组 a 的指针变量，则 pa+n、pa−n、pa++、++pa、pa--、--pa 运算都是合法的。

指针变量加或减一个整数 n 的意义是把指针指向的当前位置（指向某数组元素）向前或向后移动 n 个单元。需要注意的是，数组指针变量向前或向后移动一个位置和地址加 1 或减 1 在概念上是不同的。因为数组可以有不同的类型，各种类型的数组中的元素所占的字节长度是不同的，如由于整型变量在内存中占 2 字节，因此整型指针变量加 1 时相当于实际地址加 2。例如，指针变量加 1，即向后移动 1 个单元，表示指针变量指向下一个数组元素的地址，而不是在原地址的基础上加 1。示例如下：

```
int a[7],*pa;
pa=a;      //pa 指向数组 a，也是指向 a[0]
pa=pa+2;   //pa 指向 a[2]，即 pa 的值为&pa[2]
```

注意：

只能对数组指针变量进行指针变量的加减运算，对指向其他类型变量的指针变量进行加减运算是毫无意义的。

3．关系运算

对指向同一个数组的两个指针变量进行关系运算，可以表示它们所指向的数组元素之间的关系。例如，pf1==pf2 表示 pf1 和 pf2 指向同一个数组元素；pf1>pf2 表示 pf1 处于高地址位置，pf2 处于低地址位置；pf1<pf2 表示 pf1 处于低地址位置，pf2 处于高地址位置。

注意：

在指针变量进行关系运算之前，指针变量必须指向确定的变量或数组，即指针变量必须有值。此外，只有类型相同的指针变量才能进行比较。

8.2　指针与数组

在第 7 章中已经提到，一个数组是由连续的一块内存单元组成的，数组名就是这块连续内存单元的首地址。一个数组也是由各个数组元素（下标变量）组成的，而每个数组元素也都有自己的地址。根据指针的概念，一个指针变量既可以指向一个数组，也可以指向一个数组元素。由于数组元素在内存中是连续存放的，因此利用指向数组或数组元素的指针变量来使用数组将更加灵活、方便。

8.2.1　一维数组的指针表示法

在 C 语言中规定，数组名本身表示数组的首地址，即第一个元素的地址，它是一个常量，不能进行自增或自减运算。指向数组的指针变量和指向变量的指针变量的定义方法是相同的。示例如下：

```
int a[5]={1,2,3,4,5};
int *p;
p=a;
```

在上面的代码中，第 1 行代码定义了一个整型数组 a；第 2 行代码定义了一个整型指针变量 p，用于指向一个整型数组；第 3 行代码将数组 a 的首地址赋给了指针变量 p，这条赋值语句也可以写为以下形式：

```
p=&a[0];
```

执行上述语句后，指针变量 p 指向的内存地址如图 8-5 所示。

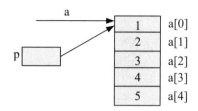

图 8-5 指向一维数组的指针变量

 注意:

数组名 a 是指针常量,而 p 是指针变量。两者虽然此时都指向了数组首地址,但是两者的区别是很明显的。a 是常量,在定义数组时,其值已经确定,不能改变,因此,不能进行 a++、a--、a=a+2 等改变 a 的值的操作。而 p 是指针变量,其值可以改变,可以进行 p++、p--、p=p+3 等操作,分别表示指向当前元素的下一个元素的地址、当前元素的前一个元素的地址和当前元素后面的第 3 个元素的地址。

在 C 语言中,对指向一维数组的指针变量有如下规定:

(1)p+n 与 a+n 表示数组元素 a[n]的地址,即&a[n]。例如,对上述示例中的整个数组 a 来说,共有 5 个元素,n 的取值范围为 0~4,则数组元素的地址就可以表示为 p+0~p+4 或 a+0~a+4,与&a[0]~&a[4]是等价的。

(2)数组元素的表示方法有 a[n]、*(p+n)和*(a+n),三者是等价的。

(3)指向数组的指针变量也可以用数组的下标形式表示为 p[n],其效果相当于*(p+n)。

【例 8-2】利用指针变量表示的地址法输入与输出数组中各个元素的值。

```
#include <stdio.h>
void main()
{
    int i,a[10];
    int *p=a;              //定义时对指针变量进行初始化
    printf("\n请输入 10 个整数: ");
    for(i=0;i<=9;i++)
      scanf("%d",p+i);
    printf("结果为: ");
    for(i=0;i<=9;i++)
      printf("%4d",*(p+i));
    printf("\n");
}
```

运行上面的程序,输入的整数如下:

```
1 2 3 4 5 6 7 8 9 0
```

输出结果如下:

```
结果为:  1  2  3  4  5  6  7  8  9  0
```

【例 8-3】利用数组名表示的地址法输入与输出数组中各个元素的值。

```
void main()
{
    int i,a[10];
    int *p=a; //定义时对指针变量进行初始化
```

```
        printf("\n 请输入 10 个整数: ");
        for(i=0;i<=9;i++)
            scanf("%d",a+i);
        printf("结果为: ");
        for(i=0;i<=9;i++)
            printf("%4d",*(a+i));
        printf("\n");
    }
```

运行上面的程序，输入的整数如下：

```
1 2 3 4 5 6 7 8 9 0
```

输出结果如下：

```
    结果为:    1    2    3    4    5    6    7    8    9    0
```

【例 8-4】利用指针表示的下标法输入与输出数组中各个元素的值。

```
    void main()
    {
        int i,a[10];
        int *p=a;  //定义时对指针变量进行初始化
        printf("\n 请输入 10 个整数: ");
        for(i=0;i<=9;i++)
            scanf("%d",&p[i]);
        printf("结果为: ");
        for(i=0;i<=9;i++)
            printf("%4d",p[i]);
        printf("\n");
    }
```

运行上面的程序，输入的整数如下：

```
1 2 3 4 5 6 7 8 9 0
```

输出结果如下：

```
    结果为:    1    2    3    4    5    6    7    8    9    0
```

【例 8-5】利用指针法输入与输出数组中各个元素的值。

```
    void main()
    {
        int a[10];
        int *p;
        printf("\n 请输入 10 个整数: ");
        for(p=a;p<=a+9;p++)
            scanf("%d",p);
        printf("结果为: ");
        p=a;                //指针变量重新指向数组的首地址
        for(;p<=a+9;p++)
            printf("%4d",*p);
        printf("\n");
    }
```

运行上面的程序，输入的整数如下：

```
1 2 3 4 5 6 7 8 9 0
```

输出结果如下：

```
    结果为:    1    2    3    4    5    6    7    8    9    0
```

通过以上各个例子可以看出，对数组元素的访问可以使用下标法，也可以使用指针法，它们各有特点。

（1）下标法直观，能够直接表明访问的是第几个元素，如 a[3]表示数组的第 4 个元素。而指针法则无法直观地判断当前元素是第几个元素，需要根据指针变量的值来确定，如*p 无法直观地表明是数组的第几个元素。

（2）指针法效率高，并且操作灵活，能够直接根据指针变量中保存的地址访问指向的数组元素。而下标法则需要先计算元素的下标地址，再根据地址访问元素的值。

在使用指向一维数组的指针变量时应注意以下几点：

（1）数组名是常量，不能改变其值，因此无法进行 a++、a--、a=a+2 等操作。

（2）在利用指针变量访问数组元素时，一定要注意指针变量当前的值，尤其是在循环结构中。

（3）指针变量 p++并不表示真实地址加 1，而是表示内存单元加 1，一个内存单元的字节数根据数据类型的不同而不同，如整型数据的内存单元为 2 字节，浮点型数据的内存单元为 4 字节，字符型数据的内存单元为 1 字节。在上面例子的代码中，假定数组 a 的首地址为 5000，p=a，则 p++后，p 指向地址为 5002 的内存单元。

（4）要注意*p++和(*p)++的区别。

*p++表示先读取 p 指向地址中的内容，然后 p 指向下一个元素的地址；(*p)++表示先读取 p 指向地址中的内容，然后 p 指向地址中的内容加 1。示例如下：

```
int a[5]={1,3,5,7,9};
int *p=a;
int b;
b=*p++;
printf("%d,%d",b,*p);
```

在上面的代码中，"b=*p++;"表示先读取*p（第 0 个元素）的内容赋给变量 b，然后 p++，即 p 指向数组的第 1 个元素，因此输出结果为"1,3"。

如果把上面的语句改为"b=(*p)++;"，则表示先读取*p 的内容赋给变量 b，然后*p 的内容加 1，即 a[0]=a[0]+1，所以此时 a[0]等于 2，而此时 p 仍指向第 0 个元素，因此输出结果为"1,2"。

8.2.2 二维数组的指针表示法

1. 二维数组地址的表示方法

由于二维数组也是按数组元素排列的一个连续的存储空间，因此二维数组也可以用指针来表示。

假设有一个整型二维数组 a[3][4]：

0　1　2　3
4　5　6　7
8　9　10　11

在第 7 章中介绍过，C 语言允许把一个二维数组分解为多个一维数组来处理，因此数组 a 可以被分解为 3 个一维数组,即 a[0]、a[1]、a[2],也就是说,我们可以将 a[0]、a[1]、a[2]理解为数组名,因此,a[0]、a[1]、a[2]分别表示第 0 行元素、第 1 行元素和第 2 行元素的首地址。每个一维数组又含有 4 个元素,如数组 a[0]含有 a[0][0]、a[0][1]、a[0][2]、a[0][3]这 4 个元素。

a 是二维数组名,也是二维数组第 0 行的首地址,即等价于 a[0]或&a[0][0]。a[0]是第一个一维数组的数组名和首地址,根据一维数组的表示方法可知,a[0]与*(a+0)是等效的,它表示一维数组 a[0]的首地址。同理,a[1]或*(a+1)是二维数组第 1 行的首地址,a[2]或*(a+2)是二维数组第 2 行的首地址,如图 8-6 所示。

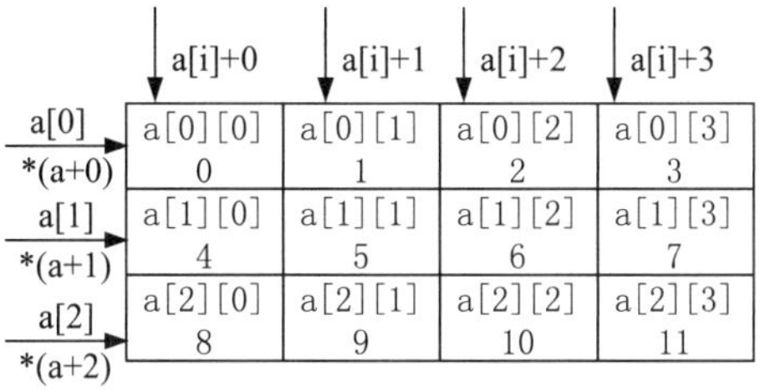

图 8-6 二维数组的地址表示

数组元素的地址如何表示呢?根据前面一维数组地址的表示方法可知,数组元素的地址表示方法为:数组名+数组的下标。因此,第 0 行的第 0 个元素的地址可以表示为 a[0]+0 或*(a+0)+0,第 0 行的第 1 个元素的地址可以表示为 a[0]+1 或*(a+0)+1,第 0 行的第 2 个元素的地址可以表示为 a[0]+2 或*(a+0)+2,第 1 行的各个元素的地址可以分别表示为 a[1]+0 或*(a+1)+0、a[1]+1 或*(a+1)+1、a[1]+2 或*(a+1)+2,即第 i 行的第 j 列元素的地址可以表示为 a[i]+j 或*(a+i)+j(见图 8-6)。

现在我们已经知道了二维数组各个元素的地址表示方法,那么数组元素的值就可以很容易表示出来了。根据指针的概念,知道一个地址后,如果想取地址中的内容,则使用"*"运算符即可,也就是说,a[0][0]可以表示为*(a[0]+0)或*(*(a+0)+0),a[0][1]可以表示为*(a[0]+1)或*(*(a+0)+1),a[i][j]可以表示为*(a[i]+j)或*(*(a+i)+j),这就是二维数组的指针表示方法。

【例 8-6】利用数组地址输入与输出二维数组中各个元素的值。

```
#include <stdio.h>
void main()
{
    int a[3][4];
    int i,j;
    printf("\nPlease input 12 numbers: ");
    for(i=0;i<3;i++)
       for(j=0;j<4;j++)
           scanf("%d",a[i]+j);        //第 i 行第 j 列元素的地址
       printf("\n");
       for(i=0;i<3;i++)
       {
           for(j=0;j<4;j++)
```

```
        printf("%4d",*(*(a+i)+j));      //*(*(a+i)+j)表示第 i 行第 j 列元素的值
        printf("\n");
      }
}
```

运行上面的程序，输入的整数如下：

```
0  1  2  3  4  5  6  7  8  9  10  11
```

输出结果如下：

```
    0   1   2   3
    4   5   6   7
    8   9  10  11
```

在上例中，scanf 语句中使用 a[i]+j 表示第 i 行第 j 列元素的地址，也可以将其改为 *(a+i)+j。在用 printf 语句输出数组元素的值时，也可以将*(*(a+i)+j)改为*(a[i]+j)。

下面总结一下二维数组元素值的表示方法。

（1）下标表示方法：a[i][j]。

（2）指针表示方法：*(*(a+i)+j)。

（3）行用下标表示方法：*(a[i]+j)。

（4）列用下标表示方法：(*(a+i))[j]。

2．指向二维数组的指针变量

指向二维数组的指针变量有两种情况：一是直接指向数组元素的指针变量，二是指向一维数组的指针（也称行指针）。

1）指向数组元素的指针变量

定义指向数组元素的指针变量的形式与定义普通指针变量的形式相同，其类型与二维数组的类型相同。

【例 8-7】利用指向二维数组的指针表示方法输入与输出二维数组中各个元素的值。

```c
#include<stdio.h>
void main()
{
    int a[3][4],*p;
    int i,j;
    p=a[0];
    printf("\n 请输入 12 个整数：");
    for(i=0;i<3;i++)
      for(j=0;j<4;j++)
          scanf("%d",p++);      //指向二维数组的指针表示方法
    p=a[0];
    printf("\n");
    for(i=0;i<3;i++)
    {
        for(j=0;j<4;j++)
          printf("%4d",*p++);
        printf("\n");
    }
}
```

运行上面的程序，输入的整数如下：

```
0  1  2  3  4  5  6  7  8  9  10  11
```

输出结果如下：

```
    0    1    2    3
    4    5    6    7
    8    9   10   11
```

在上面的程序中，由于 a 是一个二维数组，数组中各个元素的地址是连续的，因此可以通过指针变量 p++的方式访问数组中的各个元素。在输入语句完成后，由于指针变量 p 已经指向二维数组 a 的末尾，因此，在输出时必须重新设置指针变量 p 的值为二维数组 a 的首地址，即 p=a[0]。

对指针法而言，程序可以把二维数组看作展开的一维数组，因此，上面的程序可以改为以下形式：

```
void main()
{
    int a[3][4],*p;
    int i;
    p=a[0];
    printf("\n 请输入 12 个整数：");
    for(i=0;i<12;i++)
        scanf("%d",p++);                  //指针的表示方法
    p=a[0];
    printf("\n");
    for(i=0;i<12;i++)
    {
        printf("%4d",*p++);
        if(i%4==3)
            printf("\n");                 //实现每行显示 4 个数的功能
    }
    printf("\n");
}
```

上面程序的输出结果同例 8-7。

2）指向一维数组的指针（也称行指针）

利用行指针可以指向一个二维数组，定义行指针的一般形式如下：

类型说明符 (*指针变量名)[长度];

其中，"类型说明符"表示所指向数组的数据类型；"*"表示其后的变量类型是指针类型；"长度"表示当将二维数组分解为多个一维数组时一维数组的长度，也就是二维数组的列数。需要注意的是，"(*指针变量名)"两边的括号不可缺少，如果缺少括号，则表示是指针数组（本章后面将介绍），意义就完全不同了。示例如下：

int (*p)[4];

上述语句表示 p 是一个指针变量，它指向包含 4 个元素的一维数组。如果指向第一个一维数组 a[0]，则其值等于 a、a[0]或&a[0][0]。而 p+i 则指向一维数组 a[i]。从前面的分析可以得出，*(p+i)+j 是二维数组第 i 行第 j 列元素的地址，而*(*(p+i)+j)则是第 i 行第 j 列元素的值。

【例 8-8】利用指向一维数组的行指针实现二维数组的输出。

```
void main()
{
```

```
int a[3][4]={0,1,2,3,4,5,6,7,8,9,10,11};
int (*p)[4];
int i,j;
p=a;
for(i=0;i<3;i++)
{
    for(j=0;j<4;j++)
        printf("%4d",*(*p+j));    //输出当前行的第 j 列元素
    p++;                          //指向下一行
    printf("\n");
}
}
```

注意:

在例 8-7 中,由于 p 是一个简单的指针变量,因此每输出一个元素后,指针变量 p 都应该加 1,即 p++;而在本例中,由于 p 是一个指向二维数组一行的指针,因此 p 是一个二级指针,p 的单位为行,所以 p++的含义为将 p 指向数组的下一行。

8.3 指针与字符串

8.3.1 字符串的指针表示方法

在第 7 章中介绍过字符数组,即通过数组名来表示字符串,数组名就是数组的首地址,是字符串的起始地址。示例如下:

```
char c[]="Hello";
```

上述语句定义了一个字符数组 c,并赋初始值"Hello",既可以利用 gets 和 puts 函数对字符数组分别进行整体输入与输出,也可以利用 c[0]、c[1]等单独引用字符数组中的内容。字符数组 c 在内存中的存储分配如图 8-7 所示。

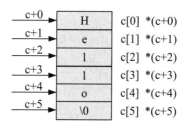

图 8-7　字符数组 c 在内存中的存储分配

现在,将字符数组的名赋给一个指向字符类型数组的指针变量,让字符类型指针变量指向字符串在内存的首地址,这样,对字符串的表示就可以用指针变量来实现了。

定义指向字符串的指针变量的一般形式如下:

```
char *指针变量名;
```

示例如下:

```
char c[]="hello";
char *p=c;
```

这样一来，字符数组 c 就可以用指针变量 p 来表示了，其中"p+i"等价于"c+i"，表示第 i 个字符的地址，因此，可以用*(p+i)或*(c+i)表示第 i 个字符（见图 8-7）。

在使用指向字符串的指针变量时，同样需要指针变量先指向一个地址，然后才能对指针变量进行输入、输出等操作。示例如下：

```
char *s;
gets(s);
```

上面的语句是错误的，因为在输入字符串前，s 并没有指向一个连续的内存空间，所以无法实现字符串的输入功能。

下面通过示例说明如何利用指针变量对字符串进行操作。

【例 8-9】编写程序，利用指针的方式将一个字符串中的指定字符替换为另一个字符。

分析：

（1）输入一个字符串 s、一个被替换字符 c1 和一个替换字符 c2。

（2）将字符串 s 的首地址赋给字符型指针变量 p。

（3）通过 p++的方式遍历字符串，判断当前字符*p 是否等于 c1，如果等于 c1，则将*p 的内容修改为 c2。

程序代码如下：

```
#include <stdio.h>
#include <string.h>
void main()
{
    char s[80],c1,c2;
    char *p=s;
    printf("\nPlease input a string: ");
    gets(s);
    printf("\nPlease input c1,c2: ");
    scanf("%c,%c",&c1,&c2);
    while(*p!='\0')        //遍历字符串
    {
        if(*p==c1)         //判断当前字符是否为 c1
            *p=c2;
        p++;               //指向下一个字符的地址
    }
    puts("\nresult: ");
    puts(s);
}
```

运行上面的程序，输入的字符串和字符分别如下：

```
Hello how are you!
o,*
```

输出结果如下：

```
result: Hell* h*w are y*u!
```

> **思考：** 在上面的程序中，最后在输出字符串时，能否将"puts(s);"语句改为"puts(p);"？

【例 8-10】利用指向字符串的指针实现两个字符串的合并功能。

分析：

（1）输入两个字符串 s1 和 s2。

（2）定义指针变量 ps1 和 ps2，并分别指向字符串 s1 和 s2。

（3）利用循环查找'\0'的方式将指针变量 ps1 指向字符串 s1 的末尾，然后利用指针变量 ps2 遍历字符串 s2 中的所有字符，并利用指针变量 ps2 和 ps1 将字符串 s2 中的字符连接到字符串 s1 的末尾。

程序代码如下：

```c
#include <stdio.h>
#include <string.h>
void main()
{
    char s1[50],s2[20];
    char *ps1=s1,*ps2=s2;
    printf("\nPlease input s1: ");
    gets(s1);
    printf("\nPlease input s2: ");
    gets(s2);
    printf("\ns1=%s\ns2=%s\n",s1,s2);
    while(*ps1!='\0')               //将指针变量 ps1 指向字符串 s1 的末尾
        ps1++;
    while(*ps2!='\0')               //将字符串 s2 连接到字符串 s1
        *ps1++=*ps2++;
    *ps1='\0';                      //写入字符的结束符'\0'
    ps1=s1;                         //重新设置字符型指针变量的值为字符串的首地址
    ps2=s2;
    printf("s1=%s\ns2=%s\n",ps1,ps2);
}
```

运行上面的程序，输入的字符串如下：

```
I love China!
I love Beijing!
```

输出结果如下：

```
s1=I love China!
s2=I love Beijing!
s1=I love China!I love Beijing!
s2=I love Beijing!
```

需要注意的是，在连接字符串时，字符串 s1 的长度应大于或等于字符串 s1 原来的长度与字符串 s2 长度的和。

虽然用字符数组和字符型指针变量都可以实现字符串的存储与运算，但是两者是有区别的，在使用时应注意以下问题：

（1）字符型指针变量本身是一个变量，用于存放字符串的首地址。而字符串本身是存放在以该首地址为首的一块连续的内存空间中，并以'\0'作为字符串的结束。字符数组是由若干个数组元素组成的，它可以用来存放整个字符串。

（2）可以对字符型指针变量直接赋值一个字符串常量，它的含义是：系统将字符串常量保存在内存中，并把字符串常量的首地址赋给字符型指针变量。示例如下：

```
char *ps="C Language";
```

上述语句可以写为以下形式：

```
char *ps;
ps="C Language";
```

而对数组方式：

```
char st[]={"C Language"};
```

则不能写为以下形式：

```
char st[20];
st={"C Language"};
```

只能对字符数组中的各个元素逐个赋值或使用 strcpy(st, "C Language")方式实现。

从以上几点可以看出，字符型指针变量与字符数组在使用时的区别，也可以看出使用指针变量更加方便。前面说过，当一个指针变量在未取得确定地址前就使用是危险的，容易引起错误，但是对指针变量直接赋值是可以的，因为在 C 语言中必须赋给指针变量一个确定的地址。因此，以下形式的语句都是合法的：

```
char *ps="C Language";
```

或者

```
char *ps;
ps="C Language";
```

8.3.2 字符串数组与指针数组

1. 字符串数组

字符串数组是指数组中的每个元素都是一个存放字符串的数组。那么存储字符串数组的最佳方式是什么？最直接的方法是创建二维字符数组，然后按照每行一个字符串的方式把字符串存储到数组中。示例如下：

```
char lesson[][11]={"C","C#","Java","Basic","Delphi","Pascal","Visual C++"};
```

字符串数组 lesson 在内存中的存储方式如图 8-8 所示。

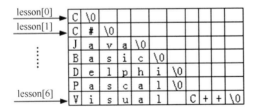

图 8-8 字符串数组 lesson 在内存中的存储方式

虽然允许省略 lesson 数组中行的个数（因为这个数很容易根据初始化式中元素的数量求出），但是 C 语言要求必须指明列的个数。由于在指明列数时，列数必须大于或等于最大字符串的存储长度，因此 lesson 数组的列数至少要定义为 11，这就使得数组的很多行填不满一整行，系统将用结束符（'\0'）来填补，这样就造成了数组空间的浪费。

如何解决这个问题呢？虽然 C 语言本身不提供这种长度不等的数组类型，但是它提供了模拟这种数组类型的工具，那就是建立一个特殊的数组，这个数组中的元素是指向字符串的指针，即字符型指针数组。

2. 指针数组

指针数组是一个指针变量的集合，即它的每个元素都是指针变量，并且都有相同的存储类别和指向相同类型的数据。

定义指针数组的一般形式如下：

```
类型说明符 *指针数组名[数组长度];
```

例如，下面是 lesson 数组的另一种写法，这次定义的是指向字符型数据的指针数组：

```
char *lesson[]={"C","C#","Java","Basic","Delphi","Pascal","Visual C++"};
```

和二维字符数组相比，改动不是很大，只是简单去掉了一对方括号，并且在数组名"lesson"前加了一个星号（*）。但是这对 lesson 数组的存储方式产生的影响却很大，存储方式如图 8-9 所示。

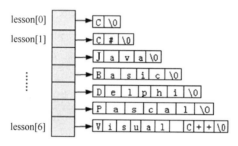

图 8-9　指向字符串数组的指针数组的存储方式

lesson 数组中的每个元素都指向以结束符('\0')结尾的字符串的指针，虽然必须为 lesson 数组中的指针分配空间，但是字符串中不再有任何浪费的字符。

为了访问 lesson 数组中的元素，只需要给出 lesson 数组的下标，访问 lesson 数组中字符的方式和访问二维数组元素的方式相同。例如，为了在 lesson 数组中查找以字母 C 为开头的字符串，可以使用下面的循环：

```
for(i=0;i<7;i++)
    if(lesson[i][0]=='C')
        printf("%s begins with C\n",lesson[i]);
```

【例 8-11】 请将上面介绍的 lesson 指针数组中的内容按照字母顺序排序。

分析：

前面已经介绍过数值数组的排序方法，包括冒泡法和选择法，在本例中将采用冒泡法排序。由于 lesson 数组中共有 7 个元素，即 lesson[0]～lesson[6]，因此共需要比较 6 轮，第 i 轮需要比较 6-i 次，具体比较方法详见第 7 章。

程序代码如下：

```
#include <stdio.h>
#include <string.h>
void main()
{
    char *lesson[]={"C","C#","Java","Basic","Delphi","Pascal","Visual C++"};
    char *t;
    int i,j;
    for(i=0;i<7;i++)
        for(j=0;j<6-i;j++)
```

```
                //如果前面的字符串比后面的字符串大,则交换指针,每轮比较大的字符串沉底
                if(strcmp(lesson[j],lesson[j+1])>0)
                {
                    t=lesson[j];
                    lesson[j]=lesson[j+1];
                    lesson[j+1]=t;
                }
        puts("排序后的结果为: ");
        for(i=0;i<7;i++)                    //输出排序后的字符串
            puts(lesson[i]);
}
```

运行上面的程序,输出结果如下:

```
排序后的结果为:
Basic
C
C#
Delphi
Java
Pascal
Visual C++
```

关于字符数组与字符型指针变量,应注意以下两点:

(1) 字符数组中的每个元素可以存放一个字符,而字符型指针变量则存放字符串的首地址,千万不要认为字符串是存放在字符型指针变量中的。

(2) 字符数组与普通数组一样,不能对其进行整体赋值,只能给字符数组中的各个元素赋值,而字符型指针变量则可以直接用字符串常量赋值,但是这并不表示字符型指针变量中保存字符串,只表示字符型指针变量中保存字符串常量的首地址。示例如下:

```
char a[10];
char *p;
```

那么 "a="computer ";" 语句是非法的,因为数组名 a 是一个指针常量,所以不能对其赋值。但 "p="computer ";" 语句是合法的,因为字符串常量"computer"是保存在字符数组中的,该语句的含义是将字符串的首地址赋给指针变量 p,而不是将具体的字符串常量赋给指针变量 p。

8.4　指针与函数

8.4.1　指针变量作为函数的形参

1. 指向变量的指针变量作为函数的形参

在第 6 章中已经介绍了函数形参和实参的概念,函数参数的类型不仅可以是前面讨论过的基本类型,也可以是指针类型。

指针变量作为函数的形参有什么好处呢?前面介绍的基本类型变量作为形参的最大问题是:在函数体内修改形参的值时,对应的实参的值不会改变。示例如下:

```
#include <stdio.h>
void add(int a)
```

```
{
    a++;
}
void main()
{
    int b=5;
    add(b);
    printf("b=%d",b);
}
```

上面程序的运行结果为"b=5"。虽然在 add 函数内已经将形参 a 的值加 1，但是与之对应的实参 b 的值并没有加 1，其值还是 5，这就是前面所说的值传递的特点，即单向传递。而当指针变量作为函数的形参时，形参和实参之间进行的传递是地址传递，是一种双向传递，即主调函数将一个存储地址传递给被调函数，在函数体内将传递过来的地址中的值修改后，会影响到与之对应的实参的值。例如，将上面示例的程序修改为以下形式：

```
#include <stdio.h>
void add(int *a)
{
    (*a)++;
}
void main()
{
    int b=5;
    add(&b);
    printf("b=%d",b);
}
```

上面程序的运行结果为"b=6"。由于 add 函数的形参为指针变量，因此在函数体内将指针变量的值修改后，与之对应的实参 b 的值也随之被修改。

注意：

（1）当形参为指针变量时，其对应的实参可以是指针变量或内存单元地址。例如，上例中的 add(&b)，实参为变量 b 的地址。

（2）当形参为指针变量时，如果在函数体内修改该形参传递过来的存储地址中的内容，则会影响实参的值，如上例，实参变量 b 的值被 add 函数修改。

（3）当形参为指针变量时，如果在函数体内修改该形参指向的存储地址，则不会改变实参指向的地址。

示例如下：

```
#include <stdio.h>
void swap(int *a,int *b)
{
    int *t;
    t=a;
    a=b;
    b=t;
}
void main()
{
```

```
        int a=5,b=6;
        int *pa,*pb;
        pa=&a;
        pb=&b;
        swap(pa,pb);
        printf("\n*pa=%d,*pb=%d\n",*pa,*pb);
}
```

运行上面的程序，输出结果如下：

```
*pa=5,*pb=6
```

在上面的程序中，swap 函数的形参为两个指针变量，在函数体内将指针变量 a 和 b 指向的地址互换，但是函数调用结束后，实参 pa 还指向变量 a，实参 pb 还指向变量 b，因此输出结果仍为变量 a 和 b 的值，即"*pa=5,*pb=6"。

那么如何修改 swap 函数才能实现将两个数交换呢？根据指针变量作为形参的特点可知，可以在函数体内交换指针变量所指向变量的值，而不是交换指针变量所指向变量的地址，修改后的程序如下：

```
#include <stdio.h>
void swap(int *a,int *b)
{
        int t;
        t=*a;
        *a=*b;
        *b=t;
}
void main()
{
        int a=5,b=6;
        int *pa,*pb;
        pa=&a;
        pb=&b;
        swap(pa,pb);
        printf("\n*pa=%d,*pb=%d\n",*pa,*pb);
}
```

运行上面的程序，输出结果如下：

```
*pa=6,*pb=5
```

思考： 在上面的程序中，交换后 main 函数中的变量 a 和变量 b 的值分别是什么？

【例 8-12】编写一个函数，计算一个数组中的最大值和最小值。

分析：

编写函数 maxmin，因为 maxmin 函数的功能为计算数组中的最大值和最小值，所以参数必须包含一个数组 a[]和数组长度参数 n。由于函数需要返回两个值，而前面介绍的函数只能返回一个值，因此可以利用当指针变量作为函数的形参时能够修改实参的特点，增加两个整型指针形参变量*max 和*min，分别用来保存计算的最大值和最小值，因此 maxmin 函数的形式为：void maxmin(int a[],int n,int *max,int *min)。最大值和最小值的计算在前面已经分析过，这里不再分析，只需要将计算出来的最大值和最小值直接赋给形参变量*max 和*min 即可。

程序代码如下：

```
#include <stdio.h>
void maxmin(int a[],int n,int *max,int *min)
{
    int i;
    int tmax;     //用来保存最大值
    int tmin;     //用来保存最小值
    tmax=a[0];
    tmin=a[0];
    for(i=0;i<n;i++)
    {
        if(tmax<a[i])
            tmax=a[i];
        else if(tmin>a[i])
            tmin=a[i];
    }
    *max=tmax;
    *min=tmin;
}
void main()
{
    int a[10];
    int i;
    int max,min;
    printf("\nPlease input 10 numbers: ");
    for(i=0;i<10;i++)
        scanf("%d",&a[i]);
    maxmin(a,10,&max,&min);
    printf("\nmax=%d,min=%d\n",max,min);
}
```

运行上面的程序，输入的整数如下：

```
10  15  20  25  30  8  40  80  85  5
```

输出结果如下：

```
max=85,min=5
```

2．指向数组的指针变量作为函数的形参

数组名就是数组的首地址，当实参为数组名时，实际上就是传递数组的地址，形参得到该地址后也指向同一数组。同样，指针变量的值也是地址，因此，前面介绍的数组名作为函数的形参也可以用指向数组的指针变量代替。在函数体内既可以使用下标方式访问数组元素，也可以使用指针方式访问数组元素。

【例 8-13】 编写程序，用户输入一个字符串 s，将字符串 s 中下标为奇数的字符删除。例如，当字符串 s 中的内容为"siegAHdied"时，删除下标为奇数的字符后，数组中的内容应是"seAde"。（主要功能用函数实现。）

分析：

（1）定义一个函数 deletechar(char *s)，s 为主调函数传递的字符串的首地址。

（2）定义一个指针变量 p，并将 p 初始化为字符串的首地址，利用指针变量 p 通过结束符'\0'遍历字符串 s，如果下标为偶数，则将当前字符*p 移动到*s 中，并将形参指针 s 后移一位。

（3）为形参指针 s 添加结束符'\0'。

程序代码如下：

```
#include <stdio.h>
void deletechar(char *s)
{
    char *p;
    int i=0;
    p=s;//将指针变量 p 初始化为字符串的首地址
    while(*p!='\0')
    {
        if(i%2==0)
        {
            *s=*p;
            s++;
        }
        p++;
        i++;
    }
    *s='\0';
}
void main()
{
    char s[80];
    printf("\n 请输入一个字符串：");
    gets(s);
    deletechar(s);
    puts("\n 删除后的字符串为：");
    puts(s);
}
```

运行上面的程序，输入的字符串如下：

```
Hello,how are you!
```

输出结果如下：

```
删除后的字符串为：Hlohwaeyu
```

在上面的程序中，*p 可以用 p[i]替换。在 C 语言中，如果参数为指针变量或数组，那么在函数体内两者可以互相替换使用。

3. 指针数组作为函数的形参

在 C 语言中，指针数组也可以作为函数的形参。指针数组作为形参可以简化很多操作。例如，要求输入 5 个国家的名字并按字母顺序排列后输出，如果采用普通的排序方法，则需要逐个比较之后交换字符串的位置。交换字符串的物理位置是通过字符串复制函数 strcpy 完成的。反复的交换将使程序执行的速度很慢，同时由于各个字符串的长度不同，又增加了存储管理的负担，而用指针数组能很好地解决这些问题。

把所有的字符串存放在一个数组中，把这些字符数组的首地址存放在一个指针数组中，当需要交换两个字符串时，只需交换指针数组中相应两个元素的内容（地址）即可，而不必交换字符串本身。

【例 8-14】将 5 个国家的名字按照字母顺序排序后输出。

分析：

（1）在程序中定义两个函数，一个函数名为 sort，用于完成排序，其形参为指针数组 name，即待排序的各个字符数组的指针，形参 n 为字符串的个数；另一个函数名为 print，用于完成排序后字符串的输出，其形参与 sort 函数的形参相同。

（2）在主函数 main 中，定义指针数组 name 并进行初始化赋值，然后调用 sort 函数和 print 函数分别完成排序和输出。

（3）在 sort 函数中，采用 strcmp 函数对两个字符串进行比较，strcmp 函数允许参与比较的字符串以指针方式出现。name[k]和 name[j]均为指针，因此函数语句是合法的。当字符串比较后需要交换时，只交换指针数组中元素的值，而不交换具体的字符串，这样将大大减少时间的开销，提高程序的运行效率。

程序代码如下：

```c
#include<string.h>
void main()
{
    void sort(char *name[],int n);
    void print(char *name[],int n);
    char *name[]={"CHINA","AMERICA","AUSTRALIA","FRANCE","GERMAN"};
    int n=5;
    sort(name,n);
    print(name,n);
}
void sort(char *name[],int n)
{
    char *pt;
    int i,j,k;
    for(i=0;i<n-1;i++)
    {
        k=i;
        for(j=i+1;j<n;j++)
            if(strcmp(name[k],name[j])>0)
                k=j;
            if(k!=i)          //交换指针数组中元素的值
            {
                pt=name[i];
                name[i]=name[k];
                name[k]=pt;
            }
    }
}
void print(char *name[],int n)
{
    int i;
    for(i=0;i<n;i++)               //输出指针数组中的内容
        printf("%s\n",name[i]);
}
```

运行上面的程序，输出结果如下：

```
AMERICA
AUSTRALIA
CHINA
FRANCE
GERMAN
```

8.4.2　指针型函数

前面介绍过，所谓函数类型是指函数返回值的类型。在 C 语言中，允许一个函数的返回值是一个指针（即地址），这种返回指针值的函数称为指针型函数。

定义指针型函数的一般形式如下：

```
类型说明符 *函数名(形参表)
{
    … //函数体
}
```

其中，"函数名"之前加了"*"，表示这是一个指针型函数，即返回值是一个指针；"类型说明符"表示返回的指针值所指向数据的类型。示例如下：

```
int *fun(int x,int y)
{
    … //函数体
}
```

上述程序表示 fun 是一个返回指针值的指针型函数，它返回的指针指向一个整型变量。

【例 8-15】用户输入一个 1~7 之间的整数，输出该整数对应星期的英文单词。例如，输入"1"，输出"Monday"。

分析：

（1）定义一个指针型函数 day_name，它的返回值指向一个字符串。该函数包括两个参数：一个是指针数组 name，用于表示各个星期名及出错提示；另一个是形参 n，表示与星期名所对应的整数。

（2）在主函数 main 中，定义一个指针数组 name，用于表示各个星期名及出错提示。把指针数组 name 和输入的整数 n 作为实参，在 printf 语句中调用 day_name 函数。day_name 函数中的 return 语句包含一个条件表达式，如果 n 的值大于 7 或小于 1，则把元素 name[0] 的值返回主函数，输出出错提示字符串"Illegal day"，否则返回主函数，输出对应的星期名。

程序代码如下：

```
#include <stdio.h>
void main()
{
    char *name[]={"Illegal day",
    "Monday",
    "Tuesday",
    "Wednesday",
    "Thursday",
    "Friday",
```

```
        "Saturday",
        "Sunday"};
        int n;
        char *day_name(char *name[],int n);
        printf("\n 请输入一个星期数字: ");
        scanf("%d",&n);
        printf("\n 星期%2d-->%s\n",n,day_name(name,n));
}
char *day_name(char *name[],int n)
{
        return((n<1||n>7)?name[0]:name[n]);
}
```

运行上面的程序，输入"5"，输出结果如下：

```
    星期 5-->Friday
```

 注意:

> 指针型函数的返回值必须是地址，并且返回值的类型要与函数的类型一致。

*8.5 指向指针的指针变量

如果一个指针变量存放的又是另一个指针变量的地址，则称这个指针变量为指向指针的指针变量。

前面介绍过的指针都是指针变量直接指向变量的地址，这样的指针称为一级指针。而如果通过指向指针的指针变量来访问变量，则构成了二级指针或多级指针。在 C 语言程序中，对指针的级数并未明确限制，但是当指针级数太多时既不容易理解，也容易出错，因此，一般指针的级数很少超过二级。定义指向指针的指针变量的一般形式如下：

```
    类型说明符 **指针变量名;
```

示例如下：

```
    int **pp;
```

上述语句表示 pp 是一个指针变量，它指向另一个指针变量，而这个指针变量指向一个整型变量。

一级指针和二级指针在内存中的指向关系如图 8-10 所示。

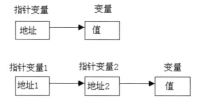

图 8-10 一级指针和二级指针在内存中的指向关系

下面举一个例子来说明这种关系：

```
    void main()
    {
        int x,*p,**pp;
```

```
        x=10;
        p=&x;
        pp=&p;
        printf("x=%d\n",**pp);
    }
```

在上面的程序中，p 是一个指针变量，指向整型变量 x；pp 也是一个指针变量，指向指针变量 p。通过指针变量 pp 访问变量 x 的写法是"**pp"。程序最后输出变量 x 的值为"10"。通过上例，读者可以学习指向指针的指针变量的说明和使用方法。

8.6　精彩案例

本节主要介绍有关指向数组和指向字符串的指针变量的一些精彩案例，具体包含数字查找、字符串截取和字符串查找这 3 个案例。

8.6.1　数字查找

【例 8-16】将随机生成 10 个不同的 0~100 之间的整数存放到数组 a 中，用户输入一个整数 x，在数组 a 中查找 x。如果找到，则提示找到；如果未找到，则提示用户继续输入。用户最多只能查找 5 次，否则提示"游戏结束"，最后输出生成的数组内容。

分析：

（1）当生成一个随机整数 m 时，要从数组中查找是否已经包含 m。如果数组中没有包含 m，则将 m 作为数组的一个元素；如果数组中已经包含 m，则继续生成随机整数 m。因此，需要编写一个在数组中查找一个整数的函数 search(int a[],int n,int m)，其中，n 表示数组长度，m 表示要查找的整数。如果数组 a 中包含 m，则返回位置；如果数组 a 中不包含 m，则返回-1。

（2）在 main 函数中循环调用 search 函数生成数组元素，每成功生成一个数组元素，数组下标 i 加 1，循环的条件为 i<10。

（3）用户输入 x。

（4）循环输入 x，并调用 search 函数在数组中查找 x，循环条件为次数小于 5，如果找到，则提示找到，并退出循环。

程序代码如下：

```
#include <stdio.h>
#include <stdlib.h>
#include <time.h>
#define N 10
int search(int *a,int n,int m)
{
    int i;
    for(i=0;i<n;i++)
        if(*a++==m)
            return i;
    return -1;
```

```
    }
    void main()
    {
        int a[N],i,x,m,k=0;
        int *p=a;
        srand(time(NULL));              //改变随机数范围
        i=0;
        while(i<N)                      //循环生成 10 个互不相同的随机整数
        {
            m=rand()%100;
            if(search(a,N,m)==-1)       //数组中不包含 m
            {
                *p++=m;
                i++;
            }
        }
        for(i=1;i<6;i++)                //循环输入并查找 x
        {
            printf("\n 请输入要查找的整数 x: ");
            scanf("%d",&x);
            k=search(a,N,x);            //在数组 a 中查找 x
            if(k>=0)                    //如果已经找到
            {
                printf("\n 第%d 次，在第%d 个位置找到了%4d\n",i,k+1,x);
                break;
            }
        }
        if(i==6)                        //循环完成，没有找到
            printf("\n 游戏结束\n");
        for(i=0,p=a;i<N;i++)            //输出数组元素
            printf("%4d",*p++);
        printf("\n");
    }
```

运行上面的程序，输入的整数如下：

```
10
15
```

输出结果如下：

```
第 2 次，在第 4 个位置找到了 15
13  88  69   1  15  70  24   9  23  31
```

输入的整数如下：

```
10
15
20
25
30
```

输出结果如下：

```
游戏结束
58   5  90   9   7  51  81  96  55  68
```

需要注意的是，由于本例中的数组元素是随机生成的，因此输入和输出结果是不确定的。

8.6.2　字符串截取

【例 8-17】从键盘上输入一个字符串，编写一个函数，将该字符串中从第 m 个字符开始的 n 个字符复制成另一个字符串。例如，输入的字符串为"abcdefg"，如果 m=3，n=3，则结果为"cde"。

分析：

（1）根据描述可以定义函数 char *substr(char *s,int m,int n)，即从字符串 s 中截取字符串，将截取的结果返回给主调函数，由于返回结果是一个字符串，因此函数的返回值应该是一个指向字符类型数据的指针。

（2）在 substr 函数中，可能会出现 3 种情况：第 1 种情况是字符串 s 的长度足够截取，这时直接截取字符串；第 2 种情况是 m 已经超出了字符串 s 的长度，返回错误信息；第 3 种情况是 m 没有超出字符串 s 的长度，但是 m+n 超出了字符串 s 的长度，此时截取 m 到字符串 s 的末尾即可。

程序代码如下：

```c
#include <stdio.h>
#include <string.h>
//s 为被截取的字符串，m 为开始位置，n 为截取长度
char *substr(char *s,int m,int n)
{
    int k,i,j=0;
    char t[100];
    k=strlen(s);
    if(m>k)                  //如果开始位置 m 超出字符串的长度
        return "m 太大了";
    else
    {
        s=s+m;
        for(i=m;i<m+n&&*s!='\0';i++)
            t[j++]=*s++;
        t[j]='\0';
    }
    return t;
}
void main()
{
    char s[100],m,n;
    printf("\n 请输入一个字符串: ");
    gets(s);
    printf("\n 请输入 m 和 n: ");
    scanf("%d,%d",&m,&n);
    m--;              //因为 C 语言中数组元素的下标从 0 开始，所以 m 的真实位置应该减 1
    printf("\n 结果为: %s\n",substr(s,m,n));
}
```

运行上面的程序，输入的字符串和整数分别如下：

```
Welcome
4,8
```

输出结果如下：

```
结果为：come
```

输入的字符串和整数分别如下：

```
Welcome
10,5
```

输出结果如下：

```
结果为：m 太大了
```

8.6.3 字符串查找

【例 8-18】编写程序，从一个字符串 s1 中查找另一个字符串 s2。如果找到，则输出第一次出现的位置；如果未找到，则返回-1。

分析：

（1）首先检测字符串 s1 的长度是否大于或等于字符串 s2 的长度，如果字符串 s1 的长度小于字符串 s2 的长度，则肯定无法找到，返回-1。

（2）遍历字符串 s1 中的字符，并记录当前位置 k。如果字符串 s1 中的当前字符与字符串 s2 中的当前字符相等，则两者同时后移，但 k 的值不变；如果遇到不相等的字符，则字符串 s1 还原到下一个开始比较的字符，即 k+1 位置的字符，字符串 s2 还原到开始字符，继续比较，如图 8-11 所示。

图 8-11　字符串查找方法

（3）如果字符串 s2 遇到'\0'，则表示已经找到，返回查找的开始位置 k；如果字符串 s1 遇到'\0'，则表示未找到，返回-1。

程序代码如下：

```
#include <stdio.h>
#include <string.h>
int search(char *s1,char *s2)  //从字符串 s1 中查找字符串 s2
{
    int i=0;                    //控制字符串 s1 和 s2 偏移的变量
    int k;                      //记录字符串 s1 开始比较的字符的位置
    if(strlen(s1)<strlen(s2))//如果字符串 s1 的长度小于字符串 s2 的长度，则返回-1
        return -1;
    k=0;
    while(1)
    {
        /*如果字符串 s2 偏移 i 的字符与字符串 s1 的开始位置加上当前偏移 i 的字符相等，
则继续比较*/
        if(*(s2+i)==*(s1+k+i))
            i++;
        /*否则，将偏移量 i 设为 0，字符串 s1 的开始位置 k 加 1，即从字符串 s1 的下一位置
开始重新比较*/
        else
```

```
        {
            i=0;
            k++;
        }
        //如果字符串 s2 已比较到末尾，则表明已找到，返回字符串 s1 的开始位置 k
        if(*(s2+i)=='\0')
            return k;
        //如果字符串 s1 已比较到末尾，字符串 s2 还没到末尾，则表明未找到
        else if(*(s1+k+i)=='\0')
            return -1;
    }
}
void main()
{
    char s1[80],s2[80];
    int m;
    printf("\n请输入字符串 1: ");
    gets(s1);
    printf("\n请输入字符串 2: ");
    gets(s2);
    m=search(s1,s2);
    if(m==-1)
        printf("\n\"%s\"不包含\"%s\"\n",s1,s2);
    else
        printf("\n\"%s\"在第%d个字符开始包含\"%s\"\n",s1,m,s2);
}
```

运行上面的程序，输入的两个字符串分别如下：

```
Welcome to C world
come
```

输出结果如下：

```
"Welcome to C World"在第 3 个字符开始包含"come"
```

输入的两个字符串分别如下：

```
Welcome to C world
hello
```

输出结果如下：

```
"Welcome to C World"不包含"hello"
```

本 章 小 结

　　本章介绍了指针的概念及运算、指针与数组、指针与字符串、指针与函数、多级指针。

　　指针变量用于存储一个变量的内存地址或一个连续存储结构（如数组、结构体、函数等）的首地址。通过访问指针变量取得数组、结构体或函数的首地址可以使得程序更加清晰，同时使得程序本身精练、高效。可以对指针变量进行赋值运算、简单的加减算术运算和简单的关系运算。

　　一个指针变量可以指向一个数组，通过指针变量的加减算术运算访问数组元素。使用指向数组的指针变量访问数组元素效率高，并且操作灵活，能够直接根据指针变量的值访

问指向的数组元素。当用指针法表示一维数组元素时，可以直接使用*p 的方式；当用指针法表示二维数组元素时，可以使用*(*(p+i)+j)的方式，其中 i 表示行，j 表示列。

在用指向字符串的指针变量访问字符串时，简单的字符串可以用一个指针变量来表示，如果是一个字符串数组，则可以使用指针数组来表示。

当指针变量作为函数的形参时，形参和实参之间进行的传递是地址传递，在调用函数时，对应的实参必须是一个地址。指针型函数是指返回指针值的函数，该函数经常用于返回一个字符串或其他内存地址的情形。

在 C 语言中，一个指针变量还可以指向另一个指针变量，这种指针变量被称为指向指针的指针变量（或多级指针变量）。一般指针的级数很少超过二级。

通过对本章内容的学习，读者应该掌握指针的基本概念、指针与数组和函数的关系，重点掌握指向变量的指针变量、指向数组的指针变量、指向字符串的指针变量、指针变量作为函数的参数和指针型函数的应用。

习 题

一、选择题

1. 如果有语句 "int *point,a=4;" 和 "point=&a;"，则下面均代表地址的一组是（ ）。

A．a，point，*&a
B．&*a，*point，&a
C．&a，*&point，*point
D．&a，&*point，point

2. 如果有以下定义，则对数组 a 中元素的正确引用是（ ）。

```
int a[5],*p=a;
```

A．*a+1
B．p+5
C．&a+1
D．&a[0]

3. 如果指针变量 p 已经指向变量 x，则&*p 相当于（ ）。

A．x
B．*p
C．&x
D．**p

4. 如果指针变量 p 已经指向某个整型变量 x，则(*p)++相当于（ ）。

A．p++
B．x++
C．*(p++)
D．&x++

5. 假设有如下函数定义：

```
int f(char *s)
{
    char *p=s;
    while(*p!='\0')  p++;
    return(p-s);
}
```

如果在主函数中用下面的语句调用上述函数，则输出结果为（ ）。

```
printf("%d\n",f("goodbye!"));
```

A．3
B．6
C．8
D．0

6．如果有以下说明语句：

```
char a[]="It is mine";
char *p="It is mine";
```

则以下叙述中不正确的是（　　　）。

A．a+1 表示的是字符"t"的地址

B．当指针变量 p 指向另外的字符串时，字符串的长度不受限制

C．指针变量 p 中存放的地址值可以改变

D．数组 a 中只能存放 10 个字符

二、编程题

1．从键盘上输入 3 个整数，按照从小到大的顺序显示输出。要求利用指针来完成。

2．输入一个字符串，将字符串中的所有数字字符提取出来并将其转换成真正的数字。例如，输入的字符串为"ab12cd34f5"，则输出结果为"12345"。要求利用函数和指针实现。

3．自己编写程序比较两个字符串 s1 和 s2 的大小。

在比较时，如果字符串 s1 等于字符串 s2，则返回 0；如果字符串 s1 不等于字符串 s2，则返回一个整数，该数为字符串 s1 与 s2 第一个不同的字符之间的差值。例如，当"ABC"与"AEF"比较时，因为第二个字符不同，所以返回"B"与"E"之差，即 69-66=3。如果字符串 s1 大于字符串 s2，则输出的数为正整数；如果字符串 s1 小于字符串 s2，则输出的数为负整数。

4．利用指针编写函数 insert(s1,s2,f)，该函数的功能是在字符串 s1 中的指定位置 f 处插入字符串 s2。

第 **9** 章

结构体、共用体与枚举类型

前面我们学习了一些简单数据类型（整型、实型、字符型）变量及数组的定义和应用，这些数据类型的特点是：当定义某一特定数据类型的变量时，就限定该类型变量的存储特性和作用域。而在日常生活中，我们常会遇到一些复杂的数据信息，如学生信息，包括学号、姓名、性别、出生年月日、籍贯等，这些信息无法直接用某种单一的数据类型来描述，它集合了各种数据类型，因此，C 语言引入了一种能集不同数据类型于一体的数据类型——结构体类型。共用体类型也是一种用户自定义的数据类型。在共用体类型变量中，可以存放不同类型的数据。枚举类型用于定义只有固定几种取值情况的变量。

本章将介绍用户自定义的 3 种数据类型（结构体类型、共用体类型和枚举类型）的应用。

本章重点：

☑ 结构体类型变量、结构体数组和结构体指针的应用
☑ 结构体类型变量和结构体指针作为函数参数的应用

9.1 结构体类型的定义

结构体类型是一种构造类型，即用户自定义类型，它是由若干个成员组成的，每个成员的类型可以是基本数据类型，也可以是构造类型。在说明和使用结构体类型之前必须先定义它，如同在说明和调用函数之前要先定义函数一样。

定义结构体类型的一般形式如下：

```
struct 结构体类型名
{
    成员说明列表
};
```

成员说明列表由若干个成员组成，每个成员都是该结构体类型的一个组成部分，对每个成员也必须进行基本类型说明，其形式如下：

```
类型说明符 成员名；
```

其中，成员名的命名应符合标识符的命名规则。

例如，下面定义的结构体类型是对学生信息的描述：

```
struct student
{
    int num;
    char name[20];
    char sex;
    int age;
    float score;
    char addr[40];
};
```

在上面定义的结构体类型中，结构体类型名为 student，该结构体类型由 6 个成员组成。成员 num 为整型变量，表示学号；成员 name 为字符数组，表示姓名；成员 sex 为字符型变量，表示性别；成员 age 为整型变量，表示年龄；成员 score 为实型变量，表示成绩；成员 addr 为字符数组，表示籍贯。

 注意：

> 结构体类型的花括号后的分号是不可少的。

此外，在结构体类型中，成员的类型还可以继续是另一个结构体类型。例如，下面定义的结构体类型是对日期的描述：

```
struct date
{
    int year;           //描述日期的年
    int month;          //描述日期的月
    int day;            //描述日期的日
};
```

下面定义的结构体类型是对教师信息的描述：

```
struct teacher
{
    int num;                    //教师编号
    char name[20];              //教师姓名
    char sex;                   //教师性别
    float salary;               //教师薪水
    char addr[40];              //教师住址
    struct date hiredate;       //教师聘任时间
};
```

在 struct teacher 结构体类型中，成员 hiredate 又是一个名称为 struct date 的结构体类型。

 注意：

> 结构体类型中可以包含其他结构体类型成员，但是不能包含自身，即不能由自己定义自己。

9.2　结构体类型变量

结构体类型的变量和其他类型的变量一样，需要先定义变量，然后才能使用。本节将主要介绍结构体类型变量的定义、使用和初始化。

9.2.1　结构体类型变量的定义

结构体类型变量的定义方法与其他类型变量的定义方法是一样的，但是由于结构体类型需要针对问题事先自行定义，因此结构体类型变量的定义形式十分灵活，共有 3 种方式，分别介绍如下。

（1）先定义结构体类型，再定义结构体类型变量。示例如下：

```
struct student
{
    int num;
    char name[20];
    char sex;
    int age;
    float score;
    char addr[40];
};
struct student student1,student2;        //定义结构体类型变量
struct student student3,student4;
```

用上面定义的结构体类型可以定义更多的该结构体类型的变量。

为了声明变量方便，也可以通过宏定义用一个符号常量来表示一个结构体类型。示例如下：

```
#define STUDENT struct student
STUDENT
{
    int num;
    char name[20];
    char sex;
    int age;
    float score;
    char addr[40];
};
```

然后就可以直接用 STUDENT 定义变量。示例如下：

```
STUDENT student1,student2;
```

这样，用上述方式定义变量和定义基本数据类型变量的形式就一样了，不必再写关键字 struct 了。

（2）在定义结构体类型的同时定义结构体类型变量。用这种方式定义结构体类型变量的形式如下：

```
struct 结构体类型名
{
    成员说明列表;
}变量名列表;
```

示例如下:

```
struct data
{
    int day;
    int month;
    int year;
} time1,time2;
```

也可以再定义如下变量:

```
struct data time3,time4;
```

用上面定义的结构体类型同样可以定义更多的该结构体类型的变量,定义变量的效果和第一种方式相同。

（3）在定义结构体类型时,省略结构体类型名,同时定义结构体类型变量。用这种方式定义结构体类型变量的形式如下:

```
struct
{
    成员说明列表;
}变量名列表;
```

示例如下:

```
struct
{
    int num;
    char name[20];
    char sex;
    int age;
    float score;
    char addr[40];
}student1,student2;
```

用上述方式定义结构体类型时没有定义结构体类型名,因此,在程序的其他位置无法再次定义该结构体类型的其他变量。

9.2.2 结构体类型变量的使用

在程序中使用结构体类型变量时,往往不把它作为一个整体来使用。在 C 语言中,除了允许具有相同类型的结构体类型变量相互赋值,一般对结构体类型变量的使用包括赋值、输入、输出、运算等,这些操作都是通过结构体类型变量的成员来实现的。

表示结构体类型变量成员的一般形式如下:

```
结构体类型变量名.成员名
```

示例如下:

```
student1.num          //student1 的学号
student2.sex          //student2 的性别
```

如果结构体类型变量的成员本身又是一个结构体类型,则可以继续使用成员运算符取结构体类型成员的结构体类型成员,逐级向下,直到引用最低一级的成员。程序能够对最低一级的成员进行赋值或存取。示例如下:

```
struct date
{
```

```
        int year;              //描述日期的年
        int month;             //描述日期的月
        int day;               //描述日期的日
    };
    struct teacher
    {
        int num;               //教师编号
        char name[20];         //教师姓名
        char sex;              //教师性别
        float salary;          //教师薪水
        char addr[40];         //教师住址
        struct date hiredate;  //教师聘任时间
    }teacher1,teacher2,teacher3;
    teacher1.num=1001;
    strcpy(teacher1.name,"Zhang San");
    teacher1.sex='M';
    teacher1.salary=2000;
    strcpy(teacher1.addr,"Hebei Baoding");
    teacher1.hiredate.year=2007;
    teacher1.hiredate.month=7;
    teacher1.hiredate.day=1;
```

上述语句为结构体类型变量 teacher1 的各个成员进行了赋值。

也可以对结构体类型变量的最低一级的成员进行其他运算，如赋值运算、取地址运算、算术运算等。示例如下：

```
    scanf("%d",&teacher2.hiredate,year);
    teacher2.salary=teacher1.salary*0.8;
    teacher2.sex=teacher1.sex;
```

> **注意：**
>
> 具有相同类型的结构体类型变量可以直接赋值给另一个结构体类型变量。

示例如下：

```
    teacher3=teacher1;          //将 teacher1 赋值给 teacher3
```

上面的语句将结构体类型变量 teacher1 的所有成员的值全部赋给结构体类型变量 teacher3 对应的结构体成员。

9.2.3 结构体类型变量的初始化

结构体类型的变量和其他类型的变量一样，可以在定义变量的同时进行初始化。

1. 只有一级成员的结构体类型变量的初始化

【例 9-1】 只有一级成员的结构体类型变量的初始化，分析下列程序的运行结果。

```
    #include <stdio.h>
    struct student
    {
        int num;
        char name[20];
        char sex;
```

```
            int age;
            float score;
            char addr[40];
}s1={1001,"Li Lin",'M',20,90.5,"Hebei Baoding"};     //结构体类型变量 s1 初始化
void main()
{
        printf("学号：%d\n",s1.num);
        printf("姓名：%s\n",s1.name);
        printf("性别：%c\n",s1.sex);
        printf("年龄：%d\n",s1.age);
        printf("成绩：%4.1f\n",s1.score);
        printf("地址：%s\n",s1.addr);
}
```

运行上面的程序，输出结果如下：

```
学号：1001
姓名：Li Lin
性别：M
年龄：20
成绩：90.5
地址：Hebei Baoding
```

2. 具有多级成员的结构体类型变量的初始化

【例 9-2】具有多级成员的结构体类型变量的初始化，分析下列程序的运行结果。

```
#include <stdio.h>
void main()
{
    struct date
    {
            int year;               //描述日期的年
            int month;              //描述日期的月
            int day;                //描述日期的日
    };
    struct teacher
    {
            int num;                //教师编号
            char name[20];          //教师姓名
            char sex;               //教师性别
            float salary;           //教师薪水
            char addr[40];          //教师住址
            struct date hiredate;   //教师聘任时间
    }teacher1={101,"Zhang San",'M',2000,"Hebei Baoding",{2007,7,1}};/*多级
成员初始化*/
        printf("编号：%d\n",teacher1.num);
        printf("姓名：%s\n",teacher1.name);
        printf("性别：%c\n",teacher1.sex);
        printf("薪水：%4.0f\n",teacher1.salary);
        printf("住址：%s\n",teacher1.addr);
        printf("聘任时间：%d-%d-%d\n",teacher1.hiredate.year,teacher1.hiredate.
month,teacher1.hiredate.day);
}
```

运行上面的程序，输出结果如下：

```
编号：101
姓名：Zhang San
```

性别：M
薪水：2000
住址：Hebei Baoding
聘任时间：2007-7-1

⚠️ 注意：

（1）以上介绍的为结构体类型变量赋值的方法只在赋初始值时使用，在赋值语句中，不能使用上面的方法，只能通过结构体类型变量成员单独赋值。

（2）不能将结构体类型变量作为一个整体输入或输出，只能以单个成员对象进行输入或输出。

9.3   结构体数组

结构体数组是指类型为结构体类型的数组。本节将主要介绍结构体数组的定义、初始化和使用。

9.3.1   结构体数组的定义

数据类型为结构体类型的数组就是结构体数组。结构体数组的每个元素都具有相同的结构体类型。在实际应用中，经常用结构体数组来表示具有相同数据结构的一个群体，如一个班级的学生信息、一个学校的教师信息等。

结构体数组的定义方法和普通数组的定义方法相似，只需说明它为结构体类型即可。示例如下：

```
struct student
{
    int num;
    char name[20];
    char sex;
    int age;
    float score;
    char addr[40];
}stu[5];
```

上面的代码定义了一个结构体数组 stu，该数组中共有 5 个元素，即 stu[0]～stu[4]，每个数组元素都具有 struct student 的结构体形式。

和基本数据类型数组的元素一样，结构体数组的各元素在内存中也是按顺序存放的，也可以对其进行初始化，对结构体数组元素的访问也要利用元素的下标。访问结构体数组元素的成员的一般形式如下：

结构体数组名[下标].结构体成员名

例如，访问 stu 数组元素的成员：

```
stu[0].num=1001;
gets(stu[0].name);
stu[1]=stu[0];
```

9.3.2　结构体数组的初始化

结构体数组也可以像基本数据类型数组一样在定义时进行初始化。在初始化时，要将每个元素的数据分别用花括号括起来。示例如下：

```
struct student
{
    int num;
    char name[20];
    char sex;
    int age;
    float score;
    char addr[40];
}stu[5]={{1001,"Li Lin",'M',20,99,"Baoding"},
    {1002,"Zhao Hai",'M',19,90,"Zhengzhou"},
    {1003,"Liu Mei",'F',19,95,"Beijing"},
    {1004,"Wang Jing",'F',20,80,"Shanghai"},
    {1005,"Sun Hong",'M',19,70,"Tianjin"}};
```

在编译时，将每对花括号中的数据赋给一个元素。在初始化时，如果数组的所有元素都被赋值，则数组长度可以省略不写，此时系统会根据初始化时提供的数据的个数自动确定数组的大小。如果只为部分数组元素赋初始值，则数组长度不能省略。示例如下：

```
struct student
{
    int num;
    char name[20];
    char sex;
    int age;
    float score;
    char addr[40];
}stu[5]={{1001,"Li Lin",'M',20,99,"Baoding"},
    {1002,"Zhao Hai",'M',19,90,"Zhengzhou"},
    {1003,"Liu Mei",'F',19,95,"Beijing"}};
```

上面的结构体数组只为前 3 个元素赋了初始值，系统将自动为其他元素的数值型成员赋 0 值，自动为其他元素的字符型成员赋'\0'值。

9.3.3　结构体数组的使用

一个结构体数组的元素相当于一个结构体类型变量。引用结构体数组元素有如下规则。

（1）可以引用某个元素的成员。示例如下：

```
stu[i].num
```

上面的代码表示引用第 i 个元素的 num 成员。

（2）可以将一个结构体数组元素赋给同一结构体类型的变量或数组的另一个元素。示例如下：

```
struct student st[5],student1;
student1=stu[0];
stu[0]=stu[1];
stu[1]=student1;
```

（3）和结构体类型变量一样，结构体数组元素不能作为一个整体进行输入或输出，只能以单个成员对象进行输入或输出。示例如下：

```
scanf("%d",&stu[0],num);
gets(stu[0].name);
printf("%d",stu[0].num);
puts(stu[0].name);
```

【例 9-3】 编写一个通讯录程序，用户输入姓名和联系电话，然后输出这些信息。

```
#include <stdio.h>
#define NUM 10
struct notebook          //定义一个通讯录结构体类型
{
    char name[20];
    char phone[10];
};
void main()
{
    struct notebook man[NUM];
    int i;
    for(i=0;i<NUM;i++)
    {
        printf("请输入姓名: \n");
        gets(man[i].name);
        printf("请输入联系电话: \n");
        gets(man[i].phone);
    }
    printf("姓名\t\t\t 联系电话\n\n");
    for(i=0;i<NUM;i++)
        printf("%s\t\t\t%s\n",man[i].name,man[i].phone);
}
```

在上面的程序中，定义了一个名称为 struct notebook 的结构体类型，它有两个成员 name 和 phone，分别用来表示姓名和联系电话。在主函数中定义了 struct notebook 类型的结构体数组 man，首先在 for 语句中用 gets 函数分别输入各个元素的两个成员的值，然后在 for 语句中用 printf 语句分别输出各个元素的两个成员的值。

9.4 结构体类型指针

结构体类型的指针和其他类型的指针一样，既可以指向结构体类型变量，也可以指向结构体数组。

9.4.1 指向结构体类型变量的指针

1. 结构体指针变量的定义

指针变量非常灵活方便，可以指向任意类型的变量，如果定义指针变量指向结构体类型变量，则可以通过指针变量来引用结构体类型变量，这种指针变量被称为结构体指针变量。

结构体指针变量的值是所指向的结构体类型变量的地址，通过结构体指针变量即可访问该结构体类型变量，这与数组指针和函数指针的情况是相同的。定义结构体指针变量的一般形式如下：

```
struct 结构体类型名 *结构体指针变量名;
```

例如，在前面已经介绍了 struct student 这个结构体类型，如果想要定义一个 struct student 类型的指针变量 pstu，则可以写为以下形式：

```
struct student *pstu;
```

当然也可以在定义结构体类型 struct student 的同时定义指针变量 pstu。与前面讨论的各类指针变量相同，结构体指针变量也必须先赋值，然后才能使用。赋值是把结构体类型变量的地址赋给该指针变量，不能把结构体类型名赋给该指针变量。示例如下：

```
pstu=&student1;
```

上面的语句表示结构体指针变量 pstu 指向类型为 struct student 的结构体类型变量 student1 的地址，该语句是正确的。再如以下示例：

```
pstu=student;
```

上面的语句将 struct student 结构体类型名赋给结构体指针变量 pstu，该语句是错误的。

2. 结构体指针变量的使用

使用结构体指针变量，就能更方便地访问结构体类型变量的各个成员。使用结构体指针变量访问结构体类型变量的成员的一般形式如下：

```
(*结构体指针变量).成员名
```

或

```
结构体指针变量->成员名
```

示例如下：

```
(*pstu).num
```

或

```
pstu->num
```

 注意：

(*pstu)两侧的括号不可少，因为成员运算符"."的优先级高于"*"的优先级，如果去掉括号写作*pstu.num，则等价于*(pstu.num)，这样语句的意义就完全改变了。

【例9-4】 利用结构体类型变量和结构体指针变量输出结构体内容。

```c
#include <stdio.h>
struct student
{
    int num;
    char name[20];
    char sex;
    int age;
    float score;
    char addr[40];
}student1={102,"Zhang Ping",'M',20,78.5,"Beijing"},*pstu;
void main()
{
    pstu=&student1;
```

```
        printf("学号为: %d\n",student1.num);
        printf("姓名为: %s\n",student1.name);
        printf("性别为: %c\n",student1.sex);
        printf("年龄为: %d\n",student1.age);
        printf("学号为: %d\n", (*pstu).num);
        printf("姓名为: %s\n", (*pstu).name);
        printf("性别为: %c\n", (*pstu).sex);
        printf("年龄为: %d\n", (*pstu).age);
        printf("学号为: %d\n",pstu->num);
        printf("姓名为: %s\n",pstu->name);
        printf("性别为: %c\n",pstu->sex);
        printf("年龄为: %d\n",pstu->age);
    }
```

运行上面的程序，输出结果如下：

```
    学号为: 102
    姓名为: Zhang Ping
    性别为: M
    年龄为: 20
    学号为: 102
    姓名为: Zhang Ping
    性别为: M
    年龄为: 20
    学号为: 102
    姓名为: Zhang Ping
    性别为: M
    年龄为: 20
```

在上面的程序中，定义了一个结构体类型 struct student，定义了 struct student 类型的结构体类型变量 student1，并进行了初始化赋值，还定义了一个 struct student 类型的结构体指针变量 pstu。在 main 函数中，结构体指针变量 pstu 指向了结构体类型变量 student1，然后在 printf 语句内用 3 种形式输出结构体类型变量 student1 的各个成员的值。

从上面程序的运行结果可以看出，结构体类型变量.成员名、(*结构体指针变量).成员名、结构体指针变量->成员名这 3 种用于表示结构体类型变量成员的形式是完全等价的。

9.4.2 指向结构体数组的指针

指针变量也可以指向一个结构体数组，这时结构体指针变量的值是整个结构体数组的首地址。结构体指针变量也可以指向结构体数组的一个元素，这时结构体指针变量的值是该结构体数组元素的首地址。

假设 ps 为指向结构体数组的指针变量，则 ps 也指向该结构体数组的 0 号元素，ps+1 指向 1 号元素，ps+i 指向 i 号元素。这与普通数组的情况是一致的。示例如下：

```
    struct student stu[4],*p;
    p=stu;
```

此时，指针变量 p 就指向了结构体数组 stu。

p 是指向一维结构体数组的指针变量，对数组元素的引用可以采用以下 3 种方法。

1）地址法

stu+i 和 p+i 均表示数组第 i 个元素的地址，则对数组元素各成员的引用可以描述为

(stu+i)->name、(stu+i)->num 等，或者(p+i)->name、(p+i)->num 等。其中，stu+i、p+i 与&stu[i]的意义相同。

2）指针法

如果 p 指向数组 stu 的某一个元素，则 p++指向数组的下一个元素。

3）指针的数组表示法

如果 p=stu，则对数组元素各成员的引用可以描述为 p[i].name、p[i].num 等，这与 stu[i].name、stu[i].num 是等价的。

【例 9-5】已知每名学生的 3 门课程的成绩，共有 5 名学生，分别计算每名学生的平均成绩并输出。

分析：

（1）由于每名学生有 3 门课程的成绩，因此可以定义如下结构体类型：

```
struct score
{
    int num;
    char name[20];
    float sc[3];
};
```

其中，成员 num 表示学号，成员 name 表示姓名，成员 sc 表示 3 门课程的成绩。

（2）定义一个类型为结构体类型 struct score 的数组 s[5]，并定义一个指针变量 p 指向数组 s。

（3）定义一个 float 类型的数组 avg[5]，分别存放 5 名学生的平均成绩。

（4）利用循环的方法通过指针变量 p 遍历数组 s 中的每个元素，计算每名学生的平均成绩并存入数组 avg 中，最后输出学生的信息和学生的平均成绩。

程序代码如下：

```
#include <stdio.h>
struct score
{
    int num;
    char name[20];
    float sc[3];
};
void main()
{
    struct score s[5]={
        {1001,"Li Lin",{50,70,90}},
        {1002,"Zhao Mei",{70,80,90}},
        {1003,"Liu Li",{60,70,80}},
        {1004,"Zhang Yan",{50,70,60}},
        {1005,"Sun Jing",{60,80,90}}
    };
    struct score *p;
    float avg[5];
    int i,j;
    float t;
    p=s;                    //指向数组的首地址
```

```
    for(i=0;i<5;i++)
    {
        t=0;
        for(j=0;j<3;j++)          //计算每名学生的 3 门课程的总成绩
            t+=(p+i)->sc[j];
        avg[i]=t/3;               //计算平均成绩，并保存到 avg[i]中
    }
    for(i=0;i<5;i++)
        printf("%d\t%-20s\t%.1f\n",(p+i)->num,(p+i)->name,avg[i]);
}
```

运行上面的程序，输出结果如下：

```
1001    Li Lin                70.0
1002    Zhao Mei              80.0
1003    Liu Li                70.0
1004    Zhang Yan             60.0
1005    Sun Jing              76.7
```

9.5   结构体与函数

结构体类型和其他类型一样，也可以用作函数的参数，同时可以作为函数的返回值类型。本节将主要介绍结构体类型变量作为函数参数、结构体指针变量作为函数参数，以及返回值的类型为结构体类型的函数的定义和应用。

9.5.1   结构体类型变量作为函数参数

在 C 语言中，允许用结构体类型变量作为函数参数进行整体传送，在传送结构体类型参数时，系统将实参结构体类型变量的所有成员的值传递给形参结构体类型变量。

> **注意：**
>
> 在结构体类型变量作为函数参数时，实参和形参的结构体类型变量类型应当完全一致。

【例 9-6】将例 9-5 改为用函数计算某名学生的平均成绩，然后在 main 函数中调用该函数计算所有学生的平均成绩。

程序代码如下：

```
#include <stdio.h>
struct score
{
    int num;
    char name[20];
    float sc[3];
};
float average(struct score st)      //计算 st 的 3 门课程的平均成绩
{
    int i;
    float t;
    t=0;
```

```
    for(i=0;i<3;i++)                //计算 3 门课程的总成绩
        t+=st.sc[i];
    t=t/3;                          //计算平均成绩
    return t;
}
void main()
{
    struct score s[5]={
        {1001,"Li Lin",{50,70,90}},
        {1002,"Zhao Mei",{70,80,90}},
        {1003,"Liu Li",{60,70,80}},
        {1004,"Zhang Yan",{50,70,60}},
        {1005,"Sun Jing",{60,80,90}}
    };
    float avg[5];
    int i;
    for(i=0;i<5;i++)
    {
        avg[i]=average(s[i]);       //调用 average 函数计算 s[i]的平均成绩
    }
    for(i=0;i<5;i++)
        printf("%d\t%-20s\t%.1f\n",(s+i)->num,(s+i)->name,avg[i]);
}
```

在上面的程序中，定义了 average 函数，形参的类型为 struct score 类型，因此，在调用
该函数时，实参的类型也必须是 struct score 类型，在这里实参为 s[i]，其类型和形参的类型
一致。上面程序的输出结果同例 9-5 中程序的输出结果。

9.5.2　结构体指针变量作为函数参数

当结构体类型变量作为函数参数时，系统要将实参的全部成员的值逐个传递给形参，
特别是当成员为数组时将会使传递的时间和空间开销很大，严重地降低程序的效率。因此，
最好的办法就是使用指针，即用结构体指针变量作为函数参数进行传递，这时由于实参传
向形参的只是地址，从而减少了时间和空间的开销。

【例 9-7】将例 9-6 中的 average 函数的形参改为结构体指针变量。

```
#include <stdio.h>
struct score
{
    int num;
    char name[20];
    float sc[3];
};
float average(struct score *st)    //计算 st 的 3 门课程的平均成绩
{
    int i;
    float t;
    t=0;
    for(i=0;i<3;i++)               //计算 3 门课程的总成绩
        t+=st->sc[i];
```

```
        t=t/3;                          //计算平均成绩
        return t;
}
void main()
{
        struct score s[5]={
            {1001,"Li Lin",{50,70,90}},
            {1002,"Zhao Mei",{70,80,90}},
            {1003,"Liu Li",{60,70,80}},
            {1004,"Zhang Yan",{50,70,60}},
            {1005,"Sun Jing",{60,80,90}}
        };
        struct score *p;
        float avg[5];
        int i;
        p=s;
        for(i=0;i<5;i++)
        {
            avg[i]=average(p+i);        //由于形参为指针变量，因此实参必须是一个地址
        }
        for(i=0;i<5;i++)
            printf("%d\t%-20s\t%.1f\n",(p+i)->num,(p+i)->name,avg[i]);
}
```

例 9-7 和例 9-6 的最大不同在于形参为结构体指针变量，因此，在 main 函数中调用 average 函数时，函数的实参必须为一个 struct score 类型的地址。在本例中，实参为 p+i，表示第 i 名学生信息的首地址，也可以将其改为&s[i]。

9.5.3 函数返回值的类型为结构体类型

在 C 语言中，函数返回值的类型也可以是结构体类型。

【例 9-8】输入 5 名学生的成绩信息，并输出学生的成绩信息。

```
#include <stdio.h>
struct score
{
        int num;
        char name[20];
        float sc[3];
};
struct score input()        //输入一名学生的成绩信息
{
        struct score st;
        int i;
        scanf("%d",&st.num);
        gets(st.name);
        for(i=0;i<3;i++)
            scanf("%f",&st.sc[i]);
        return st;
}
void main()
```

```
{
    struct score s[5];
    struct score *p;
    int i;
    for(i=0;i<5;i++)
    {
        s[i]=input();              //将输入的信息赋给数组元素
    }
    for(i=0;i<5;i++)
        printf("%d\t%-20s\t%.1f\t%.1f\t%.1f\n",s[i].num,s[i].name,s[i].
sc[0],s[i].sc[1],s[i].sc[2]);
    }
```

上面程序中的 input 函数的功能为输入一个结构体类型数据，并将输入的结构体类型数据作为返回值，返回给结构体数组 s 的第 i 个元素，最后输出结构体数组 s 中的所有元素。

*9.6　链表

链表是结构体指针的一个重要应用。本节将主要介绍链表的基本知识、内存管理函数和链表的基本操作。

9.6.1　链表概述

数组作为存放同类数据的集合，给我们在设计程序时带来了很多方便，增加了灵活性，但数组同样存在一些问题，如数组的大小要事先定义好，不能在程序中进行调整，这样一来，在程序设计中针对不同问题有时需要不同长度的数组，难以统一。我们只能根据可能的最大需求来定义数组，但这样常常会造成一定存储空间的浪费。

我们希望构造动态的数组，这样随时可以调整数组的大小，以满足不同问题的需要。链表就是我们需要的动态数组，链表在程序的执行过程中会根据需要（如有数据存储等）向系统申请存储空间，不会造成存储空间的浪费。

链表是最简单且最常用的一种动态数据结构。链表是结构体类型的一个重要应用，它是一种非固定长度的数据结构，是一种动态存储技术，它能够根据数据的结构特点和数量来使用内存，尤其适用于数据个数可变的数据存储。

链表的结构如图 9-1 所示，链表有一个头指针变量 head，它存放一个地址，该地址指向一个元素。链表中的每个元素称为节点，每个节点都应包括两部分：一是用户需要的实际数据，二是下一个节点的地址。head 指向第一个元素，第一个元素指向第二个元素，以此类推，直到最后一个元素，该元素不再指向其他元素，它称为表尾，它的地址部分存放一个"NULL"（表示空地址），链表到此结束。

图 9-1　链表的结构

链表与数组的最大区别是，数组是将元素在内存中连续存放的，由于每个元素占用的内存相同，因此可以通过下标立即访问数组中的任何元素。但是如果想要在数组中增加一个元素，则需要移动大量元素，在内存中空出一个元素的空间，然后将要增加的元素放在其中。同样的道理，如果想要删除一个元素，则同样需要移动大量元素去填补被删除元素空出的空间。链表恰好相反，链表中的元素在内存中不是顺序存储的，而是通过存在元素中的指针联系到一起的，如上一个元素有一个指针指到下一个元素，以此类推，直到最后一个元素。如果要访问链表中的一个元素，则需要从第一个元素开始，一直找到需要的元素的位置。但是增加和删除一个元素对于链表数据结构来说就非常简单了，只要修改元素中的指针就可以了。比如，在图 9-1 中的节点 A 后插入节点 P，只需使 P 指向 B，使 A 指向 P 即可；在链表中删除节点 C，只需使 B 指向 D，并删除节点 C 所占的内存即可。因此，对链表进行插入、删除操作非常方便。

从上面的比较可以看出，如果需要快速访问数据，不经常插入和删除元素，则应该用数组；相反，如果需要经常插入和删除元素，则需要用链表数据结构。

链表节点数据是用结构体类型来描述的，它包含若干个成员，其中一些成员用来存储实际数据；另一些成员是指针变量，用来存放与该节点相连的其他节点的地址，这里只介绍单向链表，因此每个节点只包含一个这样的指针成员。

下面是一个单向链表节点的类型说明：

```
struct student
{
    int num;
    float score;
    struct student *next;  //指向下一个节点
};
```

其中，成员 num 用来存储学号，成员 score 用来存储成绩，成员 next 用来存储下一个节点的地址。

9.6.2 内存管理函数

前面已经提到，链表节点的存储空间是程序根据需要向系统申请的。C 语言提供了一些内存管理函数，这些内存管理函数可以按需要动态地分配内存空间，也可以把不使用的空间释放，从而有效地利用内存资源。常用的内存管理函数有 3 个：malloc、calloc 和 free。

1. 分配内存空间函数 malloc

malloc 函数的功能是在内存的动态存储区中分配一块指定字节的连续区域，并返回该区域的首地址。调用 malloc 函数的一般形式如下：

```
(类型说明符 *)malloc(size)
```

其中，"类型说明符"表示把该区域用于何种数据类型；"(类型说明符 *)"表示把返回值强制转换为类型说明符所指定类型的指针；"size"是一个无符号数，表示所要分配的内存空间的字节数。示例如下：

```
char *pc;
pc=(char *)malloc(100);
```

上面的代码表示分配 100 字节的内存空间，并将返回值强制转换为字符类型指针，把该指针（malloc 函数返回的所分配区域的首地址）赋给指针变量 pc。

注意：

> 如果需要分配的内存空间是一个结构体类型，则可以用 sizeof 计算结构体类型的大小。示例如下：
>
> ```
> struct student *p;
> p=(struct student *)malloc(sizeof(struct student));
> ```

2. 分配内存空间函数 calloc

calloc 函数也用于分配内存空间。该函数的功能是在内存动态存储区中分配 n 块指定字节的连续区域，并返回该区域的首地址。调用 calloc 函数的一般形式如下：

```
(类型说明符 *)calloc(n,size)
```

calloc 函数与 malloc 函数的区别仅在于，calloc 函数一次可以分配 n 块区域。示例如下：

```
struct student *ps;
ps=(struct student *)calloc(2,sizeof(struct student));
```

上面语句的含义是：按 struct student 类型的长度分配两块连续区域，强制转换为 struct student 类型，并把其首地址赋给指针变量 ps。

3. 释放内存空间函数 free

free 函数用于释放一块内存空间，其中参数是一个任意类型的指针变量指向的被释放区域的首地址。调用 free 函数的一般形式如下：

```
free(void *ptr);
```

其中，"ptr"是一个任意类型的指针变量，它指向被释放区域的首地址。被释放区域应该是由 malloc 或 calloc 函数所分配的区域。

以上 3 个内存管理函数被定义在 stdlib.h 头文件中，因此在使用这 3 个函数时，应该使用"#include"命令包含该头文件。

【例 9-9】输入一名学生的信息，并输出该学生的所有信息。

```c
#include <stdio.h>
#include <stdlib.h>
struct student
{
    int num;
    char name[20];
    char sex;
    int age;
    float score;
    char addr[40];
};

void main()
{
    struct student *ps;                                 //定义结构体指针变量
    ps=(struct student *)malloc(sizeof(struct student)); //分配内存空间
    scanf("%d",&ps->num);
```

```
        gets(ps->name);
        scanf("%c",&ps->sex);
        scanf("%d",&ps->age);
        scanf("%f",&ps->score);
        gets(ps->addr);
        printf("Number=%d\nName=%s\n",ps->num,ps->name);
        printf("Sex=%c\nAge=%d\nScore=%f\n",ps->sex,ps->age,ps->score);
        printf("Address=%s\n",ps->addr);
        free(ps);                                    //释放内存空间
    }
```

在上面的程序中，首先定义了结构体类型 struct student，定义了 struct student 类型指针变量 ps；然后分配了一块 struct student 类型大小的内存空间，并使指针变量 ps 指向该空间；接着为指针变量 ps 指向的结构体类型变量输入各个成员的值，并用 printf 函数输出各个成员的值；最后用 free 函数释放指针变量 ps 指向的内存空间。整个程序包含了申请内存空间、使用内存空间、释放内存空间 3 个步骤，实现了存储空间的动态分配。

9.6.3 链表的基本操作

链表的基本操作主要包括链表的建立、输出、查找、插入和删除等。

1．链表的建立

建立链表是指一个一个地输入各节点数据，并建立节点前后链接的关系。建立单向链表的方法有两种：一种是插入表头法，另一种是插入表尾法。

插入表头法的特点是：新生成的节点作为新的表头插入链表，如图 9-2 所示。在这种方法中，链表将新生成的节点 p 作为链表的第 1 个节点，原来的第 1 个节点作为新节点的后继节点。实现代码如下：

```
        p->next=head;
        head=p;
```

 注意：

> 上面两条语句的顺序不能改变，如果改变，则将会丢失 head 所指向的原来的链表节点。

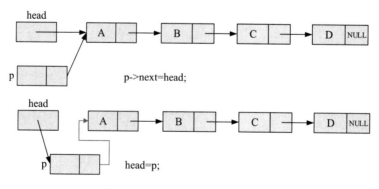

图 9-2　使用插入表头法建立链表

插入表尾法的特点是：新生成的节点链接到链表的末尾，如图 9-3 所示。在这种方法中，需要新增加一个 last 指针，该指针始终指向链表的末尾节点，首先将指向新生成的节点 p 的后继节点的指针设置为 NULL，并链接到原来的末尾节点，然后使得 last 指向新生成的节点 p。实现代码如下：

```
p->next=NULL;
last->next=p;
last=p;
```

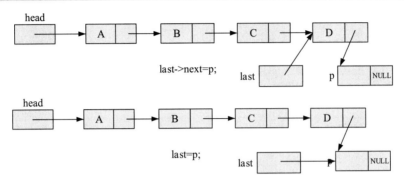

图 9-3　使用插入表尾法建立链表

【例 9-10】编写一个函数，建立一个包含 n 名学生信息的单向链表。

本例使用插入表尾法建立链表。

分析：

（1）由于本例使用插入表尾法建立链表，因此需要 head 节点和 last 节点，将 head 指针和 last 指针均设置为 NULL。

（2）建立一个节点，并将该节点的 next 指针设置为 NULL，如果该节点是第 1 个节点，则 head 指针指向该节点，last 指针也指向该节点；如果该节点不是第 1 个节点，则新生成的节点 p 链接到 last 指针所指向节点的末尾，并将 last 指针指向节点 p。

（3）转到第（2）步，重复 n 次。

程序代码如下：

```
#include <stdio.h>
#include <stdlib.h>
#define STUDENT struct student
#define LEN sizeof(STUDENT)
STUDENT
{
    int num;
    float score;
    STUDENT *next;
};
STUDENT *create(int n)              //生成包含 n 名学生信息的链表
{
    STUDENT *head,*last,*p;
    int i;
    head=last=NULL;
    for(i=0;i<n;i++)
    {
        p=(STUDENT *)malloc(LEN);
```

```
            printf("\nPlease input student%d number,score: ",i+1);
            scanf("%d,%f",&p->num,&p->score);
            p->next=NULL;
            if(i==0)                        //如果新生成的节点是第 1 个节点
                head=last=p;
            else                            //如果新生成的节点不是第 1 个节点
            {
                last->next=p;
                last=p;
            }
        }
        return head;
    }
    void main()
    {
        STUDENT *head;                      //定义头指针变量
        head=create(5);
    }
```

在上面的程序中，create 函数的参数 n 为新建的链表节点的个数，返回值为链表的头节点。在 create 函数的 for 循环中，利用 malloc 函数建立了一个节点 p，并输入节点 p 的成员的值，由于新生成的节点为表尾节点，因此，将 p->next 设置为 NULL，然后就是对节点 p 是否为第 1 个节点进行判断。

2. 链表的输出

在上面的例子中新建了一个链表，并返回了链表的头指针，如果需要输出该链表的内容，则可以通过头指针遍历链表的所有节点一直到表尾节点。由于 head 指针指向的是第 1 个节点，所以 head 指针本身不能移动，因为一旦移动了 head 指针，那么头指针将不再指向第 1 个节点，从而造成数据丢失，因此，我们可以设置另一个指针变量 p，并让指针变量 p 和 head 指针一样指向第 1 个节点即可。

输出链表内容的函数 output 如下：

```
    void output(STUDENT *head)
    {
        STUDENT *p;
        p=head;
        while(p!=NULL)
        {
            printf("%5d,%5.1f\n",p->num,p->score);
            p=p->next;
        }
    }
```

在上面的 output 函数中，指针变量 p 和头指针 head 一样指向第 1 个节点，然后根据指针变量 p 是否为 NULL 进行输出，在输出当前节点后，要继续输出下一个节点，因此将指针变量 p 指向下一个节点，即 p->next，继续输出，直到表尾节点。

3. 链表的查找

链表的查找是指在已知链表中查找值为某指定值的节点。链表的查找过程和输出过程类似，都是从链表的头节点所指向的第 1 个节点出发，顺序查找。如果找到值为指定值的节点，则返回该节点的指针；如果没有找到，则返回 NULL，表示链表中没有值为指定值的节点。

例如，下面的程序用于查找学号为 num 的学生的信息：

```
//head 为链表的头节点，num 为要查找的学号
STUDENT *search(STUDENT *head,int num)
{
    STUDENT *p;
    p=head;
    while(p!=NULL)
    {
        if(p->num==num)
            return p;
        else
            p=p->next;
    }
    return NULL;
}
```

在上面的 search 函数中，形参 head 为链表的头节点，num 为要查找的学号。在 while 循环中，如果节点 p 的成员 num 的值与要查找的 num 的值相等，则返回节点 p 的指针；否则继续查找下一个节点，循环完成后，说明没有符合要求的节点（如果有，则已经返回并结束函数了），因此返回 NULL。在主调函数中可以通过如下代码来判断是否找到符合要求的节点：

```
void main()
{
    STUDENT *head,*p;
    int num;
    Head=create(5);
    …
    num=1001;
    p=search(head,num);
    if(p==NULL)
        printf("Not found %d\n",num);
    else
        printf("%d is found,score=%5.1f",num,p->score);
    …
}
```

4. 链表的插入

在链表这种特殊的数据结构中，需要根据具体情况来设定链表的长短，当需要插入新数据时，链表会向系统申请存储空间，并将数据插入链表中。新节点 p 插入的位置有 3 种情况：①插入链表表头，成为第 1 个节点；②插入链表中间；③插入链表末尾。

新节点的插入步骤如下：

（1）找到插入点。

（2）插入节点。

新节点的插入过程如图 9-4 所示。

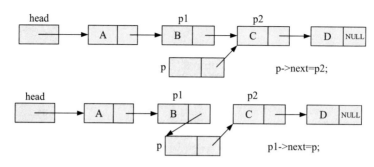

图 9-4　新节点的插入过程

插入节点的算法如下：

（1）设定指针变量 p1 指向某个节点，指针变量 p2 指向该节点的下一个节点，p 为要插入的节点。

（2）如果头指针 head 为 NULL，则 head 指针指向节点 p，将 p->next 设置为 NULL。

（3）通过"p1=p2;p2=p2->next;"语句查找插入点。

（4）如果插入点位于第 1 个节点之前，则通过"p->next=head;head=p;"语句插入节点。

（5）如果插入点位于链表的中间或末尾，则通过"p->next=p2;p1->next=p;"语句插入节点。

例如，下面的程序是在已有链表的基础上插入一个新节点，其中已有链表是按学号由小到大的顺序进行排序的，要求插入节点后仍然按学号由小到大的顺序排序。

```c
STUDENT *insert(STUDENT *head,STUDENT *p)
{
    STUDENT *p1,*p2;
    p2=head;
    if(head==NULL)                              //没有插入点
    {
        p->next=NULL;
        head=p;
    }
    else                                        //有插入点
    {
        while((p->num > p2->num) && p2!=NULL)   //查找插入点
        {
            p1=p2;
            p2=p2->next;
        }
        if(p1==head)                            //插入点位于第 1 个节点之前
        {
            p->next=head;
            head=p;
        }
        else                                    //插入点位于链表中间或末尾
        {
            p->next=p2;
            p1->next=p;
        }
    }
    return head;
}
```

在上面的程序中，定义了插入节点函数 insert，参数 head 表示已有链表的头节点，p 表示要插入的节点，返回值为 head 指针。为什么在定义函数时还需要返回值呢？因为在插入节点时有可能改变 head 指针，如当 head 指针原来为空时和插入点位于第 1 个节点之前，都会改变 head 指针的值，因此，在插入操作完成后，需要重新返回头节点 head。

5．链表的删除

想要在链表中删除一个节点，只要改变链表的链接关系，同时释放要被删除节点的内存空间即可。在删除节点时分为以下两种情况。

（1）要被删除的节点是链表的第 1 个节点。这种情况只要使 head 指针指向第 2 个节点即可，即 head=p2->next，其过程如图 9-5 所示。

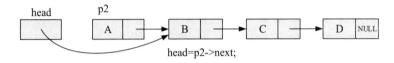

图 9-5　要被删除的节点是链表的第 1 个节点

（2）要被删除的节点不是链表的第 1 个节点。这种情况只需使要被删除节点的前一个节点指向要被删除节点的后一个节点即可，即 p1->next=p2->next，其过程如图 9-6 所示。

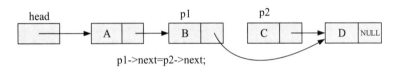

图 9-6　要被删除的节点不是链表的第 1 个节点

在链表中删除节点的算法如下：

（1）通过"p2=head;"语句从第 1 个节点开始查找要被删除的节点。

（2）当 p2 节点不满足删除的条件，并且没有到链表末尾时，通过"p1=p2;p2=p2->next;"语句移动 p2 指针继续查找。

（3）如果找到了要被删除的节点，即 p2!=NULL，则继续进行如下判断：如果 p2==head，即要被删除的节点是第 1 个节点，则 head=p2->next，否则 p1->next=p2->next。

（4）通过"free(p2);"语句释放要被删除节点的内存空间。

例如，下面的程序用于在已有链表中删除指定学号的节点：

```c
STUDENT *delete(STUDENT *head,int num)
{
    STUDENT *p1,*p2;
    p2=head;
    if(head==NULL)                          //如果链表为空
    {
        printf("\nList is null\n");
        return head;
    }
    p2=head;
    while(num!=p2->num&&p2->next!=NULL)     //查找要被删除的节点
```

```
    {
        p1=p2;
        p2=p2->next;
    }
    //如果不是链表的末尾，即找到了要被删除的节点 p2
    if(p2->next!=NULL)
    {
        if(p2==head)                          //如果要被删除的节点是第 1 个节点
            head=p2->next;
        else
            p1->next=p2->next;
        free(p2);
        printf("\nDelete %d successfully!",num);
    }
    else                                      //没有找到要被删除的节点
        printf("%d not be found!",num);
    return head;
}
```

上面程序中的 delete 函数有两个形参，head 为链表的头节点，num 为要被删除节点的学号。首先判断链表是否为空，如果链表为空，则不可能有要被删除的节点；如果链表不为空，则使 p2 指向链表的第 1 个节点。进入 while 语句后逐个查找要被删除的节点。找到要被删除的节点之后再判断其是否为第 1 个节点，如果其为第 1 个节点，则使 head 指向第 2 个节点（即将第 1 个节点从链表中删除），否则使要被删除节点的前一个节点（即 p1）指向要被删除节点的后一个节点（即 p2->next）。如果循环结束仍未找到要被删除的节点，则输出提示信息。最后返回 head 头节点。

9.7　共用体类型

共用体类型是 C 语言中的另一种用户自定义类型，其形式与结构体类型类似，但又有着本质的区别。本节将主要介绍共用体类型变量的定义和使用。

9.7.1　共用体类型与共用体类型变量

1. 共用体类型定义

在一些特殊的应用中，要求某存储区域中的数据对象在程序执行的不同时间能够存储不同类型的值。而到目前为止，我们定义的变量只能是某种特定类型，为了解决这个问题，C 语言引入了共用体类型。

所谓共用体类型是指将不同的数据类型组织成一个整体，它们在内存中占用同一段内存单元。共用体类型也是一种用户自定义类型，在使用共用体类型之前必须先定义它。定义共用体类型的一般形式如下：

```
union 共用体类型名
{
成员说明列表
};
```

示例如下：

```
union data
{
    int a;
    float b;
    char c;
    double d;
};
```

注意：

共用体类型与结构体类型在形式上非常相似，但其表示的含义及存储方式是完全不同的。

2. 共用体类型变量的定义

在定义好共用体类型后，和定义结构体类型变量一样，定义共用体类型变量有 3 种方式。

（1）先定义共用体类型，再定义共用体类型变量。示例如下：

```
union data
{
    int a;
    float b;
    char c;
    double d;
};
union data d1,d2;
```

（2）在定义共用体类型的同时定义共用体类型变量。示例如下：

```
union data
{
    int a;
    float b;
    char c;
    double d;
}d1,d2;
```

（3）在定义共用体类型时，省略共用体类型名，同时定义共用体类型变量。示例如下：

```
union
{
    int a;
    float b;
    char c;
    double d;
}d1,d2;
```

9.7.2　共用体类型变量的使用

在定义共用体类型变量之后，就可以引用该共用体类型变量的某个成员，引用方式与引用结构体类型变量成员的方式相似。例如，引用上一节所定义的共用体类型变量 d1 的成员：

```
d1.a
d1.b
d1.c
d1.d
```

注意：

一个共同体变量不能同时存放多个成员的值，而只能存放其中一个成员的值，这就是最后赋给它的值。示例如下：

```
d1.a=50;
d1.c='M';
d1.d=20.5;
```

共用体类型变量 d1 最后的值为 "20.5"，由该结果可以看出，共用体类型变量的值为最后一次的赋值，这是因为共用体类型变量的各个成员共用同一段内存空间，如图 9-7 所示。在使用共用体类型变量时，根据需要只能使用其中的某一个成员。

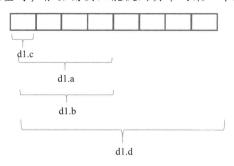

图 9-7 共用体类型变量的各个成员所占用的内存空间

除了可以通过变量引用共用体类型变量的成员，还可以通过指针变量引用共用体类型变量的成员。示例如下：

```
union data *pt,x;
pt=&x;
pt->a=120;
pt->b=123.5;
pt->c='M';
pt->d=1234.56789;
```

在上面的代码中，pt 为指向共用体类型变量 x 的指针变量，代码中的 pt->a 相当于 x.a，这和结构体类型变量中的用法相似。

和结构体类型变量一样，共用体类型变量也不能直接通过变量名进行输入或输出，需要通过变量的成员实现输入或输出。此外，共用体类型变量也可以直接赋值给另一个共用体类型变量。示例如下：

```
union data d1,d2;
scanf("%c",&d1.c);
d2=d1;
```

在上面的代码中，首先定义了两个共用体类型变量 d1 和 d2，然后通过 scanf 函数输入变量 d1 的成员 c，最后将变量 d1 赋值给变量 d2，此时变量 d2 的成员的值和变量 d1 的成员的值相同。

虽然共用体类型在类型定义和变量引用时都和结构体类型有着很多相似之处，但是它们之间有着本质的区别。共用体类型主要有如下特点：

（1）同一个内存段可以用来存放几种不同类型的成员，但是在每一瞬间只能存放其中的一种，而不是同时存放几种。换句话说，每一瞬间只有一个成员起作用，其他的成员不起作用。

（2）共用体类型变量中起作用的成员是最后一次存放的成员，在存入一个新成员后，原有成员就失去作用了。

（3）共用体类型变量的地址和它的各成员的地址都是同一地址。

（4）不能对共用体类型变量名赋值，也不能通过引用变量名来得到一个值，并且不能在定义共用体类型变量时对其进行初始化。

（5）不能把共用体类型变量作为函数参数，也不能使函数返回值的类型是共用体类型，但可以使用指向共用体类型变量的指针。

（6）共用体类型可以出现在结构体类型的定义中，也可以定义共用体数组。反之，结构体类型也可以出现在共用体类型的定义中，结构体数组也可以作为共用体类型的成员。

【例 9-11】 设有一个教师与学生通用的表格，教师数据有姓名、年龄、职业、教研室 4 项，学生有姓名、年龄、职业、班级 4 项。编写程序，实现输入人员信息后以表格的形式输出信息。

分析：

（1）由于教师和学生都有共同的成员，因此可以将教师和学生信息共同用一个结构体类型 struct person 来表示，包含姓名成员、年龄成员、职业成员。

（2）由于教师和学生有着不同的信息，即教师有教研室，学生有班级，并且它们的数据类型不同，因此可以定义一个共用体类型 union dept 来表示学生的班级和教师的教研室信息。

（3）在输入信息时进行判断，如果是教师，则输入教研室信息；如果是学生，则输入班级信息。输出信息时和输入信息时一样进行判断即可。

程序代码如下：

```c
#include <stdio.h>
union dept
{
    int class;              //学生的班级
    char office[10];        //教师的教研室
};
struct person
{
    int num;                //编号
    char name[20];          //姓名
    int age;                //年龄
    char job;               //职业
    union dept section;     //学生的班级或教师的教研室
};
void main()
{
    struct person p[10];
    int i;
    for(i=0;i<10;i++)
    {
```

```
        printf("\nPlease input num: ");
        scanf("%d",&p[i].num);
        printf("\nPlease input name: ");
        gets(p[i].name);
        printf("\nPlease input age: ");
        scanf("%d",&p[i].age);
        printf("\nPlease input job(s|t): ");
        scanf("%c",&p[i].job);
        if(p[i].job=='t')                    //如果职业为t,即教师
        {
            printf("\nPlease input office: ");
            gets(p[i].section.office);
        }
        else                                 //如果职业为s,即学生
        {
            printf("\nPlease input class: ");
            scanf("%d",&p[i].section.class);
        }
    }
    for(i=0;i<10;i++)                        //输出教师和学生的信息
    {
        printf("%5d\t%20s\t",p[i].num,p[i].name);
        printf("%3d\t%c\t",p[i].age,p[i].job);
        if(p[i].job=='t')
            printf("%s\n",p[i].section.office);
        else
            printf("%d\n",p[i].section.office);
    }
}
```

9.8 枚举类型

1. 枚举类型和枚举类型变量

在实际应用中,有些变量只有几种可能的取值。例如,1个星期只有7天,1年只有12个月,等等。如果把这些量说明为整型、字符型或其他类型显然是不妥当的。为此,C语言提供了枚举类型。在枚举类型的定义中列举出所有可能的取值,被说明为该枚举类型的变量的取值不能超过定义的范围。定义枚举类型的一般形式如下:

```
enum 枚举类型名
{枚举值表};
```

在枚举值表中应罗列出所有的可用值,这些值也被称为枚举元素。示例如下:

```
enum weekday
{sun,mon,tue,wed,thu,fri,sat};
```

上面的代码定义了枚举类型 enum weekday,枚举值共有7个,即1周中的7天。只要是被说明为 weekday 类型的变量,其取值只能是7天中的某一天。

在定义好枚举类型后,就可以定义枚举类型变量了。和结构体类型变量与共用体类型变量一样,枚举类型变量也必须先定义后使用。定义枚举类型变量的方式如下所述。

（1）先定义枚举类型，再定义枚举类型变量。示例如下：

```
enum weekday
{sun,mon,tue,wed,thu,fri,sat};
enum weekday a,b,c;
```

上面的代码首先定义了枚举类型 enum weekday，然后定义了枚举类型变量 a、b、c。

（2）在定义枚举类型的同时定义枚举类型变量。示例如下：

```
enum weekday
{sun,mon,tue,wed,thu,fri,sat}a,b,c;
```

（3）在定义枚举类型时，省略枚举类型名，同时定义枚举类型变量。示例如下：

```
enum
{sun,mon,tue,wed,thu,fri,sat}a,b,c;
```

2. 枚举类型变量的赋值和使用

在定义好枚举类型变量后，就可以在程序设计中使用枚举类型变量了。在使用枚举类型变量时，需要注意以下规定。

（1）枚举值是常量，不是变量，因此不能在程序中用赋值语句再对它进行赋值。例如，对枚举类型 weekday 的元素再使用赋值语句 "sun=5;mon=2;sun=mon;" 进行赋值是错误的。

（2）枚举类型元素的值是一个顺序的值，默认由系统定义，从 0 开始顺序定义为 0、1、2、…。例如，在 weekday 类型中，sun 的值为 0，mon 的值为 1，……，sat 的值为 6。示例如下：

```
main()
{
    enum weekday
    {sun,mon,tue,wed,thu,fri,sat}a,b,c;
    a=sun;
    b=mon;
    c=sat;
    printf("a=%d,b=%d,c=%d",a,b,c);
}
```

上面程序的输出结果如下：

```
a=0,b=1,c=6
```

由上面程序的输出结果可以看出，sun 的值为 0，mon 的值为 1，sat 的值为 6。

（3）可以自己定义枚举类型元素的值，定义一个元素的值后，后面没有定义值的元素的值将顺序加 1。示例如下：

```
enum weekday
{sun=5,mon,tue,wed=10,thu,fri,sat}a,b,c;
```

上面枚举类型 weekday 的元素的值分别为：sun=5，mon=6，tue=7，wed=10，thu=11，fri=12，sat=13。

（4）枚举类型的元素既不是字符常量，也不是字符串常量，使用时不要加单引号、双引号。

【例 9-12】输入 1~12 月份，根据月份输出对应的英文单词。

```
#include <stdio.h>
main()
{
```

```
enum month
{jan=1,feb,mar,apr,may,jun,jul,aug,sep,oct,nov,dec}a;
printf("\nPlease input month (1~12): ");
scanf("%d",&a);
switch(a)
{
    case jan:
        printf("January\n");
        break;
    case feb:
        printf("February\n");
        break;
    case mar:
        printf("March\n");
        break;
    case apr:
        printf("April\n");
        break;
    case may:
        printf("May\n");
        break;
    case jun:
        printf("June\n");
        break;
    case jul:
        printf("July\n");
        break;
    case aug:
        printf("August\n");
        break;
    case sep:
        printf("September\n");
        break;
    case oct:
        printf("October\n");
        break;
    case nov:
        printf("November\n");
        break;
    case dec:
        printf("December\n");
        break;
    default:
        printf("Error\n");
        break;
    }
}
```

运行上面的程序，输入"8"，输出结果如下：

```
August
```

在上面的程序中，先定义了一个枚举类型 month，各个元素的值分别为 1~12，同时定义变量 a 为 month 类型变量，然后输入变量 a 的值（注意，输入的值应为整型数据），通过判断变量 a 的值来输出相应的英文单词。

9.9　精彩案例

本节将主要介绍有关结构体类型、结构体类型变量、结构体数组、结构体指针应用的一些精彩案例，具体包含链表存储职工信息和链表翻转这两个案例。

9.9.1　链表存储职工信息

【例 9-13】职工的信息包括职工号、姓名和工资等数据项，要求编写 input 函数输入 10 位职工的信息，在另一个函数 limit 中求工资最高的职工的信息，并在 main 函数中输出工资最高的职工的信息。

分析：

（1）先定义一个结构体类型 struct worker，成员包含职工号、姓名和工资。

（2）在 input 函数中，输入 10 位职工的信息，并返回职工信息链表的头指针，因此，input 函数的格式为"worker *input(int n)"，其中 n 表示输入的职工人数。

（3）limit 函数的格式为"worker *limit(work *head)"，其中 head 为职工信息链表的头指针，返回值为工资最高的职工的信息。

程序代码如下：

```
#include <stdio.h>
#include <stdlib.h>
struct worker
{
    int num;
    char name[20];
    float salary;
    struct worker *next;
};
typedef struct worker WORKER;
WORKER *input(int n)
{
    WORKER *head,*p,*last;
    int i;
    for(i=0;i<n;i++)
    {
     p=(WORKER *)malloc(sizeof(WORKER));
     printf("\nPlease input number: ");
     scanf("%d",&p->num);
     printf("\nPlease input name: ");
     gets(p->name);
     printf("\nPlease input salary: ");
     scanf("%f",&p->salary);
     p->next=NULL;
     if(i==0)
     {
         head=p;
         last=p;
     }
```

```
            else
            {
                last->next=p;
                last=p;
            }
        }
        return head;
    }
    WORKER *limit(WORKER *head)
    {
        WORKER *p,*max;
        p=head;
        if(head==NULL)
            return head;
        max=p;
        while(p!=NULL)
        {
            if(p->salary>max->salary)
                max=p;
            p=p->next;
        }
        return max;
    }
    void main()
    {
        WORKER *head,*max;
        head=input(10);
        max=limit(head);
        printf("\nmax salary: \n");
        printf("Num=%5d\nName=%s\nSalary=%.2f\n",max->num,max->name,max->salary);
    }
```

在上面的程序中，利用 input 函数输入了 10 位职工的信息，并返回职工信息链表的头指针 head，在 limit 函数中，利用求最大值的算法遍历链表的所有节点，并求出最大值节点，最后返回最大值节点的指针。

9.9.2 链表翻转

【例 9-14】编写程序，将例 9-13 中的链表的所有节点首尾对调。

分析：

（1）定义一个新的头指针 head1，遍历原有链表，并将原有链表的节点 p 插入新链表中作为新链表的第 1 个节点，即采用链表表头插入法。首尾对调的效果如图 9-8 所示。

（2）在将 head 指针指向的原有链表的节点插入 head1 指针指向的节点时，如果原有链表只有 1 个节点或没有节点，则不需要对调，只要返回 head 指针即可。

（3）由于在将原有链表的节点插入新链表中时，要改变当前节点 p1 的 next 指针值，因此需要用指针变量 p2 指向指针变量 p1 所指向节点的后继节点。

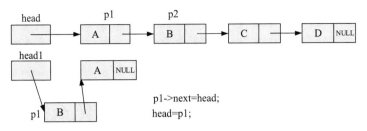

p1->next=head;
head=p1;

图 9-8　链表节点首尾对调

程序代码如下：

```
#include <stdio.h>
#include <stdlib.h>
struct worker
{
    int num;
    char name[20];
    float salary;
    struct worker *next;
};
typedef struct worker WORKER;
WORKER *input(int n)                    //生成链表
{
    WORKER *head,*p,*last;
    int i;
    for(i=0;i<n;i++)
    {
        p=(WORKER *)malloc(sizeof(WORKER));
        printf("\nPlease input number: ");
        scanf("%d",&p->num);
        printf("\nPlease input name: ");
        gets(p->name);
        printf("\nPlease input salary: ");
        scanf("%f",&p->salary);
        p->next=NULL;
        if(i==0)
        {
            head=p;
            last=p;
        }
        else
        {
            last->next=p;
            last=p;
        }
    }
    return head;
}
WORKER *convert(WORKER *head)        //返回对调后的头指针
{
    WORKER *p1,*p2,*head1;
    head1=NULL;
```

```
            p1=head;
            p2=p1->next;
            if(p2==NULL||head==NULL)        //如果链表没有节点或只有一个节点
               return head;
            while(p2!=NULL)
            {
               p1->next=head1;              //向 head1 中插入节点，采用链表表头插入法
               head1=p1;
               p1=p2;                       //指向下一个节点
               p2=p2->next;
            }
            return head1;
         }
         void output(WORKER *head)          //输出链表内容
         {
            WORKER *p;
            p=head;
            while(p!=NULL)
            {
               printf("%5d\t%20s\t%.2f\n",p->num,p->name,p->salary);
               p=p->next;
            }
         }
         void main()
         {
            WORKER *head;
            head=input(10);                 //输入 10 位职工的信息
            output(head);                   //输出对调前的节点的值
            head=convert(head);             //将原有链表的节点首尾对调
            output(head);                   //输出对调后的节点的值
         }
```

在上面的程序中定义了 3 个函数。input 函数用于输入 n 位职工的信息，并返回链表的头指针；convert 函数用于将链表的节点首尾对调；output 函数用于输出一个链表所有节点的内容。在 convert 函数中，采用链表表头插入法将原有链表的节点插入新链表中，在插入过程中，由于要改变当前节点的后继指针值，因此，需要用指针变量 p2 指向当前节点的后继节点。

本 章 小 结

本章介绍了结构体类型、共用体类型和枚举类型 3 种自定义数据类型的定义方法和应用。

结构体类型主要用于具有不同数据类型的记录结构的数据访问，如学生信息、教师信息等。结构体类型变量可以通过"."运算符访问内部成员，如 s.num；结构体指针变量可以通过"->"运算符访问结构体类型变量的成员，如 sp->num。

结构体类型最常见的应用为链表的操作。链表是一种动态数据结构，可以根据需要临时申请内存空间。C 语言提供了 3 个常用的内存管理函数，即 malloc、calloc 和 free 函数，利用这些函数就可以实现对内存空间的申请和释放操作。链表的基本操作包括链表的建立、

输出、查找、插入、删除等。

共用体类型的变量可以使得存储区域中的数据对象在程序执行的不同时间能够存储不同类型的值。共用体类型经常被用于结构体类型中。

枚举类型用于存储具有固定几个值的变量的定义。

以上 3 种自定义数据类型都必须遵循一个原则：先定义类型，后使用该类型。

通过对本章内容的学习，读者应该掌握结构体类型、共用体类型和枚举类型的定义方法和应用，应该重点掌握结构体类型、链表的操作等内容。

习　题

一、选择题

1. 在 C 语言中，结构体类型变量在程序执行期间（　　）。

A. 所有成员一直驻留在内存中　　　　B. 只有一个成员驻留在内存中

C. 部分成员驻留在内存中　　　　　　D. 没有成员驻留在内存中

2. 设有如下定义：

```
struct sk
{
    int n;
    float x;
}data,*p;
```

如果想要使 p 指向 data 中的 n 域，则下列赋值语句中正确的是（　　）。

A. p=&data.n;　　　　　　　　　　B. *p=data.n;

C. p=(struct sk *)&data.n;　　　　D. p=(struct sk *)data.n;

3. 以下对结构体类型变量 stu1 的成员 age 的非法引用是（　　）。

```
struct student
{
    int age;
    int num;
}stu1,*p;
p=&stu1;
```

A. stu1.age　　　　B. student.age　　　　C. p->age　　　　D. (*p).age

二、编程题

1. 用链表结构保存学生的成绩信息，成绩信息包括学号、姓名和 3 门课程的成绩，用 create 函数实现创建 5 名学生的成绩信息链表，用 output 函数以表格的形式输出 5 名学生的成绩信息，用 average 函数实现计算每名学生的 3 门课程的平均成绩，并通过数组返回。

2. 在上一题的基础上，编写 insert 函数实现对上述链表节点的插入操作，编写 delete 函数实现通过学号删除节点的操作，编写 clear 函数实现对链表的清空操作。

第 **10** 章

位运算

前面介绍的各种运算都是以字节作为最基本单位进行的，但在很多系统程序中经常要求在位一级进行运算或处理。位运算就是直接对整数在内存中的二进制位进行操作。由于位运算直接对内存数据进行操作，不需要将数据转换成十进制数，因此处理速度非常快。

10.1 位运算符和位运算

1. 补码

由于使用补码可以将符号位和其他位统一处理，同时，减法也可以按加法来处理，因此，在计算机系统中，数值一律用补码来表示（存储）。在使用补码时，二进制数的最高位（最左边的位）定义为符号位，正数的符号位为 0，负数的符号位为 1。另外，当两个用补码表示的数相加时，如果符号位有进位，则进位被舍弃。数值的补码表示分为以下两种情况。

（1）正数的补码是它本身。

例如，9 的补码是 00001001。

（2）负数的补码是将符号位定义为 1，其余位为该数绝对值的二进制数按位取反，然后整个数加 1。

例如，计算-7 的补码：因为-7 是负数，所以符号位为 1，整个数为 10000111；其余 7 位为-7 的绝对值+7 的二进制表示。因为对 0000111 进行按位取反后的结果为 1111000，再加 1，所以-7 的补码是 11111001。

已知一个数的补码，求其数值的操作分为以下两种情况。

（1）如果一个补码的符号位为 0，则表示该数是一个正数，所以补码就是该数本身。

例如，已知一个补码为 00000101，由符号位可以看出该数是一个正数，它代表该数本身，因此该数为+5。

（2）如果一个补码的符号位为 1，则表示该数是一个负数，求其数值的操作过程为：除符号位不变以外，其余位按位取反，然后整个数加 1。

例如，已知一个补码为 11111001，由符号位可以看出该数是一个负数，所以除符号位不变以外，其余 7 位 1111001 按位取反后为 0000110，再加 1，结果为 10000111，因此该数为-7。

2．位运算符

C语言提供了 6 种位运算符：&（按位与）、|（按位或）、^（按位异或）、~（按位取反）、<<（按位左移）、>>（按位右移）。在进行位运算时，参与运算的数均以补码形式出现。

1）按位与运算符

按位与运算符（&）是双目运算符，其功能是将参与运算的两个数各对应的二进制位相与。运算规则如下：

```
0&0=0, 0&1=0, 1&0=0, 1&1=1
```

例如，计算 9&5。由于 9 的二进制补码为 00001001，5 的二进制补码为 00000101，因此，9&5 可以写为 00001001&00000101，结果为 00000001，即十进制数 1，可得 9&5=1。代码如下：

```
void main()
{
    int a=9,b=5,c;
    c=a&b;
    printf("%d&%d=%d\n",a,b,c);
}
```

上面程序的输出结果如下：

```
9&5=1
```

2）按位或运算符

按位或运算符（|）是双目运算符，其功能是将参与运算的两个数各对应的二进制位相或。运算规则如下：

```
0|0=0, 0|1=1, 1|0=1, 1|1=1
```

例如，由于 9|5 可以写为 00001001|00000101，结果为 00001101，即十进制数 13，因此，9|5=13。代码如下：

```
#include <stdio.h>
void main()
{
    int a=9,b=5,c;
    c=a|b;
    printf("%d|%d=%d\n",a,b,c);
}
```

上面程序的输出结果如下：

```
9|5=13
```

3）按位异或运算符

按位异或运算符（^）是双目运算符，其功能是将参与运算的两个数各对应的二进制位相异或。运算规则如下：

```
0^0=0, 0^1=1, 1^0=1, 1^1=0
```

例如，由于 9^5 可以写为 00001001^00000101，结果为 00001100，即十进制数 12，因此，9^5=12。代码如下：

```
#include <stdio.h>
void main()
{
    int a=9,b=5,c;
    c=a^b;
    printf("%d^%d=%d\n",a,b,c);
}
```

上面程序的输出结果如下：

```
9^5=12
```

4）按位取反运算符

按位取反运算符（~）是单目运算符，具有右结合性，其功能是对参与运算的数的各二进制位按位取反。运算规则如下：

```
~0=1, ~1=0
```

例如，~9 可以写为~(0000000000001001)，结果为 1111111111110110。

5）按位左移运算符

按位左移运算符（<<）是双目运算符，其功能是将"<<"左侧的运算数的各二进制位全部左移若干位，由"<<"右侧的数指定移动的位数，高位丢弃，低位补 0。

例如，a<<4 表示把 a 的各二进制位向左移动 4 位。如果 a=00000011（十进制数 3），则 a<<4 的结果为 00110000（十进制数 48），即 $3×2^4$；如果 a=00000101（十进制数 5），则 a<<3 的结果为 00101000（十进制数 40），即 $5×2^3$。

6）按位右移运算符

按位右移运算符（>>）是双目运算符，其功能是将">>"左侧的运算数的各二进制位全部右移若干位，由">>"右侧的数指定移动的位数。

例如，如果 a=15，则 a>>2 表示把 000001111 向右移动 2 位，结果为 00000011（十进制数 3），即 $15/2^2$；如果 a=35，则 a>>3 表示把 000100011 向右移动 3 位，结果为 00000100（十进制数 4），即 $35/2^3$。

需要注意的是，对于有符号数，在右移时，符号位将随同移动。当运算数为正数时，最高位补 0；当运算数为负数时，符号位为 1，最高位是补 0 还是补 1 取决于编译系统的规定。

10.2 位段

在某些应用中，特别是对某些硬件端口的操作，在标志某些端口的状态或特征时，并不需要一个完整的内存单元，而只需一个或几个二进制位来表示。C 语言提供了一种数据结构，称为位段或位域。位段是把一个内存单元中的二进制位划分为几个不同的区域，并说明每个区域的位数。每个位段有一个位段名，允许在程序中按位段名进行操作。这样就可以把几个不同的对象用一个内存单元的二进制位段来表示。

1. 位段和位段变量

定义位段的形式与定义结构体类型的形式相似，其形式如下：

```
struct 位段结构类型名
{位段列表};
```

其中，位段列表的形式如下：

```
类型说明符 位段名:位段长度
```

示例如下：

```
struct bs
{
    int a:8;
    int b:2;
```

```
        int c:6;
    };
```

定义位段变量的方式与定义结构体类型变量的方式相同，即先定义位段类型后定义位段变量、同时定义位段类型和位段变量、直接定义位段变量这 3 种方式。示例如下：

```
struct bs
{
    int a:8;
    int b:2;
    int c:6;
}data;
```

上述代码定义了 struct bs 类型变量 data，共占 2 字节，其中位段 a 占 8 位，位段 b 占 2 位，位段 c 占 6 位。

对于位段的定义应该注意以下几点。

（1）一个位段必须存储在同一个内存单元（即机器字）中，不能跨两个内存单元。如果一个内存单元所剩空间不够存放另一个位段，则应从下一个内存单元起存放该位段。也可以有意使某个位段从下一个内存单元开始。示例如下：

```
struct bs
{
    unsigned a:6;
    unsigned :0;    //无名位段，表示下一个位段从下一个内存单元边界开始
    unsigned b:4;   //从下一个内存单元开始存放
    unsigned c:4;
}
```

在上面的位段定义代码中，位段 a 占用第一字节的 6 位，后面的位段填 0 表示不使用，位段 b 从第二字节开始，占用 4 位，位段 c 占用 4 位。

需要注意的是，不同系统的内存单元的大小也不相同，如 16 位的 Turbo C2.0 的内存单元为 2 字节，Visual C++ 6.0 的内存单元为 4 字节。

（2）由于位段不允许跨两个内存单元，因此位段的长度不能大于一个内存单元的长度。

（3）位段可以无位段名，这时它只用作填充或调整位置。无名的位段是不能使用的。示例如下：

```
struct k
{
    int a:1;
    int :2;     //这 2 位不能使用
    int b:3;
    int c:2;
};
```

从以上分析可以看出，位段本质上就是一种结构体类型，不过其成员是按二进制位分配的。

（4）位段无地址，不能对位段进行取地址运算。

（5）位段可以以%d、%o 和%x 格式输出。

（6）位段如果出现在表达式中，则将被系统自动转换成整数。

2．位段的使用

使用位段的方式与使用结构体类型成员的方式相同，其一般形式如下：

```
位段变量名.位段名
```

【例10-1】分析下面程序的运行结果。

```
#include <stdio.h>
void main()
{
    struct bs
    {
        unsigned a:1;
        unsigned b:3;
        unsigned c:4;
    }bit,*pbit;
    bit.a=1;
    bit.b=7;
    bit.c=15;
    printf("%d,%d,%d\n",bit.a,bit.b,bit.c);
    pbit=&bit;
    pbit->a=0;
    pbit->b&=3;
    pbit->c|=1;
    printf("%d,%d,%d\n",pbit->a,pbit->b,pbit->c);
}
```

运行上面的程序，输出结果如下：

```
1,7,15
0,3,15
```

在上面的程序中定义了位段结构类型 struct bs，3 个位段分别为 a、b、c。定义了 struct bs 类型的变量 bit 和指向 struct bs 类型变量的指针变量 pbit。并利用%d 格式输出变量 bit 的各个位段。在程序中将指针变量 pbit 指向变量 bit，并通过"->"运算符访问各个位段，同时对各个位段进行位运算，最后利用%d 格式输出位段的值。

需要注意的是，在给位段赋值时，值不能超过该位段的长度的允许范围。

10.3　综合案例

【例10-2】输入一个整数，判断该数是奇数还是偶数，并输出相应的提示。要求用位运算判断。

分析：

（1）输入整数 n。

（2）由于所有奇数的二进制位的最低位均为 1，偶数的二进制的最低位均为 0，因此可以将数 n 与 1 进行按位与运算，如果结果为 1，则该数是奇数，否则该数是偶数。

程序代码如下：

```
#include <stdio.h>
void main()
{
    int n;
    printf("\nPlease input n: ");
    scanf("%d",&n);
```

```
        if(n&1==1)
            printf("\n%d is odd number\n",n);
        else
            printf("\n%d is even number\n",n);
    }
```

运行上面的程序，输入"57"，输出结果如下：

```
57 is odd number
```

【例 10-3】在用户管理系统中用 4 位二进制数表示用户的权限，如果从低位到高位分别表示读文章、发表文章、修改文章、删除文章的权限，1 表示具有相应的权限，0 表示无此权限。要求为用户设置一个权限，并编写程序输出该用户的权限列表。

分析：

（1）输入一个小于 16 的整数 n 作为用户的权限。

（2）根据要求可知，读文章的权限对应的数字为 1，发表文章的权限对应的数字为 2，修改文章的权限对应的数字为 4，删除文章的权限对应的数字为 8。

（3）将用户的权限 n 与对应的权限 m 进行按位与运算，如果结果等于 m，则表明用户具有该权限，否则表明用户不具有该权限。

程序代码如下：

```
#include <stdio.h>
//检测用户的权限 n 中是否具有权限 m，如果具有权限，则返回 1，否则返回 0
int check(int n,int m)
{
    int t;
    t=n&m;
    if(t==m)
        return 1;
    else
        return 0;
}
void main()
{
    int n;
    int i;
    printf("\nPlease input right n: ");
    scanf("%d",&n);
    printf("\nUser's right list: \n");
    for(i=1;i<=8;i*=2)
        if(check(n,i))  //检测用户是否具有 i 权限
            switch(i)
            {
                case 1:      //读文章的权限
                    printf("Read\n");
                    break;
                case 2:      //发表文章的权限
                    printf("Write\n");
                    break;
                case 4:      //修改文章的权限
                    printf("Post\n");
```

```
                break;
        case 8:          //删除文章的权限
                printf("Delete\n");
                break;
        }
    }
```

运行上面的程序，输入"13"，输出结果如下：

```
User's right list:
Read
Post
Delete
```

【例 10-4】在 IPv4 中，每个 IP 地址为 32 位二进制数，用位段的方法输出 10.186.1.250～10.186.2.10 之间的所有 IP 地址。

分析：

（1）由于 IP 地址为 32 位二进制数，分成 4 部分，每部分为 8 位二进制数，因此可以用一个位段来表示。

（2）让位段的最低位加 1 即可实现 IP 地址的遍历。

程序代码如下：

```
#include <stdio.h>
struct ip        //定义位段结构类型
{
    unsigned s1:8;
    unsigned s2:8;
    unsigned s3:8;
    unsigned s4:8;
};
void main()
{
    int i=0;
    struct ip ip1,ip2;
    ip1.s1=250;       //定义初始 IP 地址
    ip1.s2=1;
    ip1.s3=186;
    ip1.s4=10;
    while(!(ip1.s2==2&&ip1.s1==10))       //如果 s2==2 且 s1==10，则停止遍历
    {
        if(ip1.s1==0)          //255+1 超出 8 位的范围，因此 s1 会清零，此时 s2 加 1
            ip1.s2++;
        printf("%d.%d.%d.%d\t",ip1.s4,ip1.s3,ip1.s2,ip1.s1);
        ip1.s1++;
        i++;
        if(i%4==0)          //控制换行，每行输出 4 个 IP 地址
            printf("\n");
    }
    printf("%d.%d.%d.%d\n",ip1.s4,ip1.s3,ip1.s2,ip1.s1);
}
```

运行上面的程序，输出结果如下：

```
10.186.1.250    10.186.1.251    10.186.1.252    10.186.1.253
10.186.1.254    10.186.1.255    10.186.2.0      10.186.2.1
```

```
10.186.2.2      10.186.2.3      10.186.2.4      10.186.2.5
10.186.2.6      10.186.2.7      10.186.2.8      10.186.2.9
10.186.2.10
```

在上面的程序中定义了一个位段结构类型 struct ip，位段分别为 s1、s2、s3、s4，长度均为 8 位。在程序中，首先定义了位段变量 ip1，并为 ip1 的各个位段赋初始值，然后通过位段 s1 加 1 实现 IP 地址的遍历，由于位段 s1 的最大值为 255，因此在加 1 时位段 s1 将自动清零，此时让位段 s2 加 1 即可。上面的程序也可以修改为让用户输入开始 IP 地址和终止 IP 地址，然后输出中间所有的 IP 地址。

本 章 小 结

本章介绍了计算机中数的补码表示方法、位运算符和位段的应用。

在计算机中，数是用补码来表示的，正数的补码是数本身，负数的补码是将符号位定义为 1，其余位为该数绝对值的二进制数按位取反，然后整个数加 1。

C 语言提供了 6 种位运算符：&（按位与）、|（按位或）、^（按位异或）、~（按位取反）、<<（按位左移）、>>（按位右移），利用这 6 种运算符可以进行二进制的位运算。

位段是把一个内存单元中的二进制位划分为几个不同的区域，并说明每个区域的位数。每个位段有一个位段名，允许在程序中按位段名进行操作。

通过对本章内容的学习，读者应该掌握位运算的规则和位段的应用。

习 题

一、选择题

1. 如果 x=2，y=3，则 x&y 的结果是（　　）。

A．0　　　　　　　　B．2　　　　　　　　C．3　　　　　　　　D．5

2. 在位运算中，操作数每左移一位，则结果相当于（　　）。

A．操作数乘以 2　　B．操作数除以 2　　C．操作数除以 4　　D．操作数乘以 4

3. 在位运算中，操作数每右移一位，则结果相当于（　　）。

A．操作数乘以 2　　B．操作数除以 2　　C．操作数除以 4　　D．操作数乘以 4

4. a^b^a 的结果为（　　）。

A．a　　　　　　　　B．b　　　　　　　　C．a+b　　　　　　　D．a*b

二、编程题

在按位异或运算中，$a\text{\textasciicircum}b\text{\textasciicircum}b$ 的结果为 a，所以可以利用 $c=a\text{\textasciicircum}b$ 对 a 进行加密，加密密钥为 b，如果需要解密，则只需要 $c\text{\textasciicircum}b$，结果就成为 a。要求用户输入一个字符串和一个密钥，利用二进制的按位异或运算输出加密结果，接着再次输入密钥，然后输出解密结果。

第 **11** 章

文件

在程序中，我们经常需要把程序的运行结果输出到磁盘上，或者从磁盘上读取一些数据到程序中。例如，在使用一些字处理工具时，会通过打开一个文件来实现将磁盘的信息输入内存中，通过关闭一个文件来实现将内存数据输出到磁盘上。这时的输入和输出是针对文件系统的，因此，文件系统也是重要的输入和输出的对象。

和标准输入与输出一样，C 语言的文件操作也是由库函数来完成的，这些输入与输出函数分为两类：一类是标准文件输入与输出函数，另一类是非标准文件输入与输出函数。本章只介绍标准文件的输入与输出操作。

本章重点：

☑ 文件的打开与关闭函数的使用
☑ 字符读/写函数、字符串读/写函数和格式化读/写函数的用法
☑ 文件读/写定位函数的使用

11.1 文件概述

1. 文件

所谓文件是指一组相关数据的有序集合。这个数据集有一个名称，叫作文件名。实际上，在前面的各章中我们已经多次使用了文件，如源程序文件、目标文件、可执行文件、库文件（头文件）等。文件通常驻留在外部介质（如磁盘等）上，在使用时才调入内存。从不同的角度可以对文件进行不同的分类。

（1）从用户的角度看，文件可以分为普通文件和设备文件两种。

普通文件是指驻留在磁盘或其他外部介质上的一个有序数据集，可以是源文件、目标文件、可执行程序，也可以是一组待输入处理的原始数据，或者是一组输出的结果。源文件、目标文件、可执行程序可以称作程序文件，输入与输出数据可以称作数据文件。

设备文件是指与主机相连的各种外部设备，如显示器、打印机、键盘等。在操作系统中，把外部设备也看作是一个文件进行管理，把它们的输入和输出分别等同于对磁盘文件的读和写。通常把显示器定义为标准输出文件，一般情况下，在屏幕上显示有关信息就是

向标准输出文件中输出数据。通常把键盘定义为标准输入文件，从键盘上输入信息就意味着从标准输入文件上输入数据。

（2）从文件编码的方式来看，文件可以分为 ASCII 码文件和二进制文件两种。

ASCII 码文件也称文本文件，这种文件在磁盘中存放时每个字符对应 1 字节，用于存放对应的 ASCII 码。例如，数字 2796 在文本文件中的存储形式如图 11-1 所示。

50	55	57	54

图 11-1　数字字符在文本文件中的存储形式

由图 11-1 可以看出，数字 2796 以字符的形式存储在磁盘上，共占用 4 字节的存储空间。ASCII 码文件可以在屏幕上按字符显示，如源程序文件就是 ASCII 码文件，用 DOS 命令 type 可以显示文件的内容。

二进制文件是按二进制的编码方式来存放文件的。例如，数字 2796 对应的二进制数为 0000101011101100，只占用 2 字节的存储空间。C 语言在处理这些文件时并不区分类型，会将这些文件都看作是字符流，按字节进行处理。

一般来说，二进制文件节省存储空间，并且由于在输入时不需要把字符代码先转换成二进制形式再送入内存，在输出时也不需要把数据先由二进制形式转换为字符代码再输出，因此输入与输出速度较快。在编写程序时，从节省时间和空间的要求考虑，一般选用二进制文件。但是如果打开文件，读取数据是为了阅读，则一般使用 ASCII 码文件，因为它们可以方便、快捷地显示在显示器上。

（3）按是否使用缓冲可以分为标准文件和非标准文件

相对于内存而言，磁盘是一个慢速设备，频繁的磁盘读/写将大大降低文件系统的读写效率，同时将影响磁盘和驱动器的使用寿命。为了提高文件系统的读写效率，在使用标准文件系统函数进行磁盘读/写时，文件系统将一批要读/写的数据放入缓冲区，然后由应用程序从缓冲区依次将数据读入程序或写入磁盘，从而大大减少了文件系统直接对磁盘文件进行读/写操作的次数。文件系统对磁盘文件进行读与写操作的过程分别如图 11-2（a）和图 11-2（b）所示。

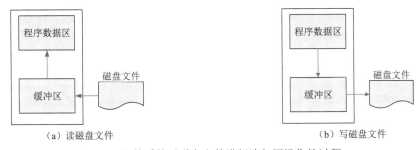

（a）读磁盘文件　　　　　　　　　　　　　　（b）写磁盘文件

图 11-2　文件系统对磁盘文件进行读与写操作的过程

非标准文件系统不使用缓冲区操作文件，文件系统频繁地访问磁盘文件，运行效率较低，另外，非标准文件严重依赖于操作系统，因此，编程难度较大。

由于标准文件系统功能强，使用方便，由文件系统代替用户做了许多事情，提供了很多方便，因此，本章只介绍标准文件的读/写操作。

2．文件的存取方式

C 语言提供了两种文件存取方式：顺序存取和直接存取。

1）顺序存取

顺序存取文件的特点是：每当打开文件进行读或写操作时，总是从文件的开头开始，从头到尾顺序地进行读或写。也就是说，当顺序存取文件时，要读第 n 字节时，先要读取前 n-1 字节，而不能一开始就读到第 n 字节；要写第 n 字节时，先要写前 n-1 字节。

2）直接存取

直接存取文件又称随机存取文件，其特点是：可以通过调用 C 语言的库函数去指定开始读或写的字节号，然后直接对此位置上的数据进行读或写操作。

前面介绍的文本文件和二进制文件都可以用顺序存取方式或直接存取方式进行存取。

11.2　文件的打开与关闭

在 C 语言中，操作文件必须经过 3 个步骤，分别是打开文件、读/写文件和关闭文件。本节将介绍文件指针、文件的打开和文件的关闭这 3 部分内容。

11.2.1　文件指针

在 C 语言中，如果用一个指针变量指向一个文件，则这个指针变量称为文件指针。通过文件指针就可以对它所指向的文件进行各种操作。

定义文件指针的一般形式如下：

```
FILE *指针变量标识符;
```

其中，"FILE"应为大写，它实际上是由系统定义的一个结构体类型，该结构体类型中含有文件名、文件状态和文件当前位置等信息。FILE 数据类型定义在 stdio.h 头文件中，具体结构如下：

```
typedef struct
{
    short level;
    unsigned flags;
    char fd;
    unsigned char hold;
    short bsize;
    unsigned char *buffer;
    unsigned char *curp;
    unsigned istemp;
    short token;
}FILE;
```

在编写源程序时，实际上我们不必关心 FILE 结构的细节。在 C 语言中，操作文件（如打开、读/写、关闭文件等）都是通过文件指针来实现的，因此，在程序中必须定义一个文件指针变量。定义文件指针变量的一般形式如下：

```
FILE *变量名;
```

例如，"FILE *fp;"语句定义了 FILE 类型指针变量 fp，通过指针变量 fp 即可访问存放某个文件信息的结构体类型变量，然后按结构体类型变量提供的信息找到该文件，实施对该文件的操作。我们把指针变量 fp 称为指向一个文件的指针。

11.2.2　文件的打开

在 C 语言中，标准文件的打开通过 fopen 函数来实现，调用该函数的一般形式如下：

```
FILE *fopen(char *filename,char *mode)
```

其中，返回值为 FILE 类型的指针变量；filename 是被打开文件的文件名，文件名是字符串常量或字符串数组；mode 是文件的存取方式。示例如下：

```
FILE *fp;
fp=fopen("file.dat","r");
```

上面代码的意义是：在当前目录下打开 file.dat 文件，文件操作方式设定为"只读"方式，并将文件指针变量 fp 指向该文件。

再如以下示例：

```
FILE *fp1;
fp1=("c:\\windows\\notepad.exe','"rb");
```

上面代码的意义是：打开 C 盘 windows 文件夹下的 notepad.exe 文件，这是一个二进制文件，文件操作方式设定为"二进制读"方式，并将文件指针变量 fp1 指向该文件。根据前面介绍的转义字符的使用可知，如果要表示一个"\"字符，则需要使用"\\"表示，因此，在文件名中使用两个反斜线"\\"来表示目录分隔符。

在 C 语言中，文件的存取方式共有 12 种，它们的符号和意义如表 11-1 所示。

表 11-1　文件存取方式的符号和意义

文件存取方式的符号	意　义
"r"	只读，打开一个文本文件，只允许读数据
"w"	只写，打开或建立一个文本文件，只允许写数据
"a"	追加，打开一个文本文件，并在文件末尾写数据
"rb"	只读，打开一个二进制文件，只允许读数据
"wb"	只写，打开或建立一个二进制文件，只允许写数据
"ab"	追加，打开一个二进制文件，并在文件末尾写数据
"r+"	读写，打开一个文本文件，允许读和写数据
"w+"	读写，打开或建立一个文本文件，允许读和写数据
"a+"	读写，打开一个文本文件，允许读数据或在文件末尾写数据
"rb+"	读写，打开一个二进制文件，允许读和写数据
"wb+"	读写，打开或建立一个二进制文件，允许读和写数据
"ab+"	读写，打开一个二进制文件，允许读数据或在文件末尾写数据

由表 11-1 可以看出，在文件的存取方式中，所有带"+"符号的存取方式都表示既能读也能写，"w+"和"r+"的区别在于：在用"w+"存取方式打开一个文件时，如果该文件不存在，则系统将自动建立该文件，并返回该文件的文件指针；而在用"r+"存取方式打开一个文件时，如果该文件不存在，则会打开文件失败，fopen 函数的返回值是一个 NULL 空指针。

对于文件存取方式有以下几点说明：

（1）在用含有字符"w"的存取方式打开文件时，如果打开的文件不存在，则以指定的文件名建立该文件。

（2）如果要向一个已存在的文件追加新的信息，则只能用含有字符"a"的存取方式打开文件。但此时该文件必须是存在的，否则将会出错。

（3）在打开一个文件时，如果出错，则 fopen 函数将返回一个空指针值 NULL。在程序中可以用这一信息来判别是否成功打开文件，并进行相应的处理。因此，常用以下程序段打开文件：

```
if((fp=fopen("c:\\windows\\notepad.exe","rb"))==NULL)
{
    printf("\n 打开文件 c:\\windows\\notepad.exe 出错! ");
    exit(1);
}
```

上面程序段的意义是：如果返回的指针为空，则表示不能打开 C 盘 windows 文件夹下的 notepad.exe 文件，并给出提示信息"打开文件 c:\windows\notepad.exe 出错!"。上面程序段中使用了 exit 函数返回操作系统，该函数也将关闭所有打开的文件。一般在使用 exit 函数时，exit(0)表示程序正常返回，如果函数参数为非零值，则表示出错返回，如 exit(1)。

（4）标准输入文件（键盘）、标准输出文件（显示器）、标准错误输出（出错信息）的文件指针变量是由系统自动定义的，在程序中可以直接使用。标准设备文件及其 FILE 类型指针变量名如表 11-2 所示。

表 11-2　标准设备文件及其 FILE 类型指针变量名

标准设备文件	FILE 类型指针变量名
标准输入（键盘）	stdin
标准输出（显示器）	stdout
标准辅助输入输出（异步串行口）	stdaux
标准打印（打印机）	stdprn
标准错误输出	stderr

11.2.3　文件的关闭

在程序完成文件的读或写操作后，必须关闭文件。这是因为打开磁盘文件进行数据写入时，如果缓冲区未被填满，则这些内容将被保存在缓冲区中，而不写入磁盘文件，当进行关闭文件操作时，系统才将缓冲区中的内容写入文件。因此，如果向文件写入数据后没有关闭文件，则将造成数据的丢失。

关闭文件的操作函数为 fclose，调用该函数的一般形式如下：

```
int fclose(FILE *fp)
```

利用 fclose 函数关闭文件指针变量 fp 指向的文件，并把它的缓冲区内容全部写入文件。在调用 fclose 函数后，文件指针变量 fp 不再指向该文件。如果利用 fclose 函数关闭文件的操作成功，则函数返回 0；如果失败，则返回非零值。

【例 11-1】打开和关闭一个可读与可写的二进制文件。

```
#include <stdio.h>
void main()
{
    FILE *fp;
    if ((fp=fopen("text.dat","rb"))==NULL)
    {
        printf("打开文件失败! \n");
        exit(1);
    }
    …                          //实现对文件进行读/写操作的代码
    if (fclose(fp))
        printf("关闭文件失败! \n");
}
```

在上面的程序中，利用 fopen 函数打开 text.dat 文件，最后利用 fclose 函数关闭文件。
C 语言还提供了一个关闭所有打开文件的函数 fcloseall，调用该函数的一般形式如下：

```
n=fcloseall();
```

其中，"n" 为关闭文件的数目。例如，如果程序已打开 3 个文件，当执行以下语句时：

```
n=fcloseall();
```

系统将关闭这 3 个文件，并且 n 的值为 3。

11.3 文件读/写函数

当文件按指定的工作方式打开以后，就可以对文件进行读/写操作了。下面按文件的性质分类进行操作。针对文本文件和二进制文件的不同性质，对于文本文件来说，可以按字符读/写或按字符串读/写；对于二进制文件来说，可以进行成块的读/写或格式化的读/写。

11.3.1 读/写字符函数

C 语言提供了 fgetc 和 fputc 函数分别对文本文件进行字符的读与写，这两个函数被定义在 stdio.h 头文件中。

1．读字符函数 fgetc

fgetc 函数用于从文件中读取一个字符。调用该函数的形式如下：

```
int fgetc(FILE *stream)
```

示例如下：

```
ch=fgetc(fp);
```

上面的语句表示从 fp 指向的文件中读取一个字符赋给变量 ch，fgetc 函数的返回值就是该字符。读取完当前字符后，该函数将文件的位置指针移到下一个字符处，如果已到文件末尾，则该函数返回 EOF。

2．写字符函数 fputc

fputc 函数用于将一个字符的值写入所指定的流文件的当前位置处，并将文件的位置指针后移一位。调用该函数的形式如下：

```
int fputc(int ch,FILE *stream)
```

示例如下：

```
fputc(ch,fp);
```

上面的语句表示将字符 ch 写入 fp 指向的文件。fputc 函数的返回值是所写入字符的值，当出错时，该函数返回 EOF。

【例 11-2】用户输入一个完整路径的文件名，并将该文件中的内容显示在显示器上。

分析：

（1）输入一个文件名，并将其放入数组 filename 中。

（2）打开 filename 文件。

（3）利用 fgetc 函数循环读取文件中的字符，并显示在显示器上。

（4）关闭 filename 文件。

程序代码如下：

```
#include <stdio.h>
void main()
{
    FILE *fp;
    char filename[80];
    char ch;
    printf("\n请输入文件名称：");
    gets(filename);
    if((fp=fopen(filename,"r"))==NULL)        //打开文件
    {
        printf("打开文件失败！\n");
        exit(1);
    }
    while((ch=fgetc(fp))!=EOF)                //循环读取文件中的内容
        putchar(ch);
    putchar('\n');
    fclose(fp);                              //关闭文件
}
```

上面的程序读取了与用户输入的文件名所对应的文件中的内容，并将结果显示在显示器上。上面程序中的 putchar(ch)函数也可以用 fputc(ch,stdout)函数代替。

【例 11-3】用户输入字符，将输入的字符保存到一个文件中，文件名由用户输入。

分析：

（1）输入一个文件名，并将其放入数组 filename 中。

（2）打开 filename 文件。

（3）循环读取字符，利用 fputc 函数将字符写入 filename 文件中。

（4）关闭 filename 文件。

程序代码如下：

```
#include <stdio.h>
void main()
{
```

```
        FILE *fp;
        char filename[80];
        char ch;
        printf("\n 请输入文件名称: ");
        gets(filename);
        if((fp=fopen(filename,"w"))==NULL)          //打开文件用于写入字符
        {
            printf("打开文件失败! \n");
            exit(1);
        }
        printf("\n 请输入一个字符串: ");
        while((ch=getchar())!='\n')                 //循环读取字符
            fputc(ch,fp);                           //将字符写入文件
        fclose(fp);                                 //关闭文件
    }
```

运行上面的程序，输入的内容如下：

```
c:\\text.txt
How do you do?
```

输入完成后，在 c 盘根目录下将创建一个 text.txt 文件，该文件中的内容为“How do you do?”。

11.3.2 读/写字符串函数

C 语言提供了分别对文件字符串进行读与写操作的函数，即 fgets 函数和 fputs 函数。

1. 读字符串函数 fgets

fgets 函数用于从文件中读取一个字符串。调用该函数的形式如下：

```
char *fgets(char *str,int n,FILE *stream)
```

fgets 函数从流文件 stream 中读取 n-1 个字符，并把它们放入 str 指向的字符数组中。

fgets 函数在读取字符时，如果遇到回车符，则将停止输入，并将回车符也作为一个字符放入数组中；如果遇到 EOF（文件结束符），则也将停止输入。fgets 函数在读入字符串之后，自动为字符串添加结束符'\0'，因此，放入字符数组中的字符串最多为 n 个字符（包括'\0'）。

fgets 函数执行完后，返回一个指向该字符串的指针，即字符数组的首地址。如果读到文件末尾或出错，则返回一个空指针值 NULL。在实际编程中，经常采用 feof 函数来检测是否读到文件末尾。

2. 写字符串函数 fputs

fputs 函数用于向一个文件中写入一个字符串。调用该函数的形式如下：

```
char *fputs(char *str,FILE *stream)
```

其中，字符串既可以是字符串常量，也可以是字符数组名或指针变量。示例如下：

```
fputs("abcd",fp);
```

上面语句的含义是把字符串"abcd"写入 fp 所指向的文件中。

【例 11-4】编写程序，读取一个文件中的内容，其中文件名由用户输入。

分析：

（1）输入一个文件名，并将其放入数组 filename 中。

（2）打开 filename 文件。

（3）利用 fgets 函数循环读取文件中的内容并输出。

（4）关闭文件。

程序代码如下：

```
#include <stdio.h>
void main()
{
    FILE *fp;
    char filename[80];
    char str[80];
    printf("\n请输入文件名称: ");
    gets(filename);
    if((fp=fopen(filename,"r"))==NULL)        //以只读方式打开文件
    {
        printf("打开文件失败! \n");
        exit(1);
    }
    while(!feof(fp))                          //测试是否读到文件末尾
        if(fgets(str,80,fp)!=NULL)            //测试读取内容是否为空
            printf("%s",str);
    printf("\n");
    fclose(fp);                               //关闭文件
}
```

【例 11-5】编写程序，实现文件的复制操作，其中源文件名和目标文件名由用户输入。

分析：

（1）输入源文件名和目标文件名，并将它们分别放入字符数组 sfile 和 dfile 中。

（2）以只读方式打开 sfile 文件，以写入方式打开 dfile 文件。

（3）利用 fgets 函数从 sfile 文件中读取数据放入数组 str 中，利用 fputs 函数将数组 str 中的内容写入 dfile 文件中。

（4）关闭 sfile 文件和 dfile 文件。

程序代码如下：

```
#include <stdio.h>
void main()
{
    FILE *fps,*fpd;
    char sfile[80],dfile[80];
    char str[80];
    printf("\n请输入源文件名: ");
    gets(sfile);
    printf("\n请输入目标文件名: ");
    gets(dfile);
    if((fps=fopen(sfile,"r"))==NULL)          //以只读方式打开源文件
    {
        printf("打开源文件失败! \n");
        exit(1);
    }
    if((fpd=fopen(dfile,"w"))==NULL)          //以写入方式打开目标文件
```

```
    {
        printf("打开目标文件失败！\n");
        exit(1);
    }
    while(!feof(fps))                    //测试是否读到源文件末尾
        if(fgets(str,80,fps)!=NULL)      //测试读取内容是否为空
            fputs(str,fpd);              //将内容写入目标文件中
    fclose(fps);                         //关闭源文件
    fclose(fpd);                         //关闭目标文件
    printf("\n复制成功！\n");
}
```

运行上面的程序，输入两个文件名，实现了文件的复制操作。其中，源文件必须存在，目标文件可以不存在，如果目标文件不存在，则系统将自动建立要写入内容的目标文件。

11.3.3　格式化读/写函数

在实际应用中，有时需要按照规定的格式对文件进行读与写操作，这时就需要使用格式化读/写文件的函数。C 语言提供了格式化读函数 fscanf()和格式化写函数 fprintf()。

1. 格式化读函数 fscanf

fscanf 函数用于从一个文件中按照指定的格式读入数据。调用该函数的形式如下：
```
int fscanf(FILE *stream,char *format,arg_list)
```
其中，stream 为文件指针；format 为格式控制字符串，与 scanf 函数的格式控制字符串相同；arg_list 为变量地址列表。示例如下：
```
fscanf(fp,"%d%s",&i,s);
```
上面语句的含义是：从 fp 指向的文件中读取一个整数放入变量 i 中，读取一个字符串放入变量 s 中。

2. 格式化写函数 fprintf

fprintf 函数用于向一个文件中写入指定格式的数据。调用该函数的形式如下：
```
int fprintf(FILE *stream,char *format,arg_list)
```
其中，stream 为文件指针；format 为格式控制字符串，和 printf 函数的格式控制字符串相同；arg_list 为变量列表。示例如下：
```
fprintf(fp,"%s%d%f",s,a,b);
```
上面语句的含义是：将字符串 s、整型变量 a 和实型变量 b 中的内容写入 fp 所指向的文件中。

【例 11-6】用户从键盘上输入一名学生的信息，包括学号、姓名、年龄，将学生信息写入 c:\student.txt 文件中。

分析：

（1）定义一个结构体类型 struct student，成员包含学号、姓名、年龄。

（2）输入学生信息，并将其存放到 struct student 类型变量 s1 中。

（3）利用 fprintf 函数将变量 s1 中的内容写入 c:\student.txt 文件中。

程序代码如下：

```c
#include <stdio.h>
struct student
{
    int num;
    char name[20];
    int age;
};
typedef struct student STUDENT;
void main()
{
    FILE *fp;
    STUDENT s1;
    printf("\n请输入学号：");
    scanf("%d",&s1.num);
    printf("\n请输入姓名：");
    scanf("%s",s1.name);
    printf("\n请输入年龄：");
    scanf("%d",&s1.age);
    if((fp=fopen("c:\\student.txt","w"))==NULL)    //以写入方式打开文件
    {
        printf("open  file fail!\n");
        exit(1);
    }
    //向文件中写入格式化数据
    fprintf(fp,"%d,%s,%d\n",s1.num,s1.name,s1.age);
    printf("\n文件保存成功! \n");
    fclose(fp);                                    //关闭文件
}
```

运行上面的程序，输入的内容如下：

```
10001
Li Mei
20
```

上面输入的信息将保存在 c:\student.txt 文件中，文件内容为"10001,Li Mei,20"。

11.3.4 按块读/写函数

前面介绍的几个读/写文件的函数，无法将复杂数据类型的数据以整体形式向文件中写入或从文件中读出。C 语言提供了按块读函数 fread 和按块写函数 fwrite，分别用于一次性读和写数组或结构体等复杂类型的数据。

1．按块读函数 fread

fread 函数用于按块读取数据。调用该函数的形式如下：

```c
int fread(void *buffer,int size,int count,FILE *stream)
```

其中，buffer 是一个指针，为存放数据的首地址；size 表示数据块的字节数；count 表示读取的数据项的个数；stream 表示文件指针。示例如下：

```c
struct student
{
    int num;
```

```
    char name[20];
    int age;
}st;
fread(&st,sizeof(struct student),1,fp);
```

上面语句的含义是：从 fp 指向的文件中读取一个结构体类型数据，并将读取的数据放入结构体类型变量 st 中。

fread 函数返回实际已读取的数据项数。如果函数被调用时要求读取的数据项个数超过文件存放的数据项个数，则表示出错或已到文件末尾，在实际操作时应注意检测。

2. 按块写函数 fwrite

fwrite 函数用于向文件中按块写入数据。调用该函数的形式如下：

```
int fwrite(void *buffer,int size,int count,FILE *stream)
```

其中，buffer 是一个指针，为写入数据的首地址；size 表示数据块的字节数；count 表示写入的数据项的个数；stream 表示文件指针。

fwrite 函数从 buffer 指向的字符数组中把 count 个数据项写入 stream 所指向的流中，每个数据项为 size 字节，当函数操作成功时返回所写数据项的个数。

注意：

对于成块的文件读/写，只能以二进制方式进行文件操作。

【例 11-7】先向磁盘中写入结构体类型数据，再从该文件中读取数据并显示到屏幕上。

```
#include <stdio.h>
#include "stdlib.h"
void main()
{
    FILE *fp1;
    int i;
    struct stu{      //定义结构体类型
        char name[15];
        char num[6];
        float score[2];
    }s;
    //以二进制写入方式打开文件
    if((fp1=fopen("test.txt","wb"))==NULL)
    {
        printf("打开文件失败! \n");
        exit(1);
    }
    printf("input data: \n");
    for( i=0;i<2;i++)
    {
        //循环输入记录
        scanf("%s%s%f%f",s.name,s.num,&s.score[0],&s.score[1]);
        fwrite(&s,sizeof(s),1,fp1);                  //将数据按块写入文件
    }
    fclose(fp1);
    //以二进制只读方式重新打开文件
    if((fp1=fopen("test.txt","rb"))==NULL)
```

```
    {
        printf("打开文件失败! ");
        exit(1);
    }
    printf("文件内容如下: \n");
    for (i=0;i<2;i++)
    {
        fread(&s,sizeof(s),1,fp1);                    //从文件中按块读取数据
        //将读取的数据显示到屏幕上
        printf("%s%s%7.2f%7.2fn",s.name,s.num,s.score[0],s.score[1]);
    }
    fclose(fp1);
}
```

运行上面的程序，输入的内容如下：

```
zhang 1001 87.5 98.4
wang 1002 99.5 89.6
```

输出结果如下：

```
文件内容如下:
zhang 1001 87.50 98.40
wang 1002 99.50 89.60
```

11.4 文件的定位与随机读/写

1. 文件的定位

前面介绍的文件读/写方式都是顺序读/写，即在读和写文件时只能从头开始，按照数据的先后顺序分别进行读和写。但在实际问题中，经常要求只读/写文件中某一指定部分的数据。在 C 语言中，可以通过随机读/写来解决这个问题。随机读/写是指可以移动文件内部的位置指针到需要读/写的位置，再进行读/写。实现随机读/写的关键是文件的定位，即按要求移动位置指针。C 语言提供的文件定位函数主要有 3 个：rewind 函数、fseek 函数和 ftell 函数。

1）rewind 函数

rewind 函数用于把文件内部的位置指针移到文件开头位置。调用该函数的形式如下：

```
rewind(FILE *stream);
```

示例如下：

```
rewind(fp);
```

上面语句的含义是将 fp 指向的文件的位置指针移到文件开头位置。

2）fseek 函数

fseek 函数用于移动文件内部的位置指针。调用该函数的形式如下：

```
fseek(FILE *stream,long offset,int origin);
```

其中，stream 表示指向被移动的文件的指针；offset 表示移动的字节数，要求位移量是 long 型数据，以便在文件长度大于 64KB 时不会出错，当用常量表示位移量时，要求加后缀 "L"；origin 表示从何处开始计算位移量，规定的起始点有 3 种：文件开头、当前位置和文件末尾，位置指针的起始点及其符号代表和数字表示如表 11-3 所示。

表 11-3　位置指针的起始点及其符号代表和数字表示

起　始　点	符　号　代　表	数　字　表　示
文件开头	SEEK_SET	0
当前位置	SEEK_CUR	1
文件末尾	SEEK_END	2

示例如下：

```
fseek(fp,100L,0);
```

或

```
fseek(fp,100L,SEEK_SET);
```

上面语句的含义是把 fp 指向的文件的位置指针移到距离文件开头 100 字节处。需要说明的是，fseek 函数一般用于二进制文件。在文本文件中由于要进行转换，因此，在计算文件的位置时经常会出现错误。

3）ftell 函数

ftell 函数用于获取文件的当前读/写位置。调用该函数的形式如下：

```
long ftell(FILE *stream)
```

其中，stream 为指向文件的指针；该函数的返回值为当前读/写位置距离文件开头的字节数。示例如下：

```
b=ftell(fp);
```

上面语句的含义是获取 fp 指向的文件的当前读/写位置，并将其值赋给变量 b。

2．文件的随机读/写

在移动位置指针之后，即可用前面介绍的任意一种读与写函数分别进行读与写。由于一般是读/写一个数据块，因此常用 fread 和 fwrite 函数来分别实现随机读与写。

【例 11-8】写入 5 个学生记录，记录内容为学生姓名、学号、两科成绩。写入成功后，由用户输入要查询记录的记录号，读取并显示指定记录的内容。

分析：

（1）定义结构体类型 struct student，并定义一个结构体数组 st[5]和结构体类型变量 stu1，分别用来保存用户输入的所有学生的成绩信息和读取的指定学生的成绩信息。

（2）以二进制写入方式打开 c:\student.txt 文件。

（3）输入学生的成绩信息，并利用 fwrite 函数将结果写入 c:\student.txt 文件中。

（4）以二进制只读方式重新打开 c:\student.txt 文件。

（5）输入要查询记录的记录号。

（6）利用 fseek 函数定位文件指针，利用 fread 函数读取成绩信息并保存到结构体类型变量 stu1 中。

（7）输出结构体类型变量 stu1 中的内容。

程序代码如下：

```
#include <stdio.h>
#include <stdlib.h>
#define N 5
void main()
```

```
    {
        FILE *fp1;                              //定义文件指针
        char temp[20];
        int i;
        int num;
        struct student{                         //定义结构体类型
            char name[15];
            int num;
            float score[2];
        }st [N],stu1;
            //以二进制只写方式打开文件
            if((fp1=fopen("test.txt","wb"))==NULL)
            {
                printf("打开文件失败！\n");
                exit(1);
            }
            for(i=0;i<N;i++)
            {
                printf("\n 请输入姓名：");        //输入姓名
                gets(st[i].name);
                printf("\n 请输入学号：");
                gets(temp);                      //输入学号
                st[i].num=atoi(temp);
                printf("\n 请输入成绩 1：");
                gets(temp);                      //输入第一科成绩
                st[i].score[0]=atof(temp);
                printf("\n 请输入成绩 2：");
                gets(temp);                      //输入第二科成绩
                st[i].score[1]=atof(temp);
                fwrite(&st[i],sizeof(struct student),1,fp1);  //将数据按块写入文件
            }
        fclose(fp1);                            //关闭文件
            //以二进制只读方式打开文件
            if((fp1=fopen("test.txt","rb"))==NULL)
            {
                printf("打开文件失败！\n");
                exit(1);
            }
        printf("\n 请输入记录号（1~5）：");
        scanf("%d",&num);
        //定位文件指针到第 num 条记录
        fseek(fp1,(num-1)*sizeof(struct student),SEEK_SET);
        //从指定位置读取一条记录
        fread(&stu1,sizeof(struct student),1,fp1);
        printf("\n%-15s%-7d%7.2f%7.2f\n",stu1.name,stu1.num,stu1.score[0],
stu1.score[1]);
    }
```

运行上面的程序，并按指定要求输入下列数据：

```
    Zhang   10001     90      80
    Wang    10002     88      77
    Ding    10003     70      80
    Zhao    10004     60      88
    Qian    10005     70      70
```

在输入要查询记录的记录号时，输入"3"，输出结果如下：

```
Ding            10003    70.00  80.00
```

在本例中，先是由用户输入数据到数组 st 中，再利用 fwrite 函数将数组内容以二进制的形式写入文件，最后由用户输入一个记录号，根据用户输入的记录号，利用 fseek 函数和 fread 函数读取指定记录内容并显示在显示器上。

在输入数据的过程中，为了不出现过多的麻烦，用 gets 函数来输入所有成员的值，然后用以下函数转化为相应类型的数据。

- int atoi(char *)：将字符串转换为整数（类型为 int 型）。
- double atof(char *)：将字符串转换为浮点数（类型为 double 型）。
- long atol(char *)：将字符串转换为长整型数据（类型为 long 型）。

11.5　文件检测函数

C 语言中常用的文件检测函数有 feof、ferror 和 clearerr。

1．文件结束检测函数 feof

feof 函数用于检测文件的位置指针是否处于文件末尾位置。调用该函数的形式如下：

```
int feof(FILE *stream);
```

其中，stream 为指向文件的指针。如果文件的位置指针处于文件末尾位置，则函数的返回值为 1，否则函数的返回值为 0。示例如下：

```
while(!feof(fp))
{
    文件操作语句
}
```

上面代码的含义是：如果文件的位置指针还没有处于文件末尾位置，则循环执行文件操作语句。

2．读/写文件出错检测函数 ferror

ferror 函数用于检测文件在用各种输入与输出函数分别进行读与写时是否出错。调用该函数的形式如下：

```
int ferror(FILE *stream);
```

其中，stream 为指向文件的指针。如果函数的返回值为 0，则表示在读/写数据时未出错，否则表示在读/写数据时出错。

3．文件出错标志和文件结束标志置 0 函数 clearerr

clearerr 函数用于清除文件出错标志和文件结束标志，使它们为 0 值。调用该函数的形式如下：

```
clearerr(FILE *stream);
```

其中，stream 为指向文件的指针。

如果在调用一个输入或输出函数时出现错误，则 ferror 函数的返回值为一个非 0 值。在调用 clearer(fp)后，ferror(fp)的值变成 0。只要出现文件出错标志，就一直保留，直到对同一文件调用 clearer 函数或 rewind 函数，或者任何其他一个输入或输出函数。

11.6　精彩案例

本节将主要介绍有关文件操作的一些精彩案例，具体包含文件加密和成绩信息管理这两个案例。

11.6.1　文件加密

【例 11-9】编写一个文件加密程序。用户先输入一个文件名，再输入一个整数作为密码，可以对文件进行加密。

加密思想：在位运算中，假设 c=a^b，那么 c^b 的结果为 a，因此我们可以把 a 当作原数据，b 作为加密密码，c 则为加密后的数据；如果需要对原数据 a 进行加密，则只需将 a 异或密码 b 即可；如果需要解密，则只需要将加密结果再次异或密码 b 即可。其中，运算符 "^" 为异或运算符。

分析：

（1）编写函数 encrypt(char *filename,int password)，其功能为利用 password 对 filename 文件进行加密。

（2）在 encrypt 函数中，以二进制读写方式打开 filename 文件。

（3）利用 fgetc 函数读取一个字符到变量 ch 中，ch=ch^password，因为 fgetc 函数使得文件指针自动下移，因此，如果想将加密的结果写入原来位置，则文件的位置指针必须前移 1 位，即用 "fseek(fp1,-1,SEEK_CUR);" 之后利用 fputc 函数将加密结果写入文件，然后需要将文件的位置指针移动 2 位，读取下一个字符。循环读取、加密、写入。

（4）解密操作和加密操作相同。

程序代码如下：

```
#include<stdio.h>
#include<stdlib.h>
//filename 为文件名，password 为加密密码
void encrypt(char *filename,int password)
{
    FILE *fp1;                              //定义文件指针变量
    int ch;
    if ((fp1=fopen(filename,"rb+"))==NULL)  //以二进制读写方式打开文件
     {
        printf("打开文件失败! \n");
        exit(1);
     }
    while((ch=fgetc(fp1))!=EOF)             //循环读取字符
    {
        ch^=password;                       //加密字符
        fseek(fp1,-1,SEEK_CUR);             //将文件的位置指针往前移一位
        fputc(ch,fp1);                      //写入加密的字符
        fseek(fp1,2,SEEK_CUR);              //将文件的位置指针后移两位，读取下一个字符
    }
    fclose(fp1);                            //关闭文件
```

```
    }
    void main()
    {
        char filename[80];
        int pass;
        printf("\n请输入文件名: ");
        gets(filename);
        printf("\n请输入密码: ");
        scanf("%d",&pass);
        encrypt(filename,pass);
        printf("加密成功! \n");
    }
```

运行上面的程序，输入的内容如下：

```
    c:\windows\notepad.exe
    100
```

运行上面的程序后，打开 c:\windows\notepad.exe 文件，会发现无法打开该文件。再次运行上面的程序，输入相同内容，完成文件的解密操作。

由于文件的打开方式为二进制读写方式，而所有文件的内容在计算机中都是二进制的形式，因此，上面的程序适用于任何类型的文件的加密。

11.6.2　成绩信息管理

【例 11-10】编写程序，实现学生成绩信息的输入、查询操作。学生成绩信息包括学号、姓名、数学成绩、英语成绩和计算机成绩。

分析：

（1）定义学生成绩信息数据结构体类型 SCORE。

（2）编写一个 input(SCORE *s)函数，用于输入一个学生成绩信息。

（3）编写保存学生成绩信息的函数 save(char *filename,SCORE *sc)，实现将 sc 形参指针指向的学生成绩信息写入 filename 文件中，如果文件存在，则在文件末尾追加数据，否则新建一个文件写入数据并保存。

（4）编写按学号查询学生成绩信息的函数 query(char *filename,int num,SCORE *s)，实现从 filename 文件中查找指定学号对应的学生成绩信息，并将查找结果的首地址放入指针变量 s 中，同时返回指针变量 s。如果未找到指定学号对应的学生成绩信息，则返回 NULL。

（5）在主程序中调用 input 函数、save 函数和 query 函数。

程序代码如下：

```
    #include<stdio.h>
    #include<stdlib.h>
    typedef struct
    {
        int num;
        char name[20];
        float score[3];
    }SCORE;
    void input(SCORE *s)                        //输入一个学生成绩信息
    {
```

```c
        char temp[20];
        int i;
        printf("\nPlease input num: ");
        gets(temp);
        s->num=atoi(temp);
        printf("\nPlease input name: ");
        gets(s->name);
        for(i=0;i<3;i++)
        {
            printf("\nPlease input score %d: ",i+1);
            gets(temp);
            s->score[i]=atof(temp);
        }
}
//filename 为保存学生成绩信息的文件名,s 为成绩信息指针
void save(char *filename,SCORE *s)
{
        FILE *fp;
        if((fp=fopen(filename,"ab"))==NULL)      //如果追加文件 filename 不存在
        {
            fp=fopen(filename,"wb");             //新建文件 filename
        }
        fwrite(s,sizeof(SCORE),1,fp);            //将学生成绩信息写入文件
        fclose(fp);                              //关闭文件
}

  //filename 为保存学生成绩信息的文件名,num 为要查询的学号,s 为查询结果指针
SCORE *query(char *filename,int num,SCORE *s)
{
        FILE *fp;
        if((fp=fopen(filename,"rb"))==NULL)      //如果文件不存在
            return NULL;                         //返回空指针
        while(!feof(fp))
        {
            fread(s,sizeof(SCORE),1,fp);         //将学生成绩信息写入文件
            if(s->num==num)                      //如果找到相应的学号
            {
                fclose(fp);
                return s;
            }
        }
        fclose(fp);                              //关闭文件
        return NULL;                             //如果未找到相应的学号,则返回NULL
}
void main()
{
    char ch;
    char filename[80];
    int num;
    SCORE sc,*sp=&sc;
    printf("\nPlease input operation's filename: ");
    gets(filename);
    printf("\nInput data now?(y/n): ");
```

```
        ch=getchar();
        getchar();
        while(ch=='y'||ch=='Y')                //循环输入学生成绩信息，直到用户输入 n 为止
        {
            //输入学生成绩信息，保存到 SCORE 类型指针变量 sp 指向的地址中
            input(sp);
            //将 SCORE 类型指针变量 sp 指向的内容保存到文件中
            save(filename,sp);
            printf("\nContinue(y/n): ");
            ch=getchar();
            getchar();
        }
        printf("\nPlease input number of query: ");
        scanf("%d",&num);
        if(query(filename,num,sp)!=NULL)        //查询指定学号对应的学生成绩信息
        {
            printf("%-7s%-20s","Num","Name");
            printf("%-12s%-12s%-12s\n","Math","English","Computer");
            printf("%-7d%-20s",sp->num,sp->name);
            printf("%-12.2f%-12.2f%-12.2f\n",sp->score[0],sp->score[1],sp->
score[2]);
        }
        else
        {
            printf("\nNo result\n");
        }
    }
```

本例程序代码可以多次运行，并将多次输入的结果追加保存到指定的文件中，同时，本例程序代码可以从指定的文件中按学号查询学生成绩信息。

本 章 小 结

本章介绍了文件与文件的存取方式、文件的打开与关闭、文件读/写函数、文件的定位与随机读/写，以及文件检测函数。

在 C 语言中，从文件编码的方式来看，文件可以分为二进制文件和 ASCII 码文件。文件的存取方式分为顺序存取和直接存取。

文件的存取过程为：打开文件、读/写文件、关闭文件。这些操作都是通过 C 语言函数实现的，fopen 函数可以实现文件的打开操作，fclose 函数可以实现文件的关闭操作。

顺序文件的读写函数分为：读字符函数 fgetc 和写字符函数 fputc、读字符串函数 fgets 和写字符串函数 fputs、格式化读函数 fscanf 和格式化写函数 fprintf、按块读函数 fread 和按块写函数 fwrite。

当直接存取（随机存取）文件时，需要定位文件的位置指针，C 语言提供了两个函数用于定位文件的位置指针，分别为 rewind 函数和 fseek 函数。rewind 函数用于将文件的位置指针移到文件开头位置；fseek 函数用于将文件的位置指针移到任何位置。在使用文件定

位函数时，必须以二进制的方式打开文件。

在文件操作过程中，可能会出现读到文件末尾或其他读/写错误。用 feof 函数可以检测文件的位置指针是否处于文件末尾位置；用 ferror 函数可以检测文件在用各种输入与输出函数分别进行读与写时是否出错；用 clearerr 函数可以清除文件出错标志和文件结束标志，使它们为 0 值。

通过对本章内容的学习，读者应该掌握顺序存取文件和直接存取文件的读/写函数，同时掌握文件定位函数的应用。

习　题

一、选择题

1．如果在执行 fopen 函数时发生错误，则函数的返回值是（　　）。

A．地址值　　　　　　B．0　　　　　　　C．1　　　　　　　　D．EOF

2．如果要用 fopen 函数打开一个新的二进制文件，该文件要既能读也能写，则文件存取方式字符串应是（　　）。

A．"ab+"　　　　　B．"wb+"　　　　　C．"rb+"　　　　　D．"ab"

3．"fseek(fp,-20L,2);" 语句的含义是（　　）。

A．将文件的位置指针移到距离文件开头 20 字节处

B．将文件的位置指针从当前位置向后移动 20 字节

C．将文件的位置指针从文件末尾处向前移动 20 字节

D．将文件的位置指针移到距离当前位置 20 字节处

4．在执行 fopen 函数时，ferror 函数的初始值是（　　）。

A．true　　　　　　B．-1　　　　　　C．1　　　　　　　D．0

二、编程题

1．编写程序，将两个文件中的内容合并，然后放入第 3 个文件中。例如，有文件 s1.txt 和 s2.txt，将 s2.txt 文件中的内容和 s1.txt 文件中的内容连接起来放入 s3.txt 文件，3 个文件名由用户在程序中录入。

2．建立一个学生信息表，包含学号、姓名、性别、年龄。编写程序实现学生信息的输入并保存功能和查询年龄小于或等于输入值的功能，如输入 20，表示在学生信息表中查找年龄小于或等于 20 岁的学生的信息，并显示在显示器上。

第 **12** 章

EasyX 图形库

EasyX 图形库是针对 Visual C++的免费绘图库，支持 Visual C++ 6.0 ～ Visual C++ 2019。EasyX 图形库采用静态编译，不依赖任何动态链接库，不影响程序的发布，简单易用，应用领域广泛。

12.1 EasyX 图形库安装

1. EasyX 图形库下载

由于 EasyX 图形库不是标准 C 语言库，需要下载并安装后才能使用该库中的相关函数。可以通过官网下载，在官网页面中单击"下载 EasyX"按钮，即可下载 EasyX 图形库。

2. EasyX 图形库安装

双击下载的 EasyX 图形库文件，将弹出如图 12-1 所示的安装向导窗口，单击"下一步"按钮，将弹出如图 12-2 所示的安装窗口。

图 12-1　EasyX 图形库安装向导窗口　　　　图 12-2　EasyX 图形库安装窗口

在如图 12-2 所示的窗口中，选择相应的开发环境进行安装即可。本书使用的是 Visual Studio 2010 集成开发环境，因此，单击"Visual Studio 2010"右侧的"安装"按钮，即可成功安装。

安装成功后，启动 Visual Studio 2010，创建一个空的 Win32 控制台应用程序（Win32 Console Application），然后添加一个新的代码文件（.cpp），并引用 graphics.h 头文件就可以了。

【例 12-1】利用 EasyX 图形库绘制一个圆。

```
#include <graphics.h>        //引用图形库头文件
#include <conio.h>
int main()
{
    initgraph(640,480);      //创建绘图窗口，大小为 640 像素×480 像素
    setbkcolor(0XFFFFFF);    //设置背景色为白色
    cleardevice();           //用背景色清空屏幕
    setcolor(RED);           //设置画笔为红色
    circle(200,200,100);     //画圆，圆心为(200,200)，半径为 100 像素
    getch();                 //按任意键继续
    closegraph();            //关闭绘图窗口
    return 0;
}
```

上面程序的运行结果如图 12-3 所示。

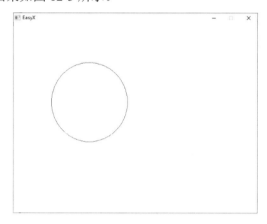

图 12-3　例 12-1 程序的运行结果

12.2　基本概念

在使用 EasyX 图形库绘制图形时，经常会用到颜色、坐标和设备这 3 个相关概念，下面分别介绍这 3 个相关概念。

12.2.1　颜色

计算机中用红（Red）、绿（Green）和蓝（Blue）这 3 种颜色合成计算机中的各种颜色，也称 RGB 颜色，其中，红、绿、蓝这 3 种颜色的取值范围均为 0～255，因此，计算机中最多包含 2^{24} 种颜色，也称 24 位真彩色。EasyX 图形库使用 24 位真彩色，不支持调色板模式。在 EasyX 图形库中可以通过以下 4 种方式表示颜色。

1．颜色常量

在 EasyX 图形库的头文件 easyx.h 中定义了几种常用的颜色常量，这些颜色常量对应的十六进制颜色值和颜色如表 12-1 所示。

表 12-1　EasyX 图形库常用的颜色常量及其对应的十六进制颜色值和颜色

颜 色 常 量	十六进制颜色值	颜 色	颜 色 常 量	十六进制颜色值	颜 色
BLACK	0	黑	DARKGRAY	0x555555	深灰
BLUE	0xAA0000	蓝	LIGHTBLUE	0xFF5555	亮蓝
GREEN	0x00AA00	绿	LIGHTGREEN	0x55FF55	亮绿
CYAN	0xAAAA00	青	LIGHTCYAN	0xFFFF55	亮青
RED	0x0000AA	红	LIGHTRED	0x5555FF	亮红
MAGENTA	0xAA00AA	紫	LIGHTMAGENTA	0xFF55FF	亮紫
BROWN	0x0055AA	棕	YELLOW	0x55FFFF	黄
LIGHTGRAY	0xAAAAAA	浅灰	WHITE	0xFFFFFF	白

2．用十六进制数表示

由于在 EasyX 图形库中只定义了常用的颜色常量，如果需要使用更多的自定义颜色，则用户可以通过 6 位十六进制数来表示颜色，其中，红、绿、蓝每种颜色均使用 2 位十六进制数表示，顺序为"蓝绿红"，表示规则为 0Xbbggrr（bb=蓝，gg=绿，rr=红）。例如，红色可以用 0X0000FF 表示，绿色可以用 0X00FF00 表示，蓝色可以用 0XFF0000 表示。

读者可以在网上搜索到更多自定义颜色及对应的十六进制颜色值。

3．用 RGB 宏合成颜色

在 EasyX 图形库中，也可以利用 RGB 宏通过红、绿、蓝颜色分量合成颜色。RGB 宏的定义形式如下：

```
int RGB(int byRed,int byGreen,int byBlue);
```

- byRed：颜色的红色部分，取值范围为 0~255。
- byGreen：颜色的绿色部分，取值范围为 0~255。
- byBlue：颜色的蓝色部分，取值范围为 0~255。
- 返回值：合成的颜色。

可以通过 GetRValue、GetGValue、GetBValue 宏分别从颜色中分离出红、绿、蓝颜色分量。示例如下：

```
int color;
color=RGB(0XFF,0X00,0X00);      //红色
color=RGB(0X00,0XFF,0X00);      //绿色
color=RGB(0X00,0X00,0XFF);      //蓝色
int r=GetRValue(color);         //r 的值为 0
int g=GetGValue(color);         //g 的值为 0
int b=GetBValue(color);         //b 的值为 255
```

4．色彩转换

除 RGB 颜色以外，计算机中还有可以通过色相、饱和度、亮度这 3 个分量来表示的 HSL 颜色和通过色相、饱和度、明度这 3 个分量来表示的 HSV 颜色。由于 EasyX 图形库

只识别 RGB 颜色，因此，EasyX 图形库提供了两个相应的函数来分别把 HSL 颜色和 HSV 颜色转换为 RGB 颜色，即 HSLtoRGB 和 HSVtoRGB 函数。

（1）HSLtoRGB 函数用于把 HSL 颜色转换为 RGB 颜色，该函数的用法如下：

```
int HSLtoRGB(float H,float S,float L);
```

- H：原 HSL 颜色模型的 Hue（色相）分量，0<=H<360，即组成可见光谱的单色。红色在 0 度，绿色在 120 度，蓝色在 240 度，以此方向过渡。
- S：原 HSL 颜色模型的 Saturation（饱和度）分量，0<=S<=1，等于 0 时为灰色，在最大饱和度 1 时具有最纯的色光。
- L：原 HSL 颜色模型的 Lightness（亮度）分量，0<=L<=1，等于 0 时为黑色，等于 0.5 时是色彩最鲜明的状态，等于 1 时为白色。
- 返回值：对应的 RGB 颜色。

示例如下：

```
int color=HSLtoRGB(0,1,0.5);        //红色
int color=HSLtoRGB(120,1,0.5);      //绿色
int color=HSLtoRGB(240,1,0.5);      //蓝色
```

（2）HSVtoRGB 函数用于把 HSV 颜色转换为 RGB 颜色，该函数的用法如下：

```
int HSVtoRGB(float H,float S,float V);
```

- H：原 HSL 颜色模型的 Hue（色相）分量，0<=H<360，即组成可见光谱的单色。红色在 0 度，绿色在 120 度，蓝色在 240 度，以此方向过渡。
- S：原 HSL 颜色模型的 Saturation（饱和度）分量，0<=S<=1，等于 0 时为灰色，在最大饱和度 1 时具有最纯的色光。
- V：原 HSV 颜色模型的 Value（明度）分量，0<=V<=1，等于 0 时为黑色，在最大明度 1 时是色彩最鲜明的状态。
- 返回值：对应的 RGB 颜色。

示例如下：

```
int color=HSVtoRGB(0,1,1);         //红色
int color=HSVtoRGB(120,1,1);       //绿色
int color=HSVtoRGB(240,1,1);       //蓝色
```

12.2.2 坐标

在 EasyX 图形库中，坐标分两种：物理坐标和逻辑坐标。

1. 物理坐标

物理坐标是描述设备的坐标体系。在物理坐标中，坐标原点在设备的左上角，*X* 坐标轴向右为正，*Y* 坐标轴向下为正，度量单位是像素。坐标原点、坐标轴方向、缩放比例都不能改变，如图 12-4 所示。

图 12-4　EasyX 图形库中的物理坐标

2．逻辑坐标

逻辑坐标是在程序中用于绘图的坐标体系。坐标默认的原点在窗口的左上角，X 坐标轴向右为正，Y 坐标轴向下为正，度量单位是点。在默认情况下，逻辑坐标与物理坐标是一一对应的，一个逻辑点等于一个物理像素。

在 EasyX 图形库中，可以通过 setorigin 函数修改坐标原点，通过 setaspectratio 函数修改缩放比例及坐标轴方向（当该函数的参数为负数时，则修改坐标轴方向）。

【例 12-2】利用 EasyX 图形库以窗口中心为圆心绘制一个半径为 100 像素、蓝色边线的圆。

```
#include <graphics.h>        //引用图形库头文件
#include <conio.h>
int main()
{
    initgraph(640,480);      //创建绘图窗口，大小为 640 像素×480 像素
    setbkcolor(0XFFFFFF);    //设置背景色为白色
    cleardevice();           //用背景色清空屏幕
    setorigin(320,240);      //修改窗口中心为原点
    int color=HSVtoRGB(240,1,1);   //将 HSV 颜色转为 RGB 颜色
    setlinecolor(color);     //设置划线颜色为 color
    circle(0,0,100);         //画圆，圆心为逻辑坐标原点，即窗口中心，半径为 100 像素
    getch();                 //按任意键继续
    closegraph();            //关闭绘图窗口
    return 0;
}
```

上面程序的运行结果如图 12-5 所示。

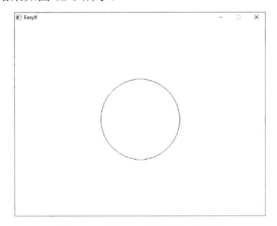

图 12-5　例 12-2 程序的运行结果

12.2.3　设备

EasyX 图形库中的"设备"是指绘图表面。在 EasyX 图形库中，设备分两种：一种是默认的绘图窗口，另一种是 IMAGE 对象。可以通过 SetWorkingImage 函数设置当前用于绘图的设备。在设置当前用于绘图的设备后，所有通过绘图函数所绘的图都会被绘制在该设备上。

【例 12-3】利用 EasyX 图形库加载图像并绘画。

```
#include <graphics.h>
#include <conio.h>
int main()
{
    initgraph(640,480);              //初始化绘图窗口
    setbkcolor(WHITE);              //设置背景为白色
    cleardevice();                  //用背景色清除窗口
    IMAGE img(200,200);            //创建 200 像素×200 像素的 img 对象
    SetWorkingImage(&img);          //设置绘图目标为 img 对象
    //以下绘图操作都会绘制在 img 对象上面
    setbkcolor(WHITE);              //设置背景为白色
    cleardevice();                  //用背景色清除窗口
    setcolor(RED);                  //设置绘图笔颜色为红色
    line(0,100,200,100);            //在 img 对象上绘制点(0,100)到点(200,100)的直线
    line(100,0,100,200);            //在 img 对象上绘制点(100,0)到点(100,200)的直线
    //在 img 对象上以点(100,100)为圆心绘制半径为 50 像素的圆
    circle(100,100,50);
    SetWorkingImage();              //设置绘图目标为绘图窗口
    putimage(220,140,&img);         //将 img 对象显示在绘图窗口中
    getch();                        //按任意键退出
    closegraph();
    return 0;
}
```

上面程序的运行结果如图 12-6 所示。

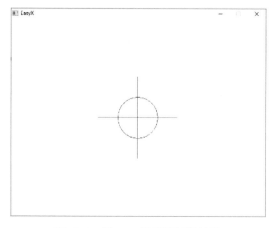

图 12-6　例 12-3 程序的运行结果

12.3　常用库函数

EasyX 图形库提供了大量的常用图形操作函数，包括绘图设备、颜色转换、颜色及样式设置、绘制图形、文字输出、图像处理等六大类函数。由于篇幅有限，本书将选择一些常用的函数加以介绍，如果读者有兴趣，则可以通过官网文档查看相关函数的用法。

12.3.1　设备绘图相关函数

1．初始化绘图窗口

在使用 EasyX 图形库进行图形操作时，必须先初始化绘图窗口，然后才能进行相关绘图操作。初始化绘图窗口的函数为 initgraph，该函数的用法如下：

```
HWND initgraph(int width,int height,int flag=NULL);
```

- width：绘图窗口的宽度。
- height：绘图窗口的高度。
- flag：绘图窗口的样式，默认值为 NULL。参数 flag 的取值如表 12-2 所示。

表 12-2　参数 flag 的取值

值	含　　义
EW_DBLCLKS	在绘图窗口中支持鼠标双击事件
EW_NOCLOSE	禁用绘图窗口的关闭按钮
EW_NOMINIMIZE	禁用绘图窗口的最小化按钮
EW_SHOWCONSOLE	显示控制台窗口

- 返回值：返回新建绘图窗口的句柄。

2．关闭绘图窗口

在需要关闭绘图窗口时，可以利用 closegraph 函数关闭绘图窗口，该函数的用法如下：

```
void closegraph();
```

3．清空绘图设备

在需要清空绘图设备上的所有图形时，可以通过 cleardevice 函数实现，该函数用当前背景色清空绘图设备，并将当前点移至点(0, 0)。该函数的用法如下：

```
void cleardevice();
```

4．设置坐标原点

在绘图时默认坐标原点在当前设备的左上角，如果需要调整坐标原点的位置，则可以通过 setorigin 函数实现。该函数的用法如下：

```
void setorigin(int x,int y);
```

其中，参数 x 和 y 为被设置为原点的物理坐标位置。

12.3.2　颜色转换函数

1．颜色分量获取函数

EasyX 图形库提供了 3 个颜色分量获取函数，即 GetBValue、GetGValue 和 GetRValue，分别用来获取一个颜色的蓝色、绿色和红色 3 个分量。这 3 个函数的用法分别如下：

```
int GetBValue(int color);
int GetGValue(int color);
int GetRValue(int color);
```

示例如下：

```
int color=0xA0B0C0;
int b=GetBValue(color);          //b 的值为 160，即 0xA0
```

```
int g=GetGValue(color);          //g 的值为 176，即 0xB0
int r=GetRValue(color);          //r 的值为 192，即 0xC0
```

2．RGB 颜色转换函数

EasyX 图形库提供了实现 RGB 颜色和 HSL 颜色、HSV 颜色、灰度颜色之间转换的函数，其中在 12.2 节中已经介绍了 HSLtoRGB 和 HSVtoRGB 函数，除这两个函数以外，EasyX 图形库还提供了 RGBtoGRAY、RGBtoHSL 和 RGBtoHSV 颜色转换函数，它们的功能分别是将 RGB 颜色转换为灰度颜色、将 RGB 颜色转换为 HSL 颜色和将 RGB 颜色转换为 HSV 颜色，这 3 个函数的用法分别如下：

```
int RGBtoGRAY(int rgb);
void RGBtoHSL(int rgb,float *H,float *S,float *L);
void RGBtoHSV(int rgb,float *H,float *S,float *V);
```

12.3.3 颜色及样式设置函数

1．背景相关函数

EasyX 图形库提供了 4 个背景设置和获取的相关函数，分别是 setbkcolor、getbkcolor、setbkmode、getbkmode 函数，它们的功能分别是设置背景颜色、获取背景颜色、设置背景模式、获取背景模式。

设置背景颜色与获取背景颜色函数的用法分别如下：

```
void setbkcolor(COLORREF color);
COLORREF color getbkcolor();
```

在设置背景颜色之后，并不会改变现有背景颜色，而是只改变背景颜色的值，之后再执行绘图语句，如 outtextxy 函数会使用新设置的背景颜色值。如果需要修改全部背景颜色，则可以在设置背景颜色后执行 cleardevice 函数。

设置背景模式与获取背景模式函数的用法分别如下：

```
void setbkmode(int mode);
int getbkmode();
```

setbkmode 函数的参数 mode 的值为 OPAQUE 或 TRANSPARENT，其中 OPAQUE 为默认背景模式，表示背景用当前背景颜色填充；TRANSPARENT 表示背景颜色为透明色。getbkmode 函数的返回值和 mode 的值相同。

2．线条颜色相关函数

常用的线条颜色相关函数包括 setlinecolor、getlinecolor、setlinestyle、getlinestyle。

设置线条颜色与获取线条颜色的函数分别为 setlinecolor 和 getlinecolor，这两个函数的用法分别如下：

```
void setlinecolor(int color);
int getlinecolor();
```

设置线条样式的函数为 setlinestyle，该函数的用法如下：

```
void setlinestyle(int style,int thickness=1,const int *puserstyle=NULL,int
userstylecount=0);
```

- style：线条样式，包含线条样式、端点样式和连接处样式 3 部分，具体取值分别如表 12-3、表 12-4 和表 12-5 所示。

表 12-3　线条样式的取值

值	含　义
PS_SOLID	线形为实线
PS_DASH	线形为------------
PS_DOT	线形为…………
PS_DASHDOT	线形为-·-·-·-·-··
PS_DASHDOTDOT	线形为-··-··-··-
PS_NULL	线形为不可见
PS_USERSTYLE	线形样式为用户自定义，由参数 puserstyle 和 userstylecount 指定

表 12-4　端点样式的取值

值	含　义
PS_ENDCAP_ROUND	端点为圆形
PS_ENDCAP_SQUARE	端点为方形
PS_ENDCAP_FLAT	端点为平坦

表 12-5　连接处样式的取值

值	含　义
PS_JOIN_BEVEL	连接处为斜面
PS_JOIN_MITER	连接处为斜接
PS_JOIN_ROUND	连接处为圆弧

示例如下：

```
//设置画线样式为宽度是 3 像素的虚线，端点为平坦
setlinestyle(PS_DASH|PS_ENDCAP_FLAT,3);
//设置画线样式为宽度是 10 像素的实线，连接处为斜面
setlinestyle(PS_SOLID|PS_JOIN_BEVEL,10);
```

- thickness：线的宽度，以像素为单位。
- puserstyle：用户自定义样式数组，仅当参数 style 的值为 PS_USERSTYLE 时该参数有效。数组第一个元素指定画线的长度，第二个元素指定空白的长度，第三个元素指定画线的长度，第四个元素指定空白的长度，以此类推。
- userstylecount：用户自定义样式数组的元素数量。

获取线条样式的函数为 getlinestyle，该函数的用法如下：

```
void getlinestyle(LINESTYLE *pstyle);
```

3. 填充颜色相关函数

颜色填充函数包括 setfillstyle、getfillstyle、setfillcolor、getfillcolor，分别用于实现设置填充样式、获取填充样式、设置填充颜色、获取填充颜色功能。

设置填充样式的函数为 setfillstyle，该函数的用法如下：

```
void setfillstyle(int style,long hatch=NULL,IMAGE *ppattern=NULL);
```

- style：指定填充样式。参数 style 的取值可以为如表 12-6 所示的宏或值。

表 12-6　参数 style 的取值

宏	值	含　义
BS_SOLID	0	固实填充
BS_NULL	1	不填充
BS_HATCHED	2	图案填充
BS_PATTERN	3	自定义图案填充
BS_DIBPATTERN	5	自定义图像填充

- hatch：指定填充图案，仅当参数 style 的值为 BS_HATCHED 时该参数有效。填充图案的颜色由 setfillcolor 函数设置，背景区域是使用背景颜色还是保持透明由 setbkmode 函数设置。参数 hatch 的取值可以为如表 12-7 所示的宏或值。

表 12-7　参数 hatch 的取值

宏	值	含　义
HS_HORIZONTAL	0	
HS_VERTICAL	1	
HS_FDIAGONAL	2	
HS_BDIAGONAL	3	
HS_CROSS	4	
HS_DIAGCROSS	5	

- ppattern：指定自定义填充图案或自定义填充图像，仅当 style 的值为 BS_PATTERN 或 BS_DIBPATTERN 时该参数有效。当 style 的值为 BS_PATTERN 时，ppattern 指向的 IMAGE 对象表示自定义填充图案，IMAGE 对象中的黑色（BLACK）对应背景区域，非黑色对应图案区域。图案区域的颜色由 settextcolor 函数设置。当 style 的值为 BS_DIBPATTERN 时，ppattern 指向的 IMAGE 对象表示自定义填充图像，以该图像为填充单元实施填充。

示例如下：

```
//以下代码片段用于设置固实填充
setfillstyle(BS_SOLID);
//以下代码片段用于设置填充图案为斜线填充
setfillstyle(BS_HATCHED,HS_BDIAGONAL);
//以下代码片段用于设置自定义图像填充（由 res\\bk.jpg 指定填充图像）
IMAGE img;
loadimage(&img,_T("bk.jpg"));
setfillstyle(BS_DIBPATTERN,NULL,&img);
```

获取填充样式的函数为 getfillstyle，该函数的用法如下：

```
void getfillstyle(FILLSTYLE *pstyle);
```

设置填充颜色与获取填充颜色的函数分别为 setfillcolor 和 getfillcolor，这两个函数的用法分别如下：

```
void setfillcolor(int color);
int getfillcolor();
```

【例 12-4】设置自定义的填充图案（小矩形填充），并使用该图案填充一个三角形。

```
#include <conio.h>
#include <graphics.h>
void main()
{
    initgraph(640,480);          //创建绘图窗口
    IMAGE img(10,8);             //定义填充单元
    //绘制填充单元
    SetWorkingImage(&img);       //设置绘图目标为 img 对象
    setbkcolor(BLACK);           //黑色区域为背景颜色
    cleardevice();
    setfillcolor(WHITE);         //白色区域为自定义图案
    solidrectangle(1,1,8,5);
    SetWorkingImage(NULL);       //恢复绘图目标为默认绘图窗口
    setfillstyle(BS_PATTERN,NULL,&img);      //设置填充样式为自定义填充图案
    settextcolor(GREEN);                      //设置自定义图案的填充颜色
    //绘制无边框填充三角形
    POINT pts[]={{50,50},{50,200},{300,50}};
    solidpolygon(pts,3);
    getch();                     //按任意键退出
    closegraph();
}
```

12.3.4　图形绘制相关函数

EasyX 图形库提供了大量的图形绘制相关函数，本书只列出常用的几种图形绘制函数。

1．绘制像素

在指定位置输出一个指定颜色的像素点的函数为 putpixel，该函数的用法如下：

```
void putpixel(int x,int y,COLORREF color);
```

其中，参数 x 和 y 为输出像素的相对坐标，color 为输出像素的颜色。

获取某一指定点的颜色的函数为 getpixel，该函数的用法如下：

```
COLORREF getpixel(int x,int y);
```

其中，参数 x 和 y 为指定点的坐标，该函数的返回值为所获取的该点的颜色值。

2．绘制直线

绘制直线的函数为 line，该函数的用法如下：

```
void line(int x1,int y1,int x2,int y2);
```

其中，x1 和 y1 为直线起点坐标，x2 和 y2 为直线终点坐标。

3．绘制矩形

EasyX 图形库提供了 4 个绘制矩形的函数，分别是 rectangle、fillrectangle、solidrectangle 和 clearrectangle 函数。

rectangle 函数的功能是绘制无填充矩形，该函数的用法如下：

```
void rectangle(int left,int top,int right,int bottom);
```

fillrectangle 函数的功能是用当前线形和当前填充样式绘制有外框的填充矩形，该函数的用法如下：

```
void fillrectangle(int left,int top,int right,int bottom);
```

solidrectangle 函数的功能是用当前填充样式绘制无外框的填充矩形，该函数的用法如下：

```
void solidrectangle(int left,int top,int right,int bottom);
```

clearrectangle 函数的功能是用当前背景颜色清空指定矩形区域，该函数的用法如下：

```
void clearrectangle(int left,int top,int right,int bottom);
```

上述 4 个函数的参数 left 和 top 为矩形左上角坐标，参数 right 和 bottom 为矩形右下角坐标。

4．绘制圆角矩形

EasyX 图形库提供了 4 个绘制圆角矩形的函数，分别是 roundrect、fillroundrect、solidroundrect 和 clearroundrect。

roundrect 函数的功能是绘制无填充圆角矩形，该函数的用法如下：

```
void roundrect(int left,int top,int right,int bottom,int ellipsewidth,int ellipseheight);
```

fillroundrect 函数的功能是用当前线形和当前填充样式绘制有外框的填充圆角矩形，该函数的用法如下：

```
void fillroundrect(int left,int top,int right,int bottom,int ellipsewidth,int ellipseheight);
```

solidroundrect 函数的功能是用当前填充样式绘制无外框的填充圆角矩形，该函数的用法如下：

```
void solidroundrect(int left,int top,int right,int bottom,int ellipsewidth,int ellipseheight);
```

clearroundrect 函数的功能是用当前背景颜色清空指定圆角矩形，该函数的用法如下：

```
void clearroundrect(int left,int top,int right,int bottom,int ellipsewidth,int ellipseheight);
```

上述 4 个函数的参数 left 和 top 为圆角矩形左上角坐标，参数 right 和 bottom 为圆角矩形右下角坐标，参数 ellipsewidth 和 ellipseheight 分别为构成圆角矩形的圆角的椭圆的宽度和高度。

5．绘制圆形

EasyX 图形库提供了 3 个绘制圆形的函数，分别是 circle、fillcircle、solidcircle 和 clearcircle。

circle 函数的功能是用当前画线样式绘制无填充圆形，该函数的用法如下：

```
void circle(int x,int y,int radius);
```

fillcircle 函数的功能是用当前线形和当前填充样式绘制有外框的填充圆形，该函数的用法如下：

```
void fillcircle(int x,int y,int radius);
```

solidcircle 函数的功能是用当前填充样式绘制无外框的填充圆形，该函数的用法如下：

```
void solidcircle(int x,int y,int radius);
```

clearcircle 函数的功能是用当前背景颜色清空指定圆形区域，该函数的用法如下：

```
void clearcircle(int x,int y,int radius);
```

上述 4 个函数的参数 x 和 y 为圆心坐标，参数 radius 为圆的半径。

6．绘制椭圆

EasyX 图形库提供了 4 个绘制椭圆的函数，分别是 ellipse、fillellipse、solidellipse 和 clearellipse。

ellipse 函数的功能是用当前画线样式绘制无填充椭圆，其中参数为外切矩形的左上角坐标和右下角坐标，当外切矩形为正方形时，可以绘制圆。该函数的用法如下：

```
void ellipse(int left,int top,int right,int bottom);
```

fillellipse 函数的功能是用当前线形和当前填充样式绘制有外框的填充椭圆，参数和 ellipse 函数的参数一样，该函数的用法如下：

```
void fillellipse(int left,int top,int right,int bottom);
```

solidellipse 函数的功能是用当前填充样式绘制无外框的填充椭圆，参数和 ellipse 函数的参数一样，该函数的用法如下：

```
void solidellipse(int left,int top,int right,int bottom);
```

clearellipse 函数的功能是用当前背景颜色清空指定椭圆区域，参数和 ellipse 函数的参数一样，为外切矩形的左上角坐标和右下角坐标，当外切矩形为正方形时，可以清空圆形区域。该函数的用法如下：

```
void clearellipse(int left,int top,int right,int bottom);
```

7．绘制多边形

EasyX 图形库提供了 4 个绘制多边形的函数，分别是 polygon、fillpolygon、solidpolygon 和 clearpolygon。

polygon 函数的功能是绘制无填充多边形，该函数的用法如下：

```
void polygon(const POINT *points,int num);
```

fillpolygon 函数的功能是用当前线形和当前填充样式绘制有外框的填充多边形，该函数的用法如下：

```
void fillpolygon(const POINT *points,int num);
```

solidpolygon 函数的功能是用当前线形和当前填充样式绘制无外框的填充多边形，该函数的用法如下：

```
void solidpolygon(const POINT *points,int num);
```

clearpolygon 函数的功能是用当前背景颜色清空指定多边形区域，该函数的用法如下：

```
void clearpolygon(const POINT *points,int num);
```

上述 4 个函数的参数 points 为每个点的坐标，参数 num 为多边形顶点的个数。上述 4 个函数均会自动连接多边形首尾。示例如下：

```
POINT pts[]={{50,200},{200,200},{200,50}};
polygon(pts,3);
int pts[]={50,200,200,200,200,50};
fillpolygon((POINT*)pts,3);
```

12.3.5　文字输出相关函数

1．设置文字样式

设置文字样式包括设置文字颜色和字体样式。

在 EasyX 图形库中，可以通过 settextcolor 函数来设置文字颜色，该函数的用法如下：

```
void settextcolor(COLORREF color);
```

EasyX 图形库通过设置字体结构体类型 struct LOGFONT 来实现字体样式设置，该结构体类型如下：

```
struct LOGFONT{
    LONG lfHeight;
    LONG lfWidth;
    LONG lfEscapement;
    LONG lfOrientation;
    LONG lfWeight;
    BYTE lfItalic;
    BYTE lfUnderline;
    BYTE lfStrikeOut;
    BYTE lfCharSet;
    BYTE lfOutPrecision;
    BYTE lfClipPrecision;
    BYTE lfQuality;
    BYTE lfPitchAndFamily;
    TCHAR lfFaceName[LF_FACESIZE];
};
```

该结构体类型各个成员的含义如下：

- lfHeight：指定字符的高度（逻辑单位）。
- lfWidth：指定字符的平均宽度（逻辑单位）。如果为 0，则比例自适应。
- lfEscapement：字符串的书写角度，单位为 0.1 度，默认为 0。
- lfOrientation：每个字符的书写角度，单位为 0.1 度，默认为 0。
- lfWeight：字符的笔画粗细，范围为 0~1000，0 表示默认粗细，使用数字或表 12-8 中所示的宏均可。

表 12-8　成员 lfWeight 的取值宏列表

宏	粗细值	宏	粗细值
FW_DONTCARE	0	FW_SEMIBOLD	600
FW_THIN	100	FW_DEMIBOLD	600
FW_EXTRALIGHT	200	FW_BOLD	700
FW_ULTRALIGHT	200	FW_EXTRABOLD	800
FW_LIGHT	300	FW_ULTRABOLD	800
FW_NORMAL	400	FW_HEAVY	900
FW_REGULAR	400	FW_BLACK	900
FW_MEDIUM	500		

- lfItalic：指定字体是否是斜体。
- lfUnderline：指定字体是否有下画线。
- lfStrikeOut：指定字体是否有删除线。
- lfCharSet：指定字符集。常用字符集预定义的值如下：
  - ➢ GB2312_CHARSET。

➢ ANSI_CHARSET。

➢ CHINESEBIG5_CHARSET。

➢ DEFAULT_CHARSET。

➢ OEM_CHARSET。

- lfOutPrecision：指定文字的输出精度。输出精度定义输出与所请求的字体高度、宽度、字符方向、行距、间距和字体类型相匹配必须达到的匹配程度。成员 lfOutPrecision 的取值及其含义如表 12-9 所示。

表 12-9　成员 lfOutPrecision 的取值及其含义

值	含　义
OUT_DEFAULT_PRECIS	指定默认的映射行为
OUT_DEVICE_PRECIS	当系统包含多个名称相同的字体时，指定设备字体
OUT_OUTLINE_PRECIS	指定字体映射选择 TrueType 字体和其他的 outline-based 字体
OUT_RASTER_PRECIS	当系统包含多个名称相同的字体时，指定光栅字体（即点阵字体）
OUT_STRING_PRECIS	这个值并不能用于指定字体映射，只是指定点阵字体的枚举数据
OUT_STROKE_PRECIS	这个值并不能用于指定字体映射，只是指定 TrueType 字体和其他的 outline-based 字体，以及矢量字体的枚举数据
OUT_TT_ONLY_PRECIS	指定字体映射只选择 TrueType 字体。如果系统中没有安装 TrueType 字体，则将选择默认操作
OUT_TT_PRECIS	当系统包含多个名称相同的字体时，指定 TrueType 字体

- lfClipPrecision：指定文字的剪辑精度。剪辑精度定义如何剪辑位于剪辑区域之外的字符。成员 lfClipPrecision 的取值及其含义如表 12-10 所示。

表 12-10　成员 lfClipPrecision 的取值及其含义

值	含　义
CLIP_DEFAULT_PRECIS	指定默认的剪辑行为
CLIP_STROKE_PRECIS	这个值并不能用于指定字体映射，只是指定光栅字体（即点阵字体）、矢量字体或 TrueType 字体的枚举数据
CLIP_EMBEDDED	当使用内嵌的只读字体时，必须指定这个值
CLIP_LH_ANGLES	如果指定了该值，则所有字体的旋转都依赖于坐标系统的方向是逆时针或顺时针 如果没有指定该值，则设备字体始终逆时针旋转，但是其他字体的旋转依赖于坐标系统的方向 该设置影响 lfOrientation 的效果

- lfQuality：指定文字的输出质量。输出质量定义图形设备界面（GDI）必须尝试将逻辑字体属性与实际物理字体的字体属性进行匹配的仔细程度。成员 lfQuality 的取值及其含义如表 12-11 所示，如果 ANTIALIASED_QUALITY 和 NONANTIALIASED_QUALITY 都未被选择，则抗锯齿效果将依赖于控制面板中字体抗锯齿的设置。

表 12-11　成员 lfQuality 的取值及其含义

值	含　　义
ANTIALIASED_QUALITY	指定输出质量是抗锯齿的（如果字体支持）
DEFAULT_QUALITY	指定输出质量不重要
DRAFT_QUALITY	草稿质量。字体的显示质量是不重要的。对于光栅字体（即点阵字体），缩放是有效的，这就意味着可以使用更多的尺寸，但是显示质量并不高。如果需要，粗体、斜体、下画线和删除线字体会被合成
NONANTIALIASED_QUALITY	指定输出质量不是抗锯齿的
PROOF_QUALITY	正稿质量。指定字体质量比匹配字体属性更重要。对于光栅字体（即点阵字体），缩放是无效的，会选用其最接近的字体大小。虽然在选中 PROOF_QUALITY 时字体大小不能精确地映射，但是输出质量很高，并且不会有畸变现象。如果需要，粗体、斜体、下画线和删除线字体会被合成

- lfPitchAndFamily：指定以常规方式描述字体的字体系列。字体系列描述大致的字体外观。字体系列用于在所需精确字体不可用时指定字体。1~2 位指定字体间距，取值及其含义如表 12-12 所示；4~7 位指定字体系列，取值及其含义如表 12-13 所示。

表 12-12　成员 lfPitchAndFamily 1~2 位的取值及其含义

值	含　　义
DEFAULT_PITCH	指定默认间距
FIXED_PITCH	指定固定间距
VARIABLE_PITCH	指定可变间距

表 12-13　成员 lfPitchAndFamily 4~7 位的取值及其含义

值	含　　义
FF_DECORATIVE	指定特殊字体。例如，Old English
FF_DONTCARE	指定字体系列不重要
FF_MODERN	指定具有或不具有衬线的等宽字体。例如，Pica、Elite 和 Courier New 都是等宽字体
FF_ROMAN	指定具有衬线的等比字体。例如，MS Serif
FF_SCRIPT	指定设计为类似手写体的字体。例如，Script 和 Cursive
FF_SWISS	指定不具有衬线的等比字体。例如，MS Sans Serif

字体间距和字体系列可以用布尔运算符"|"连接。

- lfFaceName：字体名称，名称不得超过 31 个字符。如果是空字符串，则系统将使用第一个满足其他属性的字体。

在 EasyX 图形库中，可以通过 settextstyle 函数来设置以上字体样式，该函数的用法如下：

```
void settextstyle(const LOGFONT *font);
```

示例如下：

```
//设置输出效果为抗锯齿
LOGFONT f;
gettextstyle(&f);                          //获取当前字体设置
f.lfHeight=48;                             //设置字体高度为 48 像素
_tcscpy(f.lfFaceName,_T("黑体"));          //设置字体为"黑体"
f.lfQuality=ANTIALIASED_QUALITY;          //设置输出效果为抗锯齿
```

```
settextstyle(&f);                      //设置字体样式
outtextxy(0,50,_T("抗锯齿效果"));      //输出文字内容
```

2. 输出文字

EasyX 图形库提供了两个输出文字函数，分别为 outtextxy 和 drawtext 函数，本文只介绍比较常用的 outtextxy 函数，该函数的功能是在指定坐标输出指定字符串，其用法如下：

```
void outtextxy(int x,int y,LPCTSTR str);
```

示例如下：

```
char s[]="Hello World";
outtextxy(10,20,s);
//输出数值，先将数字格式化输出为字符串
TCHAR s[5];
_stprintf(s,_T("%d"),1024);
outtextxy(10,60,s);
```

3. 获取字符串宽度和高度

EasyX 图形库提供了 textheight 和 textwidth 函数分别用于获取字符串实际占用的像素高度和像素宽度，这两个函数的用法分别如下：

```
int textheight(LPCTSTR str);
int textwidth(LPCTSTR str);
```

12.3.6　图像处理相关函数

1. 加载和保存图片

可以通过 loadimage 函数加载一个图片文件到一个 IMAGE 对象，该函数的用法如下：

```
void loadimage(IMAGE *pDstImg,LPCTSTR pImgFile,int nWidth=0,int nHeight=
0,bool bResize=false);
```

- pDstImg：保存图像的 IMAGE 对象指针。如果为 NULL，则表示将图片读取至绘图窗口。
- pImgFile：图片文件名。支持 bmp/gif/jpg/png/tif/emf/wmf/ico 格式的图片。gif 格式的图片仅加载第一帧；在加载 gif 与 png 格式图片文件时，不支持图片的透明效果。
- nWidth：图片的拉伸宽度。加载图片后，会将图片的宽度拉伸至该宽度。如果为 0，则表示使用原图的宽度。
- nHeight：图片的拉伸高度。加载图片后，会将图片的高度拉伸至该高度。如果为 0，则表示使用原图的高度。
- bResize：是否调整 IMAGE 对象的大小以适应图片。

示例如下：

```
loadimage(NULL,_T("D:\\test.jpg"));      //读取图片至绘图窗口
```

可以通过 saveimage 函数保存绘图内容至图片文件，该函数的用法如下：

```
void saveimage(LPCTSTR strFileName,IMAGE *pImg=NULL);
```

示例如下：

```
outtextxy(100,100,_T("Hello World!"));
saveimage(_T("D:\\test.bmp"));
```

2. 获取和绘制图像

getimage 和 putimage 函数分别用于从当前绘图设备中获取图像和在当前设备上绘制指

定图像，这两个函数的用法分别如下：

```
void getimage(
    IMAGE *pDstImg,          //保存图像的 IMAGE 对象指针
    int srcX,                //要获取图像区域的左上角 x 坐标
    int srcY,                //要获取图像区域的左上角 y 坐标
    int srcWidth,            //要获取图像区域的宽度
    int srcHeight            //要获取图像区域的高度
);
void putimage(
    int dstX,                //绘制位置的 x 坐标
    int dstY,                //绘制位置的 y 坐标
    IMAGE *pSrcImg,          //要绘制的图像的 IMAGE 对象指针
    DWORD dwRop=SRCCOPY      //三元光栅操作码
);
```

参数 dwRop 的取值及其含义如表 12-14 所示。

表 12-14　参数 dwRop 的取值及其含义

值	含　义
DSTINVERT	目标图像 = NOT 目标图像
MERGECOPY	目标图像 = 源图像 AND 当前填充颜色
MERGEPAINT	目标图像 = 目标图像 OR (NOT 源图像)
NOTSRCCOPY	目标图像 = NOT 源图像
NOTSRCERASE	目标图像 = NOT (目标图像 OR 源图像)
PATCOPY	目标图像 = 当前填充颜色
PATINVERT	目标图像 = 目标图像 XOR 当前填充颜色
PATPAINT	目标图像 = 目标图像 OR ((NOT 源图像) OR 当前填充颜色)
SRCAND	目标图像 = 目标图像 AND 源图像
SRCCOPY	目标图像 = 源图像
SRCERASE	目标图像 = (NOT 目标图像) AND 源图像
SRCINVERT	目标图像 = 目标图像 XOR 源图像
SRCPAINT	目标图像 = 目标图像 OR 源图像

示例如下：

```
IMAGE img,img2;
loadimage(&img,_T("D:\\test.jpg"));    //读取图片至 img 对象
putimage(200,200,&img);                //将 img 对象绘制到当前设备
```

3. 设置和获取当前绘图设备

SetWorkingImage 和 GetWorkingImage 函数分别用于设置当前绘图设备和获取当前绘图设备，这两个函数的用法分别如下：

```
//设置 pImg 为当前绘图设备，如果为 NULL，则当前设备为绘图窗口
void SetWorkingImage(IMAGE *pImg=NULL);
IMAGE *GetWorkingImage();
```

示例如下：

```
IMAGE img(200,200);
SetWorkingImage(&img);                 //设置绘图目标为 img 对象
//以下绘图操作都会绘制在 img 对象上面
```

```
line(0,100,200,100);
line(100,0,100,200);
circle(100,100,50);
SetWorkingImage();              //设置绘图目标为绘图窗口
putimage(220,140,&img);         //将 img 对象显示在绘图窗口中
```

4. 图像调整

Resize 和 rotateimage 函数分别用于调整图像大小和旋转图像，这两个函数的用法分别
如下：

```
//将 pImg 对象的大小调整为宽为 width，高为 height
void Resize(IMAGE *pImg,int width,int height);
//旋转 IMAGE 对象中的绘图内容
void rotateimage(IMAGE *dstimg,IMAGE *srcimg,double radian,COLORREF bkcolor=
BLACK,bool autosize=false,bool highquality=true);
```

- dstimg：指定目标 IMAGE 对象指针，用来保存旋转后的图像。
- srcimg：指定原 IMAGE 对象指针。
- radian：指定旋转的弧度。
- bkcolor：指定旋转后产生的空白区域的颜色。默认为黑色。
- autosize：指定目标 IMAGE 对象是否自动调整尺寸以完全容纳旋转后的图像。默认为 false。
- highquality：指定是否采用高质量的旋转。在追求性能的场合请使用低质量旋转。默认为 true。

示例如下：

```
#define PI 3.14159265359
IMAGE img1,img2;
loadimage(&img1,_T("C:\\test.jpg"));
rotateimage(&img2,&img1,PI/6);      //旋转图像 30 度（PI/6）
putimage(0,0,&img2);                //显示旋转后的图像
```

12.4　精彩案例

12.4.1　模拟动态二维星空

【例 12-5】利用点输出方法模拟动态二维星空效果。

分析：

（1）首先定义一个结构体类型 struct STAR，用于存储一颗星星的位置坐标、颜色和循环右移的步长。

（2）定义一个 struct STAR 类型的结构体数组，用于保存多颗星星。

（3）定义星星初始化函数 InitStar，用于计算第 i 颗星星的随机初始位置、随机初始步长和颜色。

（4）定义第 i 颗星星的移动函数 MoveStar，用于擦除该颗星星并将其移动到新位置，当新位置大于窗口边界时，重新初始化该颗星星，最后在新的位置输出该颗星星。

（5）在主函数中，设置随机数种子，在初始化所有星星后，循环移动所有星星，并等

待 20 毫秒。

程序代码如下：

```
#include <graphics.h>
#include <time.h>
#include <conio.h>
#define MAXSTAR 200                    //星星总数
struct STAR
{
    double x;
    int y;
    double step;
    int color;
};
struct STAR star[MAXSTAR];
//初始化星星
void InitStar(int i)
{
    star[i].x=0;
    star[i].y=rand()%480;
    star[i].step=(rand()%5000)/1000.0+1;
    color=(int)(star[i].step*255/6.0+0.5);    //速度越快，颜色越亮
    star[i].color=RGB(color,color,color);
}
//移动星星
void MoveStar(int i)
{
    //擦除原来的星星
    putpixel((int)star[i].x,star[i].y, 0);
    //计算新位置
    star[i].x+=star[i].step;
    if(star[i].x>640)
        InitStar(i);
    //画新星星
    putpixel((int)star[i].x,star[i].y,star[i].color);
}

void main()
{
    srand((unsigned)time(NULL));      //设置随机数种子
    initgraph(640,480);               //创建绘图窗口
    //初始化所有星星
    for(int i=0;i<MAXSTAR;i++)
    {
        InitStar(i);
        star[i].x=rand()%640;
    }
    //绘制星空，按任意键退出
    while(!kbhit())
    {
        for(int i=0;i<MAXSTAR;i++)
            MoveStar(i);
        Sleep(20);
```

```
        }
        closegraph();                        //关闭绘图窗口
    }
```

12.4.2　绘制动态时钟

【例 12-6】绘制动态时钟。

分析：

（1）编写一个绘制时钟的表盘部分的函数 DrawDial，绘制内容包括表盘的外表盘、内表盘、刻度点及刻度。

（2）编写绘制表针及表盘文字的函数 DrawHand，该函数实现时针、分针和秒针的弧度值与末端位置计算，并根据参数 isDrawing 的取值情况来绘制表针或擦除表针。

（3）在主函数中，循环获取当前时间，并根据当前时间绘制表针，休眠 1 秒后擦除表针。

程序代码如下：

```
#include <graphics.h>
#include <conio.h>
#include <math.h>
#include <stdio.h>
#define PI 3.1415926536
#define BACK_COLOR WHITE
#define FORE_COLOR BLACK

void DrawHand(int hour,int minute,int second,bool isDrawing)
{
    double a_hour,a_min,a_sec;                    //时针、分针、秒针的弧度值
    int x_hour,y_hour,x_min,y_min,x_sec,y_sec;    //时针、分针、秒针的末端位置
    COLORREF color_hour,color_minute,color_second; //时针、分针、秒针的颜色
    if(isDrawing)
    {
        color_hour=BLACK;
        color_minute=BLUE;
        color_second=RED;
    }
    else
    {
        color_hour=color_minute=color_second=BACK_COLOR;
    }

    //计算时针、分针、秒针的弧度值
    a_sec=second*2*PI/60;
    a_min=minute*2*PI/60+a_sec/60;
    a_hour=hour*2*PI/12+a_min/12;
    //计算时针、分针、秒针的末端位置
    x_sec=int(120*sin(a_sec));
    y_sec=int(120*cos(a_sec));
    x_min=int(100*sin(a_min));
    y_min=int(100*cos(a_min));
    x_hour=int(70*sin(a_hour));
    y_hour=int(70*cos(a_hour));
```

```
    //输出文字 LOGO
    settextcolor(RED);
    outtextxy(266,310,_T("LIJUN-CEIE-HBU"));

    //画时针
    setlinestyle(PS_SOLID,1);
    setcolor(color_hour);
    line(320+x_hour,240-y_hour,320-x_hour/7,240+y_hour/7);

    //画分针
    setlinestyle(PS_SOLID,1);
    setcolor(color_minute);
    line(320+x_min,240-y_min,320-x_min/5,240+y_min/5);

    //画秒针
    setlinestyle(PS_SOLID,1);
    setcolor(color_second);
    line(320+x_sec,240-y_sec,320-x_sec/3,240+y_sec/3);

    //输出时间
    TCHAR s_digit[20];
    _stprintf(s_digit,_T("%02d:%02d:%02d"),hour,minute,second);
    settextcolor(RED);
    outtextxy(290,200,s_digit);
}

void DrawDial()
{
    //绘制一个简单的表盘
    setlinecolor(FORE_COLOR);
    setfillcolor(FORE_COLOR);
    circle(320,240,2);
    circle(320,240,60);
    circle(320,240,160);

    //绘制刻度
    int x,y;
    for(int i=0;i<60;i++)
    {
        x=320+int(145*sin(PI*2*i/60));
        y=240+int(145*cos(PI*2*i/60));

        if(i%15==0)
            bar(x-5,y-5,x+5,y+5);
        else if(i%5==0)
            circle(x,y,3);
        else
            putpixel(x,y,FORE_COLOR);
    }
}

void main()
{
```

```
    initgraph(640,480);              //初始化 640 像素×480 像素的绘图窗口
    setbkcolor(BACK_COLOR);
    cleardevice();
    DrawDial();                      //绘制表盘

    //绘制表针
    SYSTEMTIME ti;                   //定义变量，保存当前时间
    while(!kbhit())                  //按任意键退出钟表程序
    {
        GetLocalTime(&ti);           //获取当前时间
        DrawHand(ti.wHour,ti.wMinute,ti.wSecond,true);          //画表针
        Sleep(1000);                 //延时 1 秒
        DrawHand(ti.wHour,ti.wMinute,ti.wSecond,false);         //擦除表针
    }
    closegraph();                    //关闭绘图窗口
}
```

上面程序的运行结果如图 12-7 所示。

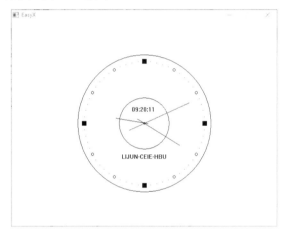

图 12-7　例 12-6 程序的运行结果

本 章 小 结

本章介绍了 EasyX 图形库在 Visual Studio 2010 中的绘图的基本概念和常用库函数。

EasyX 图形库中经常会用到颜色、坐标和设备 3 个相关概念。颜色可以用颜色常量、十六进制数来表示，或者用 RGB 宏来合成，同时可以通过相关函数实现 RGB 颜色和 HSV 颜色、HSL 颜色、灰度颜色之间的转换。在 EasyX 图形库中，坐标可以分为物理坐标和逻辑坐标。EasyX 图形库中的设备分为默认绘图窗口和 IMAGE 对象。

本章还介绍了 EasyX 图形库提供的绘图设备、颜色转换、颜色及样式设置、绘制图形、文字输出、图像处理等六大类函数。

通过对本章内容的学习，读者应该掌握 EasyX 图形库绘图的基本概念和常用库函数的应用。

习 题

1．用 EasyX 图形库绘制一个中国象棋棋盘。

2．绘制一个直角坐标系，并在该坐标系中绘制[-π,π]范围内的正弦曲线。

3．编写程序，实现在一个背景图片场景中加载一个人物图片，用户可以通过鼠标和键盘控制人物的移动。

第 *13* 章

C++语言面向对象基础

C++语言是 C 语言的继承，它既可以进行 C 语言的过程化程序设计，也可以进行以抽象数据类型为特点的基于对象的程序设计，还可以进行以继承和多态为特点的面向对象的程序设计。C++语言在擅长面向对象程序设计的同时，还可以进行基于过程的程序设计，因而，C++语言就适应的问题规模而论，大小由之。C++语言不仅拥有计算机高效运行的实用性特征，还致力于提高大规模程序的编程质量与程序设计语言的问题描述能力。

本章将主要介绍 C++语言的面向对象技术，以便能够为读者在继续学习 C++语言时提供一定的基础。

本章重点：

- ☑ 类和对象的概念
- ☑ 类的三要素：继承、重载和多态
- ☑ 抽象类的定义和使用

13.1 C++语言简介

1．C++语言的发展历史

20 世纪 70 年代中期，Bjarne Stroustrup 在剑桥大学计算机中心工作。他使用过 Simula 和 ALGOL，接触过 C 语言。他对 Simula 的类体系感受颇深，对 ALGOL 的结构也很有研究，深知运行效率的意义。既要编程简单、正确可靠，又要运行高效、可移植，是 Bjarne Stroustrup 的初衷。以 C 语言为背景，以 Simula 思想为基础，正好符合他的设想。1979 年，Bjarne Stroustrup 到了 Bell 实验室，开始从事将 C 语言改良为带类的 C 语言（C with classes）的工作。1983 年，该语言被正式命名为 C++。自从 C++语言被发明以来，它经历了 3 次主要的修订，每一次修订都为 C++语言增加了新的特征并进行了一些修改。第一次修订是在 1985 年，第二次修订是在 1990 年，第三次修订发生在 C++语言的标准化过程中。在 20 世纪 90 年代早期，人们开始为 C++语言建立一个标准，并成立了一个 ANSI 和 ISO（International Standards Organization，国际标准化组织）的联合标准化委员会。该委员会在 1994 年 1 月 25 日提出了第一个标准化草案。在这个草案中，委员会在保持 Bjarne Stroustrup 最初定义的所有特征的同时，还增加了一些新的特征。

在完成 C++语言标准化的第一个草案后不久，发生了一件事情使得 C++语言标准被极大地扩展了：Alexander Stepanov 创建了标准模板库（Standard Template Library，STL）。STL 不但功能强大，而且非常优雅，然而，它也是非常庞大的。在通过了第一个标准化草案之后，委员会投票并通过了将 STL 包含到 C++语言标准中的提议。STL 对 C++语言的扩展超出了 C++语言的最初定义范围。虽然在标准中增加 STL 是个很重要的决定，但是也因此延缓了 C++语言标准化的进程。委员会于 1997 年 11 月 14 日通过了该标准的最终草案，1998 年，C++语言的 ANSI/IS0 标准被投入使用。

2．C++语言的特点

1）支持数据封装和数据隐藏

在 C++语言中，类是支持数据封装的工具，对象是数据封装的实现。C++语言通过建立用户自定义的类来支持数据封装和数据隐藏。

在面向对象的程序设计中，将数据和对该数据进行合法操作的函数封装在一起作为一个类的定义。对象被定义为具有一个给定类的变量。每个给定类的对象包含这个类所规定的若干私有成员、公有成员及保护成员。完好定义的类一旦建立，就可以将其看成完全封装的实体，可以作为一个整体单元使用。类的实际内部工作隐藏起来，使用完好定义的类的用户不需要知道类是如何工作的，只要知道如何使用它即可。

2）支持继承和重用

在 C++语言现有类的基础上可以声明新类型，这就是继承和重用的思想。通过继承和重用可以更有效地组织程序结构，明确类间关系，并且充分利用已有的类来完成更复杂、深入的开发。新定义的类为子类，也被称为派生类，它可以从父类那里继承所有非私有的属性和方法作为自己的成员。

3）支持多态性

采用多态性为每个类指定表现行为。多态性形成由父类和它们的子类组成的一个树型结构。在这个树中的每个子类可以接收一个或多个具有相同名字的消息。当一个消息被这个树中一个类的一个对象接收时，这个对象动态地决定给予子类对象的消息的某种用法。多态性的这一特性允许父类使用高级抽象。

继承性和多态性的组合可以轻易地生成一系列虽然类似但是独一无二的对象。由于继承性，这些对象共享许多相似的特征。由于多态性，一个对象可以有独特的表现方式，而另一个对象则有另一种表现方式。

3．C++语言程序结构

让我们看一段简单的代码，可以输出单词 "Hello World"。

【例 13-1】简单的 C++语言程序。

```
#include <iostream>
using namespace std;
//main 函数是程序开始执行的地方
int main()
{
```

```
        cout<<"Hello World";           //输出 "Hello World"
        return 0;
    }
```

接下来我们讲解一下上面的程序。

C++语言定义了一些头文件，这些头文件包含了程序中必需的或有用的信息。在上面的程序中，包含了 iostream 头文件，在输入与输出操作中，经常会用到该头文件。

"using namespace std;"语句用于告诉编译器使用 std 命名空间。

int main()是主函数，程序从这里开始执行。

"cout<<"Hello World";"语句用于在屏幕上显示 "Hello World"。

"return 0;"语句用于终止 main 函数，并向调用进程返回值 0。

通过上面的例子可以看出，C++语言程序的整体结构和 C 语言程序的整体结构是一样的，只不过多了命名空间的概念。

13.2　类和对象

C++语言在 C 语言的基础上增加了面向对象编程，C++语言支持面向对象程序设计。类是 C++语言的核心特性，通常被称为用户定义的类型。

类用于指定对象的形式，它包含了数据表示法和用于处理数据的方法。类中的数据和方法称为类的成员。

类是对象的抽象，对象是类的实例，所以对象是根据类来创建的。比如，汽车是一个类，具体的某一台汽车则是该汽车类的一个对象。

13.2.1　类的定义和对象的声明

1. 类的定义

定义一个类，本质上是定义一个数据类型的蓝图。这实际上并没有定义任何数据，但它定义了类的名称意味着什么，也就是说，它定义了类的对象包括什么，以及可以在这个对象上执行哪些操作。

类的定义以关键字 class 开头，后跟类的名称。类的主体包含在一对花括号中。类定义后必须跟着一个分号或一个声明列表。定义类的格式如下：

```
class 类名称
{
    成员访问属性:
        成员类型 成员变量;
        ...
        成员类型 成员函数;

};
```

例如，我们使用关键字 class 定义 Box 数据类型，代码如下：

```
class Box
    {
```

```
public:
    double length;          //一个盒子的长度
    double breadth;         //一个盒子的宽度
    double height;          //一个盒子的高度
    double getVolume()      //获取盒子的体积
    {
        return length*breadth*height;
    }
};
```

关键字 public 确定了类成员的访问属性。在类对象作用域内，公共成员在类的外部是可以访问的。也可以指定类的成员为 private 或 protected，本章后面将会对成员的访问属性进行讲解。

2. 对象的声明

声明类的对象就像声明基本数据类型的变量一样。下面的语句声明了 Box 类的两个对象：

```
Box Box1;               //声明对象 Box1，类型为 Box
Box Box2;               //声明对象 Box2，类型为 Box
```

对象 Box1 和 Box2 都有它们各自的数据成员。

【例 13-2】类的定义和对象的声明及访问。

```
#include <iostream>
using namespace std;
class Box
{
  public:
    double length;              //一个盒子的长度
    double breadth;             //一个盒子的宽度
    double height;              //一个盒子的高度
    double getVolume()          //获取盒子的体积
    {
        return length*breadth*height;
    }
};

//main 函数是程序开始执行的地方
int main()
{
    Box box1,box2;
    box1.length=1;
    box1.breadth=3;
    box1.height=2;
    box2.length=2;
    box2.breadth=3;
    box2.height=4;
    cout<<"box1 volume: "<<box1.getVolume()<<endl;
    cout<<"box2 volume: "<<box2.getVolume()<<endl;
    return 0;
}
```

上面的程序定义了一个 Box 类，并在主函数中声明了该类的两个对象 box1 和 box2，分别设置了两个对象的长度、宽度和高度，同时分别计算了两个盒子的体积。

13.2.2　类的成员函数

类的成员函数是指那些把定义和原型写在类定义内部的函数，就像类定义中的其他变量一样。类的成员函数是类的一个成员，它可以操作类的任意对象，可以访问对象中的所有成员。

让我们看一下之前定义的 Box 类，现在我们要使用类的成员函数来访问类的成员，而不是直接访问这些类的成员。代码如下：

```
class Box
{
  public:
    double length;          //长度
    double breadth;         //宽度
    double height;          //高度
    double getVolume(void); //返回体积
};
```

类的成员函数可以定义在类定义内部，或者单独使用范围解析运算符"::"来定义。在类定义中定义的成员函数把函数声明为内联的，即便没有使用 inline 标识符。所以，可以按照如下格式定义 getVolume 函数：

```
class Box
{
  public:
    double length;          //长度
    double breadth;         //宽度
    double height;          //高度
    double getVolume(void)
    {
        return length*breadth*height;
    }
};
```

也可以在类的外部使用范围解析运算符"::"定义 getVolume 函数，代码如下：

```
double Box::getVolume(void)
{
    return length*breadth*height;
}
```

在这里需要强调一点，在"::"运算符之前必须使用类名。通过使用成员运算符（.）来调用成员函数，这样它就能操作与该对象相关的数据了。示例代码如下：

```
Box myBox;                  //创建一个对象
myBox.getVolume();          //调用该对象的成员函数
```

接下来，让我们使用上面提到的概念来设置和获取类中不同成员的值。

【例 13-3】类成员函数的定义及使用。

```
#include <iostream>
using namespace std;
class Box
{
    public:
      double length;          //长度
```

```
        double breadth;              //宽度
        double height;               //高度
        //声明成员函数
        double getVolume(void);
        void setLength(double len);
        void setBreadth(double bre);
        void setHeight(double hei);
};
//定义成员函数
double Box::getVolume(void)
{
    return length*breadth*height;
}
void Box::setLength(double len)
{
    length=len;
}
void Box::setBreadth(double bre)
{
    breadth=bre;
}
void Box::setHeight(double hei)
{
    height=hei;
}
//程序的主函数
int main()
{
    Box Box1;                    //声明对象Box1，类型为Box
    Box Box2;                    //声明对象Box2，类型为Box
    double volume=0.0;           //用于存储体积
    //Box1 详述
    Box1.setLength(6.0);
    Box1.setBreadth(7.0);
    Box1.setHeight(5.0);
    //Box2 详述
    Box2.setLength(13.0);
    Box2.setBreadth(13.0);
    Box2.setHeight(10.0);
    //Box1 的体积
    volume=Box1.getVolume();
    cout<<"Box1 的体积: "<<volume<<endl;
    //Box2 的体积
    volume=Box2.getVolume();
    cout<<"Box2 的体积: "<<volume<<endl;
    return 0;
}
```

当上面的程序被编译和执行时，会输出下列结果：

```
Box1 的体积: 210
Box2 的体积: 1560
```

13.2.3 类的构造函数与析构函数

1. 构造函数

类的构造函数是类的一种特殊的成员函数，它会在每次创建类的新对象时执行。

构造函数的名称与类的名称是完全相同的，并且没有任何返回类型，也不会返回 void。构造函数可以用于为某些成员变量设置初始值。定义类的构造函数的格式如下：

```
类名(参数);
```

其中，构造函数的参数根据实际情况进行选择，可有可无。

1）无参构造函数

下面的实例有助于读者更好地理解构造函数的概念。

【例 13-4】类无参构造函数的定义。

```
#include <iostream>
using namespace std;
class Line
{
    public:
        void setLength(double len);
        double getLength(void);
        Line();  //这是构造函数
    private:
        double length;
};
//定义成员函数，包括构造函数
Line::Line(void)
{
    cout<<"Object is being created"<<endl;
}
void Line::setLength(double len)
{
    length=len;
}
double Line::getLength(void)
{
    return length;
}
//程序的主函数
int main()
{
    Line line;
    //设置长度
    line.setLength(6.0);
    cout<<"Length of line: "<<line.getLength()<<endl;
    return 0;
}
```

当上面的程序被编译和执行时，会输出下列结果：

```
Object is being created
Length of line: 6
```

2）带参数的构造函数

默认的构造函数没有任何参数，但是如果需要，构造函数也可以带有参数。这样在创建对象时就会给对象赋初始值，如下面的实例所示。

【例 13-5】类带参数的构造函数的定义。

```cpp
#include <iostream>
using namespace std;
class Line
{
    public:
        void setLength(double len);
        double getLength(void);
        Line(double len);  //这是构造函数
    private:
        double length;
};
//定义成员函数，包括构造函数
Line::Line(double len)
{
    cout<<"Object is being created,length="<<len<<endl;
    length=len;
}
void Line::setLength(double len)
{
    length=len;
}
double Line::getLength(void)
{
    return length;
}
//程序的主函数
int main()
{
    Line line(10.0);
    //获取默认设置的长度
    cout<<"Length of line: "<<line.getLength()<<endl;
    //再次设置长度
    line.setLength(6.0);
    cout<<"Length of line: "<<line.getLength()<<endl;
    return 0;
}
```

当上面的程序被编译和执行时，会输出下列结果：

```
Object is being created,length=10
Length of line: 10
Length of line: 6
```

3）使用初始化列表来初始化成员

```cpp
Line::Line(double len):length(len)
{
    cout<<"Object is being created,length="<<len<<endl;
}
```

上面的语法等同于如下语法：

```
Line::Line(double len)
{
    cout<<"Object is being created,length="<<len<<endl;
    length=len;
}
```

假设有一个类C，有多个成员X、Y、Z等需要进行初始化，同理地，可以使用上面的语法，只需要在不同的成员之间使用逗号进行分隔即可。示例代码如下：

```
C::C(double a,double b,double c):X(a),Y(b),Z(c)
{
    ...
}
```

2．析构函数

类的析构函数是类的一种特殊的成员函数，它会在每次删除所创建的对象时执行。

析构函数的名称与类的名称是完全相同的，只是在前面加了个波浪号（~）作为前缀，它不会返回任何值，也不能带有任何参数。析构函数有助于在跳出程序（如关闭文件、释放内存等）前释放资源。定义类的析构函数的格式如下：

```
~类名();
```

下面的实例有助于读者更好地理解析构函数的概念。

【例 13-6】析构函数的定义及效果。

```
#include <iostream>
using namespace std;
class Line
{
    public:
        void setLength(double len);
        double getLength(void);
        Line();      //这是构造函数声明
        ~Line();     //这是析构函数声明
    private:
        double length;
};
//定义成员函数，包括构造函数
Line::Line(void)
{
    cout<<"Object is being created"<<endl;
}
Line::~Line(void)
{
    cout<<"Object is being deleted"<<endl;
}
void Line::setLength(double len)
{
    length=len;
}
double Line::getLength(void)
{
```

```
        return length;
    }
    //程序的主函数
    int main()
    {
        Line line;
        //设置长度
        line.setLength(6.0);
        cout<<"Length of line: "<<line.getLength()<<endl;
        return 0;
    }
```

当上面的程序被编译和执行时，会输出下列结果：

```
Object is being created
Length of line: 6
Object is being deleted
```

13.2.4　C++类的访问修饰符

数据隐藏是面向对象编程的一个重要特点，它可以防止函数直接访问类的内部成员。类成员的访问限制是通过在类主体内部对各个区标记 public、private、protected 来指定的。关键字 public、private、protected 称为访问修饰符。

一个类可以有多个 public、protected 或 private 标记区域。每个标记区域在下一个标记区域开始之前或在遇到类主体结束右括号之前都是有效的。成员和类的默认访问修饰符是 private。

类标记区域的格式如下：

```
class Base
{
    public:
    //定义公有成员
    protected:
    //定义保护成员
    private:
    //定义私有成员
};
```

1．公有（public）成员

公有成员在程序中类的外部是可访问的。可以不使用任何成员函数来设置和获取公有变量的值，如下面的实例所示。

【例 13-7】公有成员的访问属性。

```
#include <iostream>
using namespace std;
class Line
{
    public:
        double length;
        void setLength(double len);
        double getLength(void);
```

```
};
//定义成员函数
double Line::getLength(void)
{
    return length;
}
void Line::setLength(double len)
{
    length=len;
}
//程序的主函数
int main()
{
    Line line;
    //设置长度
    line.setLength(6.0);
    cout<<"Length of line: "<<line.getLength()<<endl;
    //不使用成员函数设置长度
    line.length=10.0;  //可以赋值，因为 length 是公有成员
    cout<<"Length of line: "<<line.length<<endl;
    return 0;
}
```

当上面的程序被编译和执行时，会输出下列结果：

```
Length of line: 6
Length of line: 10
```

2. 私有（private）成员

私有成员变量或函数在类的外部是不可访问的，甚至是不可查看的。只有类和友元函数可以访问私有成员变量或函数。

在默认情况下，类的所有成员都是私有的。例如，在下面的类中，width 是一个私有成员，这意味着，如果没有使用任何访问修饰符，则类的成员将被假定为私有成员。

```
class Box
{
    double width;
    public:
        double length;
        void setWidth(double wid);
        double getWidth(void);
};
```

在实际操作中，我们一般会在私有区域定义数据，在公有区域定义相关的函数，以便在类的外部也可以调用这些函数，如下面的实例所示。

【例 13-8】私有成员的访问属性。

```
#include <iostream>
using namespace std;
class Box
{
    public:
        double length;
        void setWidth(double wid);
```

```
            double getWidth(void);
        private:
            double width;
};
//定义成员函数
double Box::getWidth(void)
{
    return width ;
}
void Box::setWidth(double wid)
{
    width=wid;
}
//程序的主函数
int main()
{
    Box box;
    //不使用成员函数设置长度
    box.length=10.0;  //可以赋值，因为length是公有成员
    cout<<"Length of box: "<<box.length<<endl;
    //不使用成员函数设置宽度
    // box.width=10.0;  //会报错，因为width是私有成员，只能在类内部成员函数中使用
    box.setWidth(10.0);  //使用成员函数设置宽度
    cout<<"Width of box: "<<box.getWidth()<<endl;
    return 0;
}
```

当上面的程序被编译和执行时，会输出下列结果：

```
Length of box: 10
Width of box: 10
```

在本例中，Box 类的成员 width 为私有成员，所以 box 对象无法访问 Box 类的成员 width，只能通过 box.setWidth(10.0)方法来设置对象的成员 width 的值。

在 C++类中，不仅可以将成员设置为私有成员变量，还可以将一些不愿暴露的函数定义为私有成员函数。

3. 保护（protected）成员

保护成员与私有成员十分相似，但有一点不同，保护成员在派生类（即子类）中是可访问的。

在下一节中，本书将介绍派生类和继承的知识。现在可以看到，在下面的实例中，我们从父类 Box 派生了一个子类 SmallBox。

下面的实例与前面的实例类似，在这里，Box 类的成员 width 可以被派生类 SmallBox 的任何成员函数访问。

```
#include <iostream>
using namespace std;
class Box
{
    protected:
        double width;
};
```

```
class SmallBox:Box //SmallBox 类是派生类
{
    public:
        void setSmallWidth(double wid);
        double getSmallWidth(void);
};
//子类的成员函数
double SmallBox::getSmallWidth(void)
{
    return width;
}
void SmallBox::setSmallWidth(double wid)
{
    width=wid;
}
//程序的主函数
int main()
{
    SmallBox box;
    //使用成员函数设置宽度
    box.setSmallWidth(5.0);
    cout<<"Width of box: "<<box.getSmallWidth()<<endl;
    return 0;
}
```

当上面的程序被编译和执行时，会输出下列结果：

```
Width of box: 5
```

13.3　继承、重载和多态

在 C++语言中，类的重要特性为继承、重载和多态，本节将介绍 C++语言中有关类的这 3 个特性。

13.3.1　类的继承

面向对象程序设计中最重要的一个概念是继承。继承允许我们依据另一个类来定义一个类，这使得创建和维护一个应用程序变得更容易。这样做也达到了重用代码功能和提高程序执行效率。

1. 基类和派生类

当创建一个类时，不需要重新编写新的数据成员和成员函数，只需指定新建的类继承了一个已有的类的成员即可。这个已有的类称为基类，新建的类称为派生类。例如，哺乳动物是动物，狗是哺乳动物，因此，狗是动物。

一个类可以派生自多个类，这意味着，它可以从多个基类继承数据和函数。在定义一个派生类时，可以使用一个类派生列表来指定基类。类派生列表以一个或多个基类命名，其格式如下：

```
class 派生类名:基类名
```

假设有一个基类 Shape，Rectangle 类是它的派生类，如下面的实例所示。

【例 13-9】基类和派生类的定义与使用。

```cpp
#include <iostream>
using namespace std;
//基类
class Shape
{
    public:
        void setWidth(int w)
        {
            width=w;
        }
        void setHeight(int h)
        {
            height=h;
        }
    protected:
        int width;
        int height;
};
//派生类
class Rectangle:public Shape
{
    public:
        int getArea()
        {
            return width*height;
        }
};
int main(void)
{
    Rectangle Rect;
    Rect.setWidth(5);
    Rect.setHeight(7);
    //输出对象的面积
    cout<<"Total area: "<<Rect.getArea()<<endl;
    return 0;
}
```

当上面的程序被编译和执行时，会输出下列结果：

```
Total area: 35
```

2. 访问控制和继承

派生类的成员函数可以访问基类中所有的非私有成员。因此，基类成员如果不想被派生类的成员函数访问，则应在基类中声明为 private。

不同的访问属性在类内部、派生类和外部类中的访问权限如表 13-1 所示。

表 13-1　访问属性和访问权限表

访　　问	public	protected	private
同一个类	可以	可以	可以
派生类	可以	可以	不可以
外部类	可以	不可以	不可以

3. 多继承

多继承即一个子类可以有多个父类，它继承了多个父类的特性。C++类可以从多个类继承成员，语法如下：

```
class <派生类名>:<继承方式 1><基类名 1>,<继承方式 2><基类名 2>,…
{
<派生类类体>
};
```

其中，继承方式 1 和继承方式 2 是 public、protected 或 private 中的一个，用来修饰每个基类，各个基类之间用逗号隔开。现在让我们一起看看下面的实例。

【例 13-9】多基类的定义和使用。

```cpp
#include <iostream>
using namespace std;
//基类 Shape
class Shape
{
    public:
        void setWidth(int w)
        {
            width=w;
        }
        void setHeight(int h)
        {
            height=h;
        }
    protected:
        int width;
        int height;
};
//基类 PaintCost
class PaintCost
{
    public:
        int getCost(int area)
        {
            return area*70;
        }
};
//派生类
class Rectangle:public Shape,public PaintCost
{
    public:
        int getArea()
```

```
        {
            return width*height;
        }
};
int main(void)
{
    Rectangle Rect;
    int area;
    Rect.setWidth(5);
    Rect.setHeight(7);
    area=Rect.getArea();
    //输出对象的面积
    cout<<"Total area: "<<Rect.getArea()<<endl;
    //输出总花费
    cout<<"Total paint cost: $"<<Rect.getCost(area)<<endl;
    return 0;
}
```

当上面的程序被编译和执行时，会输出下列结果：

```
Total area: 35
Total paint cost: $2450
```

13.3.2 重载函数和重载运算符

C++语言允许在同一作用域中的某个函数和运算符指定多个定义，分别称为函数重载和运算符重载。重载声明是指一个与之前已经在该作用域内声明过的函数或方法具有相同名称的声明，但是它们的参数列表和定义（实现）不相同。

当调用一个重载函数或重载运算符时，编译器通过对调用的参数的类型与定义中的参数的类型进行比较，决定选用最合适的定义。选择最合适的重载函数或重载运算符的过程，称为重载决策。

1. 重载函数

在同一个作用域内，可以声明几个功能类似的同名函数，但是这些同名函数的形式参数（指参数的个数、类型或顺序）必须不同。不能仅通过返回值类型的不同来重载函数。在下面的实例中，同名函数 print 被用于输出不同类型的数据。

【例 13-10】重载函数。

```
#include <iostream>
using namespace std;
class PrintData
{
    public:
      void print(int i)
      {
        cout<<"Printing int: "<<i<<endl;
      }
      void print(double f)
      {
        cout<<"Printing float: "<<f<<endl;
```

```
        }
        void print(char *c)
        {
          cout<<"Printing character: "<<c<<endl;
        }
};
int main(void)
{
    PrintData pd;
    //调用参数为 int 型数据输出的 print 函数
    pd.print(5);
    //调用参数为 float 型数据输出的 print 函数
    pd.print(500.263);
    //调用参数为 char 型数据输出的 print 函数
    pd.print("Hello C++");
    return 0;
}
```

当上面的程序被编译和执行时，会输出下列结果：

```
Printing int: 5
Printing float: 500.263
Printing character: Hello C++
```

2. 重载运算符

在 C++语言中，大部分 C++语言内置的运算符可以被重定义或重载。这样，就可以使用自定义类型的运算符了。

重载的运算符是带有特殊名称的函数，函数名是由关键字 operator 和其后要重载的运算符符号构成的。与其他函数一样，重载运算符有一个返回值类型和一个参数列表。示例如下：

```
Box operator+(const Box&);
```

上面的语句重载加法运算符，用于把两个 Box 对象相加，返回最终的 Box 对象。大多数的重载运算符可以被定义为普通的非成员函数或被定义为类成员函数。如果定义上面的函数为类的非成员函数，那么我们需要为每次操作传递两个参数，示例如下：

```
Box operator+(const Box&,const Box&);
```

下面的实例使用成员函数演示了重载运算符的概念。在这里，对象作为参数进行传递，对象的属性使用 this 运算符进行访问。

【例 13-11】重载运算符。

```
#include <iostream>
using namespace std;
class Box
{
    public:
        double getVolume(void)
        {
          return length*breadth*height;
        }
        void setLength(double len)
        {
```

```
            length=len;
        }
        void setBreadth(double bre)
        {
            breadth=bre;
        }
        void setHeight(double hei)
        {
            height=hei;
        }
        //重载"+"运算符，用于把两个 Box 对象相加
        Box operator+(const Box& b)
        {
          Box box;
          box.length=this->length+b.length;
          box.breadth=this->breadth+b.breadth;
          box.height=this->height+b.height;
          return box;
        }
    private:
        double length;        //长度
        double breadth;       //宽度
        double height;        //高度
};
//程序的主函数
int main()
{
    Box Box1;                //声明对象 Box1，类型为 Box
    Box Box2;                //声明对象 Box2，类型为 Box
    Box Box3;                // 声明对象 Box3，类型为 Box
    double volume=0.0;       //把体积存储在该变量中
    //Box1 详述
    Box1.setLength(6.0);
    Box1.setBreadth(7.0);
    Box1.setHeight(5.0);
    //Box2 详述
    Box2.setLength(13.0);
    Box2.setBreadth(13.0);
    Box2.setHeight(10.0);
    //Box1 的体积
    volume=Box1.getVolume();
    cout<<"Volume of Box1: "<<volume<<endl;
    //Box2 的体积
    volume=Box2.getVolume();
    cout<<"Volume of Box2: "<<volume<<endl;
    //把两个对象相加，得到对象 Box3
    Box3=Box1+Box2;
    //Box3 的体积
    volume=Box3.getVolume();
    cout<<"Volume of Box3: "<<volume<<endl;
    return 0;
}
```

当上面的程序被编译和执行时，会输出下列结果：

```
Volume of Box1: 210
Volume of Box2: 1560
Volume of Box3: 5400
```

在 C++语言中，并不是所有运算符都可以被重载。表 13-2 和表 13-3 分别列出了可重载的运算符和不可重载的运算符。

表 13-2　可重载的运算符

+	-	*	/	%	^
&	|	~	!	,	=
<	>	<=	>=	++	--
<<	>>	==	!=	&&	||
+=	-=	/=	%=	^=	&=
|=	*=	<<=	>>=	[]	()
->	->*	new	new []	delete	delete []

表 13-3　不可重载的运算符

::	.*	.	?:	sizeof

13.3.3　多态

1．类函数的多态

多态按字面的意思就是多种形态。当类之间存在层次结构，并且类之间通过继承关联时，就会用到多态。C++多态意味着在调用成员函数时，会根据调用函数的对象的类型来执行不同的函数。在下面的实例中，基类 Shape 派生出两个类。

【例 13-12】类函数的多态。

```cpp
#include <iostream>
using namespace std;
class Shape
{
    protected:
        int width,height;
    public:
        Shape(int a=0,int b=0)
        {
            width=a;
            height=b;
        }
        int area()
        {
            cout<<"Parent class area"<<endl;
            return 0;
        }
};
class Rectangle:public Shape
```

```
    {
        public:
        Rectangle(int a=0,int b=0):Shape(a,b){ }
        int area()
        {
            cout<<"Rectangle class area"<<endl;
            return width*height;
        }
    };
    class Triangle:public Shape
    {
        public:
        Triangle(int a=0,int b=0):Shape(a,b){ }
        int area()
        {
            cout<<"Triangle class area"<<endl;
            return width*height/2;
        }
    };
    //程序的主函数
    int main()
    {
        Shape *shape;
        Rectangle rec(10,7);
        Triangle tri(10,5);
        //存储矩形的地址
        shape=&rec;
        //调用矩形的求面积函数 area
        shape->area();
        //存储三角形的地址
        shape=&tri;
        //调用三角形的求面积函数 area
        shape->area();
        return 0;
    }
```

当上面的程序被编译和执行时，会输出下列结果：

```
    Parent class area
    Parent class area
```

导致上述输出结果的原因是，area 函数在被调用时会被编译器设置为基类中的 area 函数，这就是所谓的静态多态，或者静态链接，即函数在程序编译期间就已经绑定到基类了。因此，有时这也被称为前期绑定。

但现在，让我们对程序稍做修改，在 Shape 类中，area 函数的声明前放置关键字 virtual，代码如下：

```
    class Shape
    {
        protected:
        int width,height;
        public:
        Shape(int a=0,int b=0)
        {
```

```
        width=a;
        height=b;
    }
    virtual int area()
    {
        cout<<"Parent class area"<<endl;
        return 0;
    }
};
```

修改后，当编译和执行前面的实例代码时，会输出下列结果：

```
Rectangle class area
Triangle class area
```

此时，编译器看的是指针的内容，而不是它的类型。因此，因为 tri 和 rec 类的对象的地址存储在指针变量 shape 中，所以会调用各自的 area 函数。

正如所看到的，每个子类都有一个 area 函数的独立实现，这就是多态的一般使用方式。有了多态，就可以有多个不同的类，都带有同一个名称但具有不同实现的函数，函数的参数甚至可以是相同的。

2. 虚函数与纯虚函数

虚函数是在基类中使用关键字 virtual 声明的函数。在派生类中重新定义基类中定义的虚函数时，会告诉编译器不要静态链接到该函数。我们想要的是在程序中任意点可以根据所调用的对象的类型来选择调用的函数，这种操作被称为动态链接，或者后期绑定。

纯虚函数是一种特殊的虚函数，在许多情况下，在基类中不能对虚函数给出有意义的实现，而把它声明为纯虚函数，它的实现留给该基类的派生类去做。这就是纯虚函数的作用。可以把基类中的虚函数 area 改写如下：

```
class Shape
{
    protected:
        int width,height;
    public:
        Shape(int a=0,int b=0)
        {
            width=a;
            height=b;
        }
        //纯虚函数
        virtual int area()=0;
};
```

"virtual int area() = 0;" 语句用于告诉编译器，函数没有主体，上面的虚函数是纯虚函数。

13.4　接口

C++语言中的接口是使用抽象类来实现的，用于描述类的行为和功能，而不需要完成类的特定实现。如果类中至少有一个函数被声明为纯虚函数，则这个类就是抽象类。纯虚函数是通过在声明中使用"= 0"来指定的，示例代码如下：

```
class Box
{
    public:
        //纯虚函数
        virtual double getVolume()=0;
    private:
        double length;        //长度
        double breadth;       //宽度
        double height;        //高度
};
```

设计抽象类（通常被称为 ABC 类）的目的是给其他类提供一个可以继承的适当的基类。抽象类不能被用于实例化对象，它只能作为接口使用。如果试图实例化一个抽象类的对象，则会导致编译错误。因此，如果一个 ABC 类的子类需要被实例化，则必须实现每个虚函数，这也意味着 C++语言支持使用 ABC 类声明接口。如果没有在派生类中重载纯虚函数就尝试实例化该类的对象，则会导致编译错误。可以用于实例化对象的类被称为具体类。

请看下面的实例，基类 Shape 提供了一个接口 getArea，在两个派生类 Rectangle 和 Triangle 中分别实现了 getArea 函数。

【例 13-13】接口（抽象类）实例。

```
#include <iostream>
using namespace std;
//基类
class Shape
{
    public:
        //提供接口框架的纯虚函数
        virtual int getArea()=0;
        void setWidth(int w)
        {
            width=w;
        }
        void setHeight(int h)
        {
            height=h;
        }
    protected:
        int width;
        int height;
};
//派生类
class Rectangle:public Shape
{
    public:
        int getArea()
        {
            return width*height;
        }
};
```

```
class Triangle:public Shape
{
    public:
      int getArea()
        {
          return width*height/2;
        }
};
int main(void)
{
    Rectangle Rect;
    Triangle  Tri;
    Rect.setWidth(5);
    Rect.setHeight(7);
    //输出对象的面积
    cout<<"Total Rectangle area: "<<Rect.getArea()<<endl;
    Tri.setWidth(5);
    Tri.setHeight(7);
    //输出对象的面积
    cout<<"Total Triangle area: "<<Tri.getArea()<<endl;
    return 0;
}
```

当上面的程序被编译和执行时，会输出下列结果：

```
Total Rectangle area: 35
Total Triangle area: 17
```

从上面的实例中可以看到一个抽象类是如何定义一个接口 getArea 的，以及两个派生类是如何通过不同的计算面积的算法来实现这个相同的函数的。

13.5　精彩案例

本节将主要介绍有关 C++语言面向对象操作的精彩案例，具体包含计算正方体、球体和圆柱体的表面积与体积，以及学生和教师信息管理这两个案例。

13.5.1　计算正方体、球体和圆柱体的表面积与体积

【例 13-14】编写一个程序，计算正方体、球体和圆柱体的表面积与体积。

```
#include<iostream>
#define PAI 3.1415
using namespace std;
class Shape
{
    public:
        virtual void ShapeName()=0;
        virtual void area()=0;
        virtual void volume()=0;

};
```

```
class Cube:public Shape
{
    public:
        Cube(float len):length(len){}
        void ShapeName()
        {
            cout<<"Cube: "<<endl;
        }
        void area()
        {
            double s=6*length*length;
            cout<<"Area: "<<s<<endl;
        }
        void volume()
        {
            double v=length*length*length;
            cout<<"Volume: "<<v<<endl;
        }
    private:
        float length;
};
class Sphere:public Shape
{
    public:
        Sphere(float r):radius(r){}
        void ShapeName()
        {
            cout<<"Sphere: "<<endl;
        }
        void area()
        {
            double s=4*radius*radius*PAI;
            cout<<"Area: "<<s<<endl;
        }
        void volume()
        {
            double v=(4*radius*radius*radius*PAI)/3;
            cout<<"Volume: "<<v<<endl;
        }
    private:
        float radius;
};
class Cylinder:public Shape
{
    public:
        Cylinder(float r,float h):radius(r),length(h){}
        void ShapeName()
        {
            cout<<"Cylinder: "<<endl;
        }
        void area()
        {
            double s=radius*radius*PAI+2*PAI*radius*length;
            cout<<"Area: "<<s<<endl;
        }
```

```
        void volume()
        {
            double v=radius*radius*PAI*length;
            cout<<"Volume: "<<v<<endl;
        }
    private:
        float radius;
        float length;
};
int main()
{
    Shape *pt;
    pt=new Cube(2);
    pt->ShapeName();
    pt->area();
    pt->volume();
    cout<<"=========================="<<endl;
    pt=new Sphere(2);
    pt->ShapeName();
    pt->area();
    pt->volume();
    cout<<"=========================="<<endl;
    pt=new Cylinder(2,2);
    pt->ShapeName();
    pt->area();
    pt->volume();
    cout<<"=========================="<<endl;
}
```

运行上面的程序，会输出下列结果：

```
Cube:
Area: 24
Volume: 8
==========================
Sphere:
Area: 50.264
Volume: 33.5093
==========================
Cylinder:
Area: 37.698
Volume: 25.132
==========================
```

13.5.2　学生和教师信息管理

【例 13-15】编写一个学生和老师数据输入与显示程序，学生数据有编号、姓名、班号和成绩，教师数据有编号、姓名、职称和部门。要求设计一个 Person 类，其中包含编号成员、姓名成员、输出函数和显示函数，并作为学生数据操作类 Student 和教师数据操作类 Teacher 的基类。

```
#include <iostream>
#include <string>
using namespace std;
class Person
```

```
    {
        public:
            void get()
            {
                cout<<"请输入编号: ";
                cin>>number;
                cout<<"请输入姓名: ";
                cin>>name;
            }
            void show()
            {
                cout<<"num: "<<number<<endl;
                cout<<"name: "<<name<<endl;
            }
        private:
            string number;
            string name;
};
class Student:public Person
{
    public:
        void get()
        {
            Person::get();
            cout<<"请输入班级编号: ";
            cin>>class_number;
            cout<<"请输入成绩: ";
            cin>>grade;
        }
        void show()
        {
            Person::show();
            cout<<"class_number: "<<class_number<<endl;
            cout<<"grade: "<<grade<<endl;
        }
    private:
        string class_number;
        float grade;
};
class Teacher:public Person
{
    public:
        void get()
        {
            Person::get();
            cout<<"请输入职称: ";
            cin>>title;
            cout<<"请输入部门: ";
            cin>>department;
        }
        void show()
        {
            Person::show();
```

```
            cout<<"title: "<<title<<endl;
            cout<<"department: "<<department<<endl;
        }
    private:
        string title;
        string department;
};
int main()
{
    Student s1;
    Teacher t1;
    cout<<"输入一个学生数据: "<<endl;
    s1.get();
    cout<<"输出一个学生数据: "<<endl;
    s1.show();
    cout<<"==========================="<<endl;
    cout<<"输入一个教师数据: "<<endl;
    t1.get();
    cout<<"输出一个教师数据: "<<endl;
    t1.show();
    return 0;
}
```

运行上面的程序，输入的数据和输出结果分别如下：

```
输入一个学生数据:
请输入编号: 20190408001
请输入姓名: 李林
请输入班级编号: 1
请输入成绩: 640
输出一个学生数据:
num: 20190408001
name: 李林
class_number: 1
grade: 640
===========================
输入一个教师数据:
请输入编号: 10001
请输入姓名: 李俊
请输入职称: 副教授
请输入部门: 电子信息工程学院
输出一个教师数据:
num: 10001
name: 李俊
title: 副教授
department: 电子信息工程学院
```

本 章 小 结

本章介绍了 C++语言面向对象中的类的创建和对象的定义，以及类的重要特性（继承、重载和多态），最后介绍了接口（抽象类）的定义方法。

在 C++语言中，当创建类时，首先要设计类中成员变量的类型和访问属性，然后设计成员函数及其访问属性，同时可以根据需要设计构造函数与析构函数。

在 C++语言中，不仅可以通过已经创建的类（基类）派生出子类（派生类），也可以重载运算符和函数，还可以利用虚函数动态绑定函数，实现类函数的多态性。

此外，在 C++语言中，还可以利用抽象类为派生类定义接口。

通过对本章内容的学习，读者应该掌握 C++语言基本的面向对象程序的设计和应用。

习 题

1. 编写一个程序，从键盘上输入半径和高，输出圆柱体的底面积和体积。

2. 编写一个程序，输入年份和月份，打印出该年份的该月份的天数。

3. 定义一个抽象类 shape 用来计算面积，从中派生出计算长方形、梯形、圆形面积的派生类。程序中通过基类指针来调用派生类中的虚函数，计算不同形状的面积。

4. 编写一个程序，其中有一个汽车类 vehicle，它具有一个需要传递参数的构造函数，类中的数据成员：车轮个数 wheels 和车重 weight 放在保护段中；小车类 car 是它的私有派生类，其中包含载人数 passager_load；卡车类 truck 是 vehicle 类的私有派生类，其中包含载人数 passager_load 和载重量 payload。每个类都用相关数据的输出方法。

ASCII 码表

ASCII 码	字　符	ASCII 码	字　符	ASCII 码	字　符	ASCII 码	字　符
0	NUL	33	!	66	B	99	c
1	SOH	34	"	67	C	100	d
2	STX	35	#	68	D	101	e
3	ETX	36	$	69	E	102	f
4	EOT	37	%	70	F	103	g
5	ENQ	38	&	71	G	104	h
6	ACK	39	'	72	H	105	i
7	BEL	40	(	73	I	106	j
8	BS	41	)	74	J	107	k
9	HT	42	*	75	K	108	l
10	LF	43	+	76	L	109	m
11	VT	44	,	77	M	110	n
12	FF	45	-	78	N	111	o
13	CR	46	.	79	O	112	p
14	SO	47	/	80	P	113	q
15	SI	48	0	81	Q	114	r
16	DLE	49	1	82	R	115	s
17	DC1	50	2	83	S	116	t
18	DC2	51	3	84	T	117	u
19	DC3	52	4	85	U	118	v
20	DC4	53	5	86	V	119	w
21	NAK	54	6	87	W	120	x
22	SYN	55	7	88	X	121	y
23	ETB	56	8	89	Y	122	z
24	CAN	57	9	90	Z	123	{
25	EM	58	:	91	[	124		
26	SUB	59	;	92	\	125	}
27	ESC	60	<	93	]	126	~
28	FS	61	=	94	^	127	DEL
29	GS	62	>	95	_		
30	RS	63	?	96	`		
31	US	64	@	97	a		
32	space	65	A	98	b		

ASCII 码范围为 0~31 的字符为不可显字符。

C 语言运算符优先级和结合方向

优 先 级	运 算 符	含 义	结 合 方 向
1	()	圆括号	自左向右
	[]	下标运算符	
	->	指向结构体成员运算符	
	.	结构体成员运算符	
2	!	逻辑非运算符	自右向左
	~	按位取反运算符	
	++	自增运算符	
	--	自减运算符	
	-	负号运算符	
	(类型)	类型转换运算符	
	*	取内容运算符	
	&	取地址运算符	
	sizeof	求字节数运算符	
3	*	乘法运算符	自左向右
	/	除法运算符	
	%	求余运算符	
4	+	加法运算符	自左向右
	-	减法运算符	
5	<<	按位左移运算符	自左向右
	>>	按位右移运算符	
6	<	小于关系运算符	自左向右
	<=	小于或等于关系运算符	
	>	大于关系运算符	
	>=	大于或等于关系运算符	
7	==	等于关系运算符	自左向右
	!=	不等于关系运算符	
8	&	按位与运算符	自左向右
9	^	按位异或运算符	自左向右
10	|	按位或运算符	自左向右
11	&&	逻辑与运算符	自左向右
12	||	逻辑或运算符	自左向右
13	?:	条件运算符	自右向左
14	=、+=、-=、*=、/=、%=、>>=、<<=、&=、^=、|=	复合赋值运算符	自右向左
15	,	逗号运算符	自左向右

C 语言常见的错误信息

错 误 信 息	含 义
Ambiguous operators need parentheses	不明确的运算需要用括号括起
Ambiguous symbol "xxx"	不明确的符号
Argument list syntax error	参数表语法错误
Array bounds missing	丢失数组界限符
Array size too large	数组尺寸太大
Bad character in parameters	参数中有不适当的字符
Bad file name format in include directive	包含命令中文件名格式不正确
Bad ifdef directive syntax	编译预处理 ifdef 有语法错误
Bad undef directive syntax	编译预处理 undef 有语法错误
Bit field too large	位字段太长
Call of non-function	调用未定义的函数
Call to function with no prototype	调用函数时没有函数的说明
Cannot modify a const object	不允许修改常量对象
Case outside of switch	漏掉了 case 语句
Case syntax error	case 语法错误
Code has no effect	代码不可用或不可能执行到
Compound statement missing {	程序中缺少左花括号 "{"
Conflicting type modifiers	不明确的类型说明符
Constant expression required	需要常量表达式
Constant out of range in comparison	在比较中常量超出范围
Conversion may lose significant digits	转换时会丢失有意义的数字
Conversion of near pointer not allowed	不允许转换近指针
Could not find file "xxx"	找不到 "xxx" 文件
Declaration missing ;	说明中缺少分号 ";"
Declaration syntax error	说明中出现语法错误
Default outside of switch	default 出现在 switch 语句之外
Define directive needs an identifier	定义编译预处理需要标识符
Division by zero	用零作为除数
Do statement must have while	do...while 语句中缺少 while 部分
Enum syntax error	枚举类型语法错误
Enumeration constant syntax error	枚举常数语法错误
Error directive:xxx	错误的编译预处理命令
Error writing output file	写输出文件错误

错 误 信 息	含 义
Expression syntax error	表达式语法错误
Extra parameter in call	调用时出现多余的参数
File name too long	文件名太长
Function call missing)	函数调用缺少右括号 ")"
Function definition out of place	函数定义位置错误
Function should return a value	函数必需返回一个值
Goto statement missing label	goto 语句没有标号
Hexadecimal or octal constant too large	十六进制或八进制常数太大
Illegal character "x"	非法字符 x
Illegal initialization	非法的初始化
Illegal octal digit	非法的八进制数字
Illegal pointer subtraction	非法的指针相减
Illegal structure operation	非法的结构体操作
Illegal use of floating point	非法的浮点运算
Illegal use of pointer	指针使用非法
Improper use of a typedef symbol	类型定义符号使用不恰当
In-line assembly not allowed	不允许使用行间汇编
Incompatible storage class	存储类别不相容
Incompatible type conversion	不相容的类型转换
Incorrect number format	错误的数据格式
Incorrect use of default	default 使用不当
Invalid indirection	无效的间接运算
Invalid pointer addition	指针相加无效
Irreducible expression tree	无法执行的表达式运算
Lvalue required	需要逻辑值 0 或非 0 值
Macro argument syntax error	宏参数语法错误
Macro expansion too long	宏扩展以后结果太长
Mismatched number of parameters in definition	定义中参数个数不匹配
Misplaced break	此处不应出现 break 语句
Misplaced continue	此处不应出现 continue 语句
Misplaced decimal point	此处不应出现小数点
Misplaced elif directive	此处不应出现编译预处理 elif
Misplaced else	此处不应出现 else
Misplaced else directive	此处不应出现编译预处理 else
Misplaced endif directive	此处不应出现编译预处理 endif
Must be addressable	必须是可以编址的
Must take address of memory location	必须存储定位的地址
No declaration for function "xxx"	没有函数 xxx 的说明
No stack	缺少堆栈

续表

错 误 信 息	含　义
No type information	没有类型信息
Non-portable pointer assignment	不可移动的指针（地址常数）赋值
Non-portable pointer comparison	不可移动的指针（地址常数）比较
Non-portable pointer conversion	不可移动的指针（地址常数）转换
Not a valid expression format type	不合法的表达式格式
Not an allowed type	不允许使用的类型
Numeric constant too large	数值常数太大
Out of memory	内存不够用
Parameter **"xxx"** is never used	参数 xxx 没有用到
Pointer required on left side of ->	"->" 符号的左边必须是指针
Possible use of **"xxx"** before definition	在定义之前就使用了 xxx（警告）
Possibly incorrect assignment	赋值可能不正确
Redeclaration of **"xxx"**	重复定义了 xxx
Redefinition of **"xxx"** is not identical	xxx 的两次定义不一致
Register allocation failure	寄存器定址失败
Repeat count needs an lvalue	重复计数需要逻辑值
Size of structure or array not known	结构体或数组的大小不确定
Statement missing ;	语句后缺少 ";"
Structure or union syntax error	结构体或共用体语法错误
Structure size too large	结构体尺寸太大
Sub scripting missing]	下标缺少右方括号 "]"
Superfluous & with function or array	函数或数组中有多余的 "&"
Suspicious pointer conversion	可疑的指针转换
Symbol limit exceeded	符号超限
Too few parameters in call	函数调用时的实参少于函数的参数
Too many default cases	default 太多（switch 语句中一个）
Too many error or warning messages	错误或警告信息太多
Too many type in declaration	说明中类型太多
Too much auto memory in function	函数用到的局部存储太多
Too much global data defined in file	文件中全局数据太多
Two consecutive dots	两个连续的句点
Type mismatch in parameter **"xxx"**	参数 xxx 类型不匹配
Type mismatch in redeclaration of **"xxx"**	xxx 重定义的类型不匹配
Unable to create output file **"xxx"**	无法建立输出文件 xxx
Unable to open include file **"xxx"**	无法打开被包含的文件 xxx
Unable to open input file **"xxx"**	无法打开输入文件 xxx
Undefined label **"xxx"**	没有定义的标号 xxx
Undefined structure **"xxx"**	没有定义的结构 xxx
Undefined symbol **"xxx"**	没有定义的符号 xxx

续表

错 误 信 息	含 义
Unexpected end of file in comment started on line **xxx**	从 xxx 行开始的注解尚未结束，文件不能结束
Unexpected end of file in conditional started on line **xxx**	从 xxx 行开始的条件语句尚未结束，文件不能结束
Unknown assemble instruction	未知的汇编结构
Unknown option	未知的操作
Unknown preprocessor directive:**xxx**	不认识的预处理命令 xxx
Unreachable code	无法到达的代码
Unterminated string or character constant	字符串缺少引号
User break	用户强行中断了程序
Void functions may not return a value	void 类型的函数不应有返回值
Wrong number of arguments	调用函数的参数数目错误
"xxx" not an argument	xxx 不是参数
"xxx" not part of structure	xxx 不是结构体的一部分
xxx statement missing (	xxx 语句缺少左括号 "("
xxx statement missing)	xxx 语句缺少右括号 ")"
xxx statement missing ;	xxx 缺少分号 ";"
"xxx" declared but never used	说明了 xxx，但没有使用
"xxx" is assigned a value which is never used	给 xxx 赋了值，但未用过
Zero length structure	结构体的长度为零

C 语言常用算法

一、计数、求和、求阶乘等简单算法

解决计数、求和、求阶乘等问题都要使用循环，要注意根据问题确定循环变量的初值、终值或结束条件，更要注意用来表示计数、和、阶乘的变量的初值。

例如，用随机函数产生 100 个[0,99]范围内的随机整数，统计个位上的数字分别为 0、1、2、3、4、5、6、7、8、9 的数的个数并打印出来。

本题使用数组来处理，用数组 a[100]存放产生的 100 个随机整数，数组 x[10]来存放个位上的数字分别为 0、1、2、3、4、5、6、7、8、9 的数的个数。即个位是 0 的数的个数存放在 x[0]中，个位是 1 的数的个数存放在 x[1]中，以此类推，个位是 9 的数的个数存放在 x[9]中。程序段如下：

```
void main()
{
        int a[100],x[10],i,p;
        for(i=0;i<10;i++)
           x[i]=0;
        for(i=0;i<100;i++)
        {
           a[i]=rand()%100;
           printf("%3d",a[i]);
           if(i%5==0)
              printf("\n");
        }
        for(i=0;i<100;i++)
        {
           p=a[i]%10;
           x[p]=x[p]+1;
        }
        for(i=0;i<10;i++)
        {
           p=i;
           printf("%d,%d\n",p,x[i]);
        }
        printf("\n");
}
```

二、求两个整数的最大公约数、最小公倍数（最小公倍数=两个整数之积/最大公约数）

求最大公约数的算法思想：

（1）对于已知的两个数 m 和 n，使得 m>n。

（2）m 除以 n 得余数 r。

（3）如果 r=0，则 n 为求得的最大公约数，算法结束，否则执行步骤（4）。

（4）将 n 的值赋给 m，将 r 的值赋给 n，再重复执行步骤（2）。

例如，求 m=14，n=6 的最大公约数。程序段如下：

```
void main()
{
        int nm,r,n,m,t;
        printf("Please input two numbers: \n");
        scanf("%d,%d",&m,&n);
        nm=n*m;
        if(m<n)
        {
            t=n;
            n=m;
            m=t;
        }
        r=m%n;
        while(r!=0)
        {
            m=n;
            n=r;
            r=m%n;
        }
        printf("最大公约数：%d\n",n);
        printf("最小公倍数：%d\n",nm/n);
}
```

三、判断素数

只能被 1 或本身整除的数称为素数。

基本思想：将 m 作为被除数，将 2~sqrt(m)之间的数作为除数，如果都除不尽，则 m 就是素数，否则就不是。程序段如下：

```
#include "math.h"
void main()
{
        nt m,i,k;
        printf("Please input a number: \n");
        scanf("%d",&m);
        k=sqrt(m);
        for(i=2;i<k;i++)
            if(m%i==0)
                break;
        if(i>=k)
            printf("该数是素数");
        else
            printf("该数不是素数");
}
```

将其写成一个函数，如果该数为素数，则返回 1；如果该数不是素数，则返回 0。代码如下：

```
int prime(int m)
```

```
{
        int i,k;
        k=sqrt(m);
        for(i=2;i<k;i++)
            if(m%i==0)
                return 0;
        return 1;
}
```

四、验证哥德巴赫猜想

任意一个大于或等于 6 的偶数都可以分解为两个素数之和。

基本思想：n 为大于或等于 6 的任意一个偶数，可以分解为 n1 和 n2 两个数，分别检查 n1 和 n2 是否为素数，如果两个数都是素数，则为一组解。如果 n1 不是素数，就不必再检查 n2 是否是素数了。先从 n1=3 开始，检验 n1 和 n2（n2=N-n1）是否是素数。然后对 n1 进行自增运算，再检验 n1 和 n2 是否是素数，以此类推，直到 n1=n/2 为止。

利用上面的 prime 函数，验证哥德巴赫猜想的程序代码如下：

```
#include "math.h"
int prime(int m)
{
        int i,k;
        k=sqrt(m);
        for(i=2;i<k;i++)
            if(m%i==0)
                break;
        if(i>=k)
            return 1;
        else
            return 0;
}
void main()
{
        int x,i;
        printf("Please input a even number(>=6): \n");
        scanf("%d",&x);
        if(x<6||x%2!=0)
            printf("data error!\n");
        else
            for(i=2;i<=x/2;i++)
              if(prime(i)&&prime(x-i))
              {
                  printf("%d %d\n",i,x-i);
                  printf("验证成功!");
                  break;
              }
}
```

五、排序问题

1. 使用选择法排序（升序）

基本思想：

（1）对于有 n 个数的序列（存放在长度为 n 的一维数组 a 中），从中选出最小的数，与第一个数交换位置。

（2）除第一个数以外，从其余 n-1 个数中选出最小的数，与第二个数交换位置。

（3）依次类推，选择了 n-1 次后，这个数列已按升序排列。

程序段如下：

```
void main()
{
        int i,j,imin,s,a[10];
        printf("Please input 10 numbers: \n");
        for(i=0;i<10;i++)
            scanf("%d",&a[i]);
        for(i=0;i<9;i++)
        {
            imin=i;
            for(j=i+1;j<10;j++)
              if(a[imin]>a[j])
                  imin=j;
            if(i!=imin)
            {s=a[i];a[i]=a[imin];a[imin]=s;}
        }
        for(i=0;i<10;i++)
          printf("%3d",a[i]);
}
```

2. 使用冒泡法排序（将相邻两个数进行比较，小的数调到前面升序）

基本思想：

（1）有 n 个数（存放在长度为 n 的一维数组 a 中），第一趟将每相邻的两个数进行比较，小的数调到前面，经 n-1 次两两相邻比较后，最大的数已"沉底"，放在最后一个位置，小的数上升"浮起"。

（2）第二趟对余下的 n-1 个数（最大的数已"沉底"）按步骤（1）中的方法进行比较，经 n-2 次两两相邻比较后得到次大的数。

（3）依次类推，n 个数共进行 n-1 趟比较，在第 j 趟中要进行 n-j 次两两比较。

程序段如下：

```
void main()
{
        int a[10];
        int i,j,t;
        printf("Please input 10 numbers: \n");
        for(i=0;i<10;i++)
            scanf("%d",&a[i]);
        printf("\n");
        for(j=0;j<=8;j++)
          for(i=0;i<9-j;i++)
```

```
                if(a[i]>a[i+1])
                {t=a[i];a[i]=a[i+1];a[i+1]=t;}
        printf("The sorted numbers: \n");
        for(i=0;i<10;i++)
            printf("%d\n",a[i]);
    }
```

3. 使用合并法排序（将两个有序数组 A 和 B 合并成另一个有序的数组 C，升序）

基本思想：

（1）先在数组 A 和 B 中各取第一个元素进行比较，将值小的元素放入数组 C 中。

（2）取值小的元素所在数组的下一个元素与另一个数组中上次比较后值较大的元素进行比较，重复步骤（1）中的比较过程，直到某个数组被先排完。

（3）将另一个数组中的剩余元素复制到数组 C 中，合并排序完成。

程序段如下：

```
    void main()
    {
        int a[10],b[10],c[20],i,ia,ib,ic;
        printf("Please input the first array: \n");
        for(i=0;i<10;i++)
            scanf("%d",&a[i]);
        for(i=0;i<10;i++)
            scanf("%d",&b[i]);
        printf("\n");
        ia=0;ib=0;ic=0;
        while(ia<10&&ib<10)
        {
            if(a[ia]<b[ib])
            {c[ic]=a[ia];ia++;}
            else
            {c[ic]=b[ib];ib++;}
            ic++;
        }
        while(ia<=9)
        {
            c[ic]=a[ia];
            ia++;
            ic++;
        }
        while(ib<=9)
        {
            c[ic]=b[ib];
            ib++;
            ic++;
        }
        for(i=0;i<20;i++)
            printf("%4d ",c[i]);
    }
```

六、查找问题

1. 顺序查找法（在一列数中查找某数 x）

基本思想：将一列数放在数组 a 中，将待查找的数放在变量 x 中，将变量 x 的值与数组 a 中元素的值从头到尾一一进行比较查找。用变量 p 表示数组 a 的元素下标，将变量 p 的初始值设置为 0。将变量 x 的值与 a[p] 的值进行比较，如果变量 x 的值不等于 a[p] 的值，则使 p=p+1，不断重复这个过程；一旦变量 x 的值等于 a[p] 的值，则退出循环；另外，如果变量 p 的值大于数组的长度，则循环也应该停止。

程序段如下：

```
void main()
{
        int a[10],p,x,i;
        printf("Please input the array: \n");
        for(i=0;i<10;i++)
           scanf("%d",&a[i]);
        printf("Please input the number you want find: \n");
        scanf("%d",&x);
        printf("\n");
        p=0;
        while(x!=a[p]&&p<10)
           p++;
        if(p>=10)
           printf("The number is not found!\n");
        else
           printf("The number is found at the position: %d!\n",p);
}
```

❓思考： 将上面的程序使用查找函数 Find 进行改写，如果找到要查找的数，则返回下标值；如果找不到要查找的数，则返回−1。

基本思想：将一列数放在数组 a 中，待查找的关键值为 key，把 key 与数组 a 中元素的值从头到尾一一进行比较查找，如果相同，则查找成功；如果不相同，则查找失败。

查找子过程如下（变量 index 存放找到元素的下标）：

```
void main()
{
        int a[10],index,x,i;
        printf("Please input the array: \n");
        for(i=0;i<10;i++)
           scanf("%d",&a[i]);
        printf("Please input the number you want find: \n");
        scanf("%d",&x);
        printf("\n");
        index=-1;
        for(i=0;i<10;i++)
           if(x==a[i])
           {
                index=i;
                break;
```

```
        }
        if(index==-1)
            printf("The number is not found!\n");
        else
            printf("The number is found at the position: %d!\n",index);
}
```

2. 折半查找法（只能对有序数列进行查找）

基本思想：设 n 个有序数（从小到大）存放在长度为 n 的一维数组 a 中，要查找的数为 x。用变量 bot、top、mid 分别表示查找数据范围的底部（数组下界）、顶部（数组的上界）和中间，mid=(top+bot)/2。折半查找的算法如下：

（1）如果 x=a[mid]，则已找到要查找的数，退出循环，否则进行下面的判断。

（2）如果 x<a[mid]，则 x 必定落在 bot 和 mid-1 的范围之内，即 top=mid-1；

（3）如果 x>a[mid]，则 x 必定落在 mid+1 和 top 的范围之内，即 bot=mid+1；

（4）在确定了新的查找范围后，重复进行以上比较，直到找到或 bot>=top。

将上面的算法写成如下的程序段：

```
void main()
{
        int a[10],mid,bot,top,x,i,find;
        printf("Please input the array: \n");
        for(i=0;i<10;i++)
            scanf("%d",&a[i]);
        printf("Please input the number you want find: \n");
        scanf("%d",&x);
        printf("\n");
        bot=0;top=9;find=0;
        while(bot<top&&find==0)
        {
            mid=(top+bot)/2;
            if(x==a[mid])
            {
                find=1;
                break;
            }
            else if(x<a[mid])
                top=mid-1;
            else
                bot=mid+1;
        }
        if(find==1)
            printf("The number is found at the position: %d!\n",mid);
        else
            printf("The number is not found!\n");
}
```

七、插入法

把一个数插入有序数列中，插入后数列仍然有序。

基本思想：设 n 个有序数（从小到大）存放在长度为 n 的一维数组 a 中，要插入的数为 x。确定 x 插入数组中的位置 p，并把数组后面的数后移即可。

程序段如下：

```
#define N 10
void insert(int a[],int x)
{
        int p,i;
        p=0;
        while(x>a[p]&&p<N)
            p++;
        for(i=N;i>p;i--)
            a[i]=a[i-1];
        a[p]=x;
}
void main()
{
        int a[N]={1,3,4,7,8,11,13,18,56,78},x,i;
        for(i=0;i<N;i++)
            printf("%d,",a[i]);
        printf("\nInput x: ");
        scanf("%d",&x);
        insert(a,x);
        for(i=0;i<N;i++)
            printf("%d,",a[i]);
        printf("\n");
}
```

八、矩阵（二维数组）运算

1. 矩阵的加、减运算

加法：$C[i][j]=a[i][j]+b[i][j]$

减法：$C[i][j]=a[i][j]-b[i][j]$

2. 矩阵相乘

如果矩阵 A 有 $M \times L$ 个元素，矩阵 B 有 $L \times N$ 个元素，则矩阵 $C=AB$ 有 $M \times N$ 个元素。矩阵 C 中任一元素 $C[i][j]$ 的下标范围为 $i=1,2,\cdots,m$；$j=1,2,\cdots,n$。

```
#define M 2
#define L 4
#define N 3
void mv(int a[M][L],int b[L][N],int c[M][N])
{
        int i,j,k;
        for(i=0;i<M;i++)
          for(j=0;j<N;j++)
          {
              c[i][j]=0;
          for(k=0;k<L;k++)
              c[i][j]=a[i][k]*b[k][j];
          }
}
void main()
{
```

```
        int a[M][L]={{1,2,3,4},{1,1,1,1}};
        int b[L][N]={{1,1,1},{1,2,1},{2,2,1},{2,3,1}},c[M][N];
        int i,j;
        mv(a,b,c);
        for(i=0;i<M;i++)
        {
            for(j=0;j<N;j++)
                printf("%3d",c[i][j]);
            printf("\n");
        }
}
```

3．矩阵转置

例如，有二维数组 a[5][5]，要对它实现转置，可以用下面两种方式：

```
#define N 3
void ch1(int a[N][N])
{
        int i,j,t;
        for(i=0;i<N;i++)
        for(j=i+1;j<N;j++)
        {
            t=a[i][j];
            a[i][j]=a[j][i];
            a[j][i]=t;
        }
}
void ch2(int a[N][N])
{
        int i,j,t;
        for(i=1;i<N;i++)
        for(j= 0;j<i;j++)
        {
          t=a[i][j];
          a[i][j]=a[j][i];
          a[j][i]=t;
        }
}
void main()
{
        int a[N][N]={{1,2,3},{4,5,6},{7,8,9}},i,j;
        ch1(a); //或ch2(a);
        for(i=0;i<N;i++)
        {
            for(j=0;j<N;j++)
                printf("%3d",a[i][j]);
            printf("\n");
        }
}
```

4．求二维数组中值最小的元素及其所在的行和列

基本思路同一维数组，变量 min 中存放最小值，变量 row 和 column 中分别存放最小值所在的行号和列号，可用下面程序段实现（以二维数组 a[3][4]为例）：

```
#define N 4
#define M 3
void min(int a[M][N])
{
        int min,row,column,i,j;
        min=a[0][0];
        row=0;
        column=0;
        for(i=0;i<M;i++)
          for(j=0;j<N;j++)
            if(a[i][j]<min)
            {
                min=a[i][j];
                row=i;
                column=j;
            }
        printf("Min=%d\nAt Row%d,Column%d\n",min,row,column);
}
main()
{
        int a[M][N]={{1,23,45,-5},{5,6,-7,6},{0,33,8,15}};
        min(a);
}
```

九、迭代法

基本思想：对于一个问题的求解 x，可由给定的一个初始值 x0 根据某一迭代公式得到一个新的值 x1，这个新值 x1 比初始值 x0 更接近要求的值 x；再以新值作为初始值，即 x1→x0，重新按原来的方法求 x1，重复这一过程，直到|x1-x0|< ε（某一给定的精度）。此时，可以将 x1 作为问题的解。

例如，用迭代法求某个数 a 的平方根。已知求平方根的迭代公式为 $x_{n+1}=(x_n+a/x_n)/2$。程序代码如下：

```
#include<math.h>
float fsqrt(float a)
{
        float x0,x1;
        x1=a/2;
        do{
            x0=x1;
            x1=0.5*(x0+a/x0);
        }while(fabs(x1-x0)>0.00001);
        return(x1);
}
void main()
{
        float a;
        scanf("%f",&a);
        printf("genhao=%f\n",fsqrt(a));
}
```

十、数制转换

将一个十进制整数 m 转换成 r 进制字符串（r 的取值为 2、8、16）。

方法：将 m 不断除 r 取余数，直到商为零，以反序得到结果。编写一个转换函数，参数 idec 为十进制数，ibase 为所要转换成的数的基（如二进制数的基是 2，八进制数的基是 8 等），函数的输出结果是字符串。程序代码如下：

```c
char *trdec(int idec,int ibase)
{
    char strdr[20],t;
    int i,idr,p=0;
    while(idec!=0)
    {
        idr=idec%ibase;
        if(idr>=10)
            strdr[p++]=idr-10+65;
        else
            strdr[p++]=idr+48;
        idec/=ibase;
    }
    for(i=0;i<p/2;i++)
    {
        t=strdr[i];
        strdr[i]=strdr[p-i-1];
        strdr[p-i-1]=t;
    }
    strdr[p]='\0';
    return(strdr);
}
void main()
{
    int x,d;
    scanf("%d%d",&x,&d);
    printf("%s\n",trdec(x,d));
}
```

十一、字符串的一般处理

1. 简单加密和解密

加密的思想是：将每个字母 c 加（或减）一个序数 k，即用它后面的第 k 个字母代替，变换公式为 c=c+k

例如，序数 k 为 5，这时 A→F，a→f，B→G，以此类推，当加序数后的字母超过 Z 或 z 时，则 c=c+k-26。例如，You are good→Dtz fwj ltti。

解密为加密的逆过程，即将每个字母 c 减（或加）序数 k，变换公式为 c=c-k，

例如，序数 k 为 5，这时 Z→U，z→u，Y→T，以此类推，当减序数后的字母小于 A 或 a 时，则 c=c-k+26。

加密的程序代码如下：

```c
#include<stdio.h>
char *jiami(char stri[])
{
```

```
            int i=0;
            char strp[50],ia;
            while(stri[i]!='\0')
            {
                if(stri[i]>='A'&&stri[i]<='Z')
                {
                    ia=stri[i]+5;
                    if(ia>'Z')
                        ia-=26;
                }
                else if(stri[i]>='a'&&stri[i]<='z')
                {
                    ia=stri[i]+5;
                    if(ia>'z')
                        ia-=26;
                }
                else
                    ia=stri[i];
                strp[i++]=ia;
            }
            strp[i]='\0';
            return(strp);
    }
    void main()
    {
            char s[50];
            gets(s);
            printf("%s\n",jiami(s));
    }
```

2. 统计文本中单词的个数

输入一行字符，统计其中有多少个单词，单词之间用空格隔开。

算法思路：

（1）从文本（字符串）的左边开始，取出一个字符；设变量 word 表示所取字符是否是单词内的字符，初始值设为 0。

（2）如果所取字符不是空格，则再判断 word 是否为 1，如果 word 不为 1，则表示新单词的开始，让单词数 num=num+1，让 word=1。

（3）如果所取字符是空格，则表示字符不是单词内字符，让 word=0。

（4）依次取下一个字符，重复步骤（2）、（3），直到文本结束。

下面的程序段用于统计字符串 string 中包含的单词的个数：

```
#include "stdio.h"
void main()
{
        char c,string[80];
        int i,num=0,word=0;
        gets(string);
        for(i=0; (c=string[i])!='\0';i++)
          if(c==' ')
                word=0;
```

```
            else if(word==0)
            {
                word=1;
                num++;
            }
        printf("There are %d word in the line.\n",num);
}
```

十二、穷举法

穷举法的基本思想是：一一列举各种可能的情况，并判断哪一种可能是符合要求的解，这是一种"在没有其他办法的情况下的求解方法"，是一种最"笨"的方法，然而对一些无法用解析法求解的问题往往能奏效，通常采用循环来处理穷举问题。

例如，将一张面值为 100 元的人民币等值换成 100 张 5 元、1 元和 0.5 元的零钞，要求每种零钞不少于 1 张，问有哪几种组合？程序段如下：

```
void main()
{
        int i,j,k;
        printf(" 5yuan 1yuan 5jiao\n");
        printf("------------------\n");
        for(i=1;i<=20;i++)
          for(j=1;j<=100-i;j++)
          {
              k=100-i-j;
              if(5*i+1*j+0.5*k==100)
                  printf("%5d%5d%5d\n",i,j,k);
          }
        printf("------------------\n");
}
```

十三、递归算法

用自身的结构来描述自身，称为递归。

C 语言允许函数在定义内部调用自己，即递归函数。递归处理一般用栈来实现，每调用一次自身，把当前参数压栈，直到递归结束条件；然后从栈中弹出当前参数，直到栈空。

递归条件：（1）存在递归结束条件及结束时的值；（2）能用递归形式表示且递归向终止条件发展。

例如，编写递归函数 fac 计算 n!的值，程序段如下：

```
int fac(int n)
{
        if(n==1)
            return(1);
        else
            return(n*fac(n-1));
}
void main()
{
        int n;
        scanf("%d",&n);
        printf("n!=%d\n",fac(n));
}
```

C 语言常用库函数

库函数并不是 C 语言的一部分，它是由编译系统根据一般用户的需要编制并提供给用户使用的一组程序。每一种 C 语言编译系统都提供了一批库函数，不同的编译系统所提供的库函数的数目和函数名及函数功能是不完全相同的。ANSI C 标准提出了一批建议提供的标准库函数。它包括了目前多数 C 语言编译系统所提供的库函数，但也有一些是某些 C 编译系统未曾实现的。考虑到通用性，本附录列出 ANSI C 标准建议的常用库函数。

由于 C 语言库函数的种类和数目很多，如还有屏幕和图形函数、日期与时间函数、与系统有关的函数等，每一类函数又包括各种功能的函数，限于篇幅，本附录不能全部介绍，只从教学需要的角度列出最基本的函数。读者在编写 C 语言程序时可以根据需要查阅有关系统的函数使用手册。

1. 数学函数

在使用数学函数时，应该在源文件中使用如下的预编译命令：

```
#include <math.h>
```

或

```
#include "math.h"
```

函数名	函 数 原 型	功　能	返 回 值
acos	double acos(double x);	计算 arccos(x)的值，其中-1<=x<=1	计算结果
asin	double asin(double x);	计算 arcsin(x)的值，其中-1<=x<=1	计算结果
atan	double atan(double x);	计算 arctan(x)的值	计算结果
atan2	double atan2(double x,double y);	计算 arctan(x/y)的值	计算结果
cos	double cos(double x);	计算 cos(x)的值，其中 x 的单位为弧度	计算结果
cosh	double cosh(double x);	计算 x 的双曲余弦 cosh(x)的值	计算结果
exp	double exp(double x);	计算 e^x 的值	计算结果
fabs	double fabs(double x);	计算 x 的绝对值	计算结果
floor	double floor(double x);	求出不大于 x 的最大整数	该整数的双精度实数
fmod	double fmod(double x,double y);	计算 x 除以 y 的余数	返回余数的双精度实数
frexp	double frexp(double val,int *eptr);	把双精度数 val 分解成尾数和以 2 为底的指数，即 val=x*2^n, n 存放在 eptr 指向的变量中	val 的尾数 x，0.5<=x<1
log	double log(double x);	计算 ln(x)的值	计算结果
log10	double log10(double x);	计算 $\log_{10}x$ 的值	计算结果
modf	double modf(double val,int *iptr);	把双精度数 val 分解成整数部分和小数部分，把整数部分存放在 iptr 指向的变量中	val 的小数部分

函数名	函数原型	功　　能	返　回　值
pow	double pow(double x,double y);	计算 x^y 的值	计算结果
sin	double sin(double x);	计算 sin(x)的值，其中 x 的单位为弧度	计算结果
sinh	double sinh(double x);	计算 x 的双曲正弦函数 sinh(x)的值	计算结果
sqrt	double sqrt (double x);	计算 $\sqrt{x}$ 的值，其中 x≥0	计算结果
tan	double tan(double x);	计算 tan(x)的值，其中 x 的单位为弧度	计算结果
tanh	double tanh(double x);	计算 x 的双曲正切函数 tanh(x)的值	计算结果

2．字符函数

在使用字符函数时，应该在源文件中使用如下的预编译命令：

```
#include <ctype.h>
```

或

```
#include "ctype.h"
```

函　数　名	函数原型	功　　能	返　回　值
isalnum	int isalnum(int ch);	检查 ch 是否是字母或数字	如果 ch 是字母或数字，则返回 1，否则返回 0
isalpha	int isalpha(int ch);	检查 ch 是否是字母	如果 ch 是字母，则返回 1，否则返回 0
iscntrl	int iscntrl(int ch);	检查 ch 是否是控制字符（ASCII 码在 0 和 31 之间）	如果 ch 是控制字符，则返回 1，否则返回 0
isdigit	int isdigit(int ch);	检查 ch 是否是数字	如果 ch 是数字，则返回 1，否则返回 0
isgraph	int isgraph(int ch);	检查 ch 是否是可打印字符（ASCII 码在 33 和 126 之间），不包括空格	如果 ch 是可打印字符，则返回 1，否则返回 0
islower	int islower(int ch);	检查 ch 是否是小写字母（a~z）	如果 ch 是小写字母，则返回 1，否则返回 0
isprint	int isprint(int ch);	检查 ch 是否是可打印字符（ASCII 码在 33 和 126 之间），不包括空格	如果 ch 是可打印字符，则返回 1，否则返回 0
ispunct	int ispunct(int ch);	检查 ch 是否是标点字符（不包括空格），即除字母、数字和空格以外的所有可打印字符	如果 ch 是标点字符，则返回 1，否则返回 0
isspace	int isspace(int ch);	检查 ch 是否是空格、跳格符（制表符）或换行符	如果 ch 是空格、跳格符（制表符）或换行符，则返回 1，否则返回 0
isupper	int isupper(int ch);	检查 ch 是否是大写字母（A~Z）	如果 ch 是大写字母，则返回 1，否则返回 0
isxdigit	int isxdigit(int ch);	检查 ch 是否是一个十六进制数字（即 0~9，或 A~F，a~f）	如果 ch 是一个十六进制数字，则返回 1，否则返回 0
tolower	int tolower(int ch);	将 ch 字符转换为小写字母	返回 ch 对应的小写字母
toupper	int toupper(int ch);	将 ch 字符转换为大写字母	返回 ch 对应的大写字母

3．字符串函数

在使用字符串函数时，应该在源文件中使用如下的预编译命令：

```
#include <string.h>
```

或

```
#include "string.h"
```

函 数 名	函 数 原 型	功　　能	返　回　值
memchr	void memchr(void *buf,char ch,unsigned count);	在 buf 的前 count 个字符中搜索 ch 字符首次出现的位置	返回指向 buf 中 ch 字符第一次出现的位置的指针。如果没有找到 ch 字符，则返回 NULL
memcmp	int memcmp(void *buf1,void *buf2,unsigned count);	按字典顺序比较 buf1 指向的数组和 buf2 指向的数组中的前 count 个字符	如果 buf1<buf2，则返回值为负数；如果 buf1=buf2，则返回值为 0；如果 buf1>buf2，则返回值为正数
memcpy	void *memcpy(void *to,void *from,unsigned count);	将 from 指向的数组中的前 count 个字符复制到 to 指向的数组中。from 指向的数组和 to 指向的数组不允许重叠	返回 to 指向的数组地址
memmove	void *memmove(void *to, void *from,unsigned count);	将 from 指向的数组中的前 count 个字符复制到 to 指向的数组中。from 指向的数组和 to 指向的数组不允许重叠	返回 to 指向的数组地址
memset	void *memset(void *buf,char ch,unsigned count);	将 buf 指向的数组中的前 count 个元素都设置为 ch 字符	返回 buf
strcat	char *strcat(char *str1,char *str2);	把 str2 指向的字符串接到 str1 指向的字符串的后面,取消原来 str1 所指向的字符串最后面的字符串结束符'\0'	返回 str1
strchr	char *strchr(char *str,int ch);	找出 str 指向的字符串中第一次出现 ch 字符的位置	返回指向该位置的指针，如果找不到，则应返回 NULL
strcmp	int *strcmp(char *str1, char *str2);	比较 str1 指向的字符串和 str2 指向的字符串	如果 str1<str2，则返回值为负数；如果 str1=str2，则返回值为 0；如果 str1>str2，则返回值为正数
strcpy	char *strcpy(char *str1, char *str2);	把 str2 指向的字符串复制到 str1 指向的字符串中	返回 str1
strlen	unsigned int strlen(char *str);	统计 str 指向的字符串中字符的个数（不包括结束符'\0'）	返回字符的个数
strncat	char *strncat(char *str1,char *str2,unsigned count);	把 str2 指向的字符串中最多 count 个字符连到 str1 指向的字符串的后面，并以 NULL 结尾	返回 str1
strncmp	int strncmp(char *str1,char *str2,unsigned count);	比较 str1 指向的字符串和 str2 指向的字符串中至多前 count 个字符	如果 str1<str2，则返回值为负数；如果 str1=str2，则返回值为 0；如果 str1>str2，则返回值为正数
strncpy	char *strncpy(char *str1,char *str2,unsigned count);	把 str2 指向的字符串中最多前 count 个字符复制到 str1 指向的字符串中	返回 str1

函　数　名	函　数　原　型	功　　能	返　回　值
strnset	void *strnset(char *buf,char ch,unsigned count);	将 ch 字符复制到 buf 指向的数组前 count 个字符中	返回 buf
strset	void *strset(void *buf,char ch);	将 buf 指向的字符串中的全部字符都变为 ch 字符	返回 buf
strstr	char *strstr(char *str1,*str2);	寻找 str2 指向的字符串在 str1 指向的字符串中首次出现的位置	返回 str2 指向的字符串首次出现的地址，否则返回 NULL

4. 输入与输出函数

在使用输入与输出函数时，应该在源文件中使用如下的预编译命令：

```
#include <stdio.h>
```

或

```
#include "stdio.h"
```

函　数　名	函　数　原　型	功　　能	返　回　值
clearerr	void clearerr(FILE *fp);	清除文件出错标志和文件结束标志，并使它们为 0 值	无
close	int close(int fd);	关闭文件（非 ANSI 标准）	如果成功关闭文件，则返回 0，否则返回-1
creat	int creat(char *filename,int mode);	以 mode 所指定的方式建立文件（非 ANSI 标准）	如果成功建立文件，则返回正数，否则返回-1
eof	int eof(int fd);	判断文件是否结束	如果文件结束，则返回 1，否则返回 0
fclose	int fclose(FILE *fp);	关闭 fp 所指向的文件，释放文件缓冲区	如果成功关闭文件，则返回 0，否则返回非 0 值
feof	int feof(FILE *fp);	检查文件是否结束	如果文件结束，则返回非 0 值，否则返回 0
ferror	int ferror(FILE *fp);	测试 fp 所指向的文件是否有错误	如果无错，则返回 0，否则返回非 0 值
fflush	int fflush(FILE *fp);	将 fp 所指向的文件的全部控制信息和数据存盘	如果存盘正确，则返回 0，否则返回非 0 值
fgets	char *fgets(char *buf,int n,FILE *fp);	从 fp 所指向的文件中读取一个长度为 n-1 的字符串，将其存入起始地址为 buf 的空间中	返回地址 buf。如果文件结束或出错，则返回 EOF
fgetc	int fgetc(FILE *fp);	从 fp 所指向的文件中取得下一个字符	返回所得到的字符。如果出错，则返回 EOF
fopen	FILE *fopen(char *filename,char *mode);	以 mode 所指定的方式打开名为 filename 的文件	如果成功，则返回一个文件指针，否则返回 0
fprintf	int fprintf(FILE *fp,char *format, args,…);	把变量 args 的值以 format 指定的格式输出到 fp 所指向的文件中	返回写入文件中的字符个数。如果发生错误，则返回一个负值

续表

函 数 名	函 数 原 型	功 能	返 回 值
fputc	int fputc(char ch,FILE *fp);	将 ch 字符输出到 fp 所指向的文件中	如果成功，则返回该字符；如果出错，则返回 EOF
fputs	int fputs(char str,FILE *fp);	将 str 指定的字符串输出到 fp 所指向的文件中	如果成功，则返回 0；如果出错，则返回 EOF
fread	int fread(char *pt,unsigned size, unsigned n,FILE *fp);	从 fp 所指向的文件中读取 n 个长度为 size 的数据项，将其存到 pt 所指向的内存区中	返回所读取的数据项个数，如果文件结束或出错，则返回 0
fscanf	int fscanf(FILE *fp, char *format, addressArgs,…);	从 fp 指向的文件中以 format 指定的格式将读取的数据存入 addressArgs 所指向的内存变量中（addressArgs 是内存地址）	返回读取的数据个数。如果遇见文件结束符或读取不成功，则返回 EOF（−1）
fseek	int fseek(FILE *fp,long offset,int base);	将 fp 指向的文件的位置指针移到以 base 所指出的位置为基准、以 offset 为位移量的位置	如果成功，则返回 0；如果失败，则返回−1
ftell	long ftell(FILE *fp);	返回 fp 所指向的文件中的读/写位置	如果成功，则返回文件中的读/写位置；如果失败，则返回 0
fwrite	int fwrite(char *ptr,unsigned size, unsigned n,FILE *fp);	从 ptr 所指向的区域中把 n 个 size 字节的数据项输出到 fp 所指向的文件中	返回写入文件的数据项的个数
getc	int getc(FILE *fp);	从 fp 所指向的文件中读取下一个字符	返回读取的字符，如果文件结束或出错，则返回 EOF
getchar	int getchar();	从标准输入设备中读取下一个字符	返回读取的字符，如果文件结束或出错，则返回−1
gets	char *gets(char *str);	从标准输入设备中读字符串存入 str 指向的数组中	如果成功，则返回 str；如果失败，则返回 NULL
open	int open(char *filename,int mode);	以 mode 指定的方式打开已存在的名为 filename 的文件（非 ANSI 标准）	返回文件号（正数），如果文件打开失败，则返回−1
printf	int printf(char *format,args,…);	将输出变量 args 的值按 format 指定的格式输出到标准设备上	输出字符的个数。如果出错，则返回负数
putc	int putc(int ch,FILE *fp);	把一个 ch 字符输出到 fp 所指向的文件中	输出 ch 字符，如果出错，则返回−1
putchar	int putchar(char ch);	把 ch 字符输出到标准输出设备	返回 ch 字符对应的 ASCII 码值，如果失败，则返回−1
puts	int puts(char *str);	把 str 指向的字符串输出到标准输出设备，将结束符'\0'转换为回车符	返回非负整数，如果失败，则返回−1
putw	int putw(int w,FILE *fp);	将一个整数 w（即一个字）写到 fp 所指向的文件中（非 ANSI 标准）	返回整数 w，如果文件结束或出错，则返回 EOF

函 数 名	函 数 原 型	功　　能	返 回 值
read	int read(int fd,char *buf,unsigned count);	从文件号 fd 所指向的文件中读取 count 字节到 buf 缓冲区（非 ANSI 标准）	返回真正读取的字节数，如果文件结束，则返回 0；如果出错，则返回-1
remove	int remove(char *fname);	删除以 fname 所指的字符串为文件名的文件	如果成功，则返回 0；如果出错，则返回-1
rename	int remove(char *oname,char *nname);	把 oname 所指的文件名改为 nname 所指的文件名	如果成功，则返回 0；如果出错，则返回-1
rewind	void rewind(FILE *fp);	将 fp 指向的文件的位置指针移动到文件开头位置，并清除文件出错标志和文件结束标志	无
scanf	int scanf(char *format, addressArgs,…);	从标准输入设备按 format 所指定的格式输入数据到 addressArgs 所指向的地址	读入并赋给 addressArgs 所指向内存单元的数据的个数。如果出错，则返回 0
write	int write(int fd,char *buf,unsigned count);	从 buf 指向的缓冲区中输出 count 个字符到 fd 所指向的文件中（非 ANSI 标准）	返回实际写入的字符个数，如果出错，则返回-1

5. 动态存储分配函数

在使用动态存储分配函数时，应该在源文件中使用如下的预编译命令：

```
#include <stdlib.h>
```

或

```
#include "stdlib.h"
```

函 数 名	函 数 原 型	功　　能	返 回 值
calloc	void *calloc(unsigned n,unsigned size);	分配 n 个数据项的内存连续空间,每个数据项的大小为 size 字节	所分配的内存单元的起始地址。如果不成功，则返回 0
free	void free(void *p);	释放 p 所指向的内存区	无
malloc	void *malloc(unsigned size);	分配 size 字节的内存区	所分配的内存区地址,如果内存不够，则返回 0
realloc	void *realloc(void *p,unsigned size);	将 p 所指向的内存区的大小改为 size 字节。size 可以比原来分配的空间大或小	返回指向该内存区的指针。如果重新分配失败，则返回 NULL

6. 其他函数

有些函数由于不便归入某一类，因此单独列出。在使用这些函数时，应该在源文件中使用如下的预编译命令：

```
#include <stdlib.h>
```

或

```
#include "stdlib.h"
```

函 数 名	函 数 原 型	功 能	返 回 值
abs	int abs(int num);	计算整数 num 的绝对值	返回计算结果
atof	double atof(char *str);	将 str 指向的字符串转换为一个 double 型的值	返回双精度计算结果
atoi	int atoi(char *str);	将 str 指向的字符串转换为一个 int 型的值	返回转换结果
atol	long atol(char *str);	将 str 指向的字符串转换为一个 long 型的值	返回转换结果
exit	void exit(int status);	终止程序运行。将 status 的值返回给操作系统	无
itoa	char *itoa(int n,char *str,int radix);	将整数 n 的值按照 radix 进制转换为等价的字符串，并将结果存入 str 指向的字符串中	返回 str
labs	long labs(long num);	计算 long 型整数 num 的绝对值	返回计算结果
ltoa	char *ltoa(long n,char *str,int radix);	将长整数 n 的值按照 radix 进制转换为等价的字符串，并将结果存入 str 指向的字符串	返回 str
rand	int rand();	产生 0~RAND_MAX 之间的伪随机数。RAND_MAX 在头文件中定义	返回一个伪随机（整）数
random	int random(int num);	产生 0~num 之间的随机数	返回一个随机（整）数
randomize	void randomize();	初始化随机函数，使用时包括头文件 time.h	